U0296470

▶木里矿区聚乎更区三号井治理效果对比

▶木里矿区聚乎更区四号井东坑治理效果对比

▶木里矿区聚乎更区五号井治理效果对比

▶木里矿区聚乎更区七号井治理效果对比

▶木里矿区聚乎更区八号井治理效果对比

▶ 2020 年 9 月 7 日，木里矿区聚乎更区五号井东采坑治理现场，气温 –12℃

▶ 2020 年 9 月 20 日，中央工作组第一次现场调研照

▶ 2020 年 11 月 21 日，木里矿区聚乎更区四号井东采坑施工

▶ 2020 年 11 月 21 日，木里矿区聚乎更区四号井治理场景

▶ 2021 年 5 月，生态环保部领导听取项目汇报，现场检查覆土复绿工作

▶ 2021 年 5 月 14 日，开展现场试种科学实验

▶ 2021 年 5 月 29 日，木里矿区聚乎更区八号井现场查看施撒有机肥

▶ 2021 年 7 月 22 日，接受中央纪委宣传部门在木里矿区聚乎更区四号井现场采访

▶ 2020 年 8 月 23 日，青海省木里矿区矿坑、渣山一体化治理方案评审汇报会议

▶ 2020 年 8 月 29 日，青海省木里矿区采坑、渣山一体化治理方案及比选会议

▶ 2020 年 9 月，清海省木里矿区三号井采坑、渣山一体化治理工程设计汇报会议

▶ 2020 年 9 月 5 日，青海省木里矿区聚乎更四号井采坑、渣山一体化治理工程设计审查会议

▶ 2020 年 12 月，木里矿区生态整治项目采坑、渣山一体化治理总结会议

▶ 2021 年 4 月 11 日，覆土与渣土改良设计评审汇报会议

▶ 2021 年 9 月，木里矿区生态整治项目第二阶段种草复绿工作省级验收会议

▶ 2022 年 12 月 20 日，青海西宁召开青海省省级总体验收专家会议

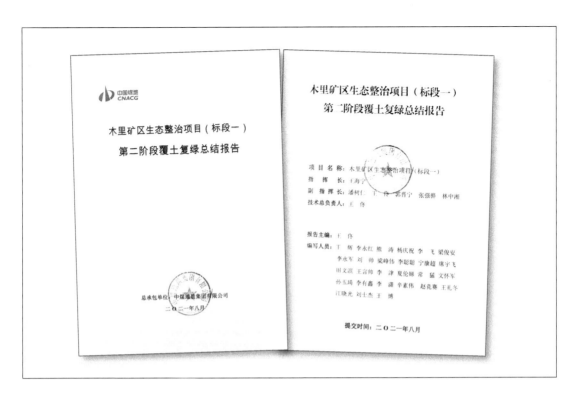

▶青海省木里矿区生态整治项目（标段一）第二阶段覆土复绿总结报告

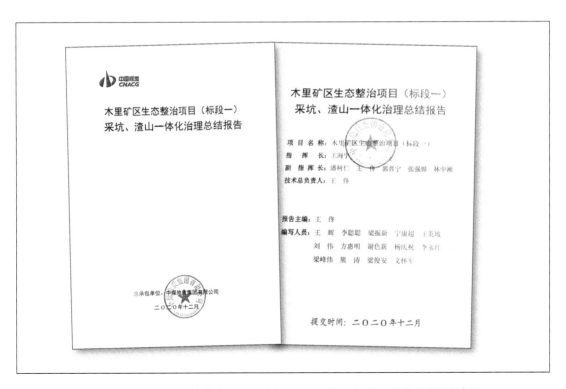

▶青海省木里矿区生态治理项目（标段一）采坑、渣山一体化治理总结报告

▶青海省木里矿区各井采坑、渣山一体化治理工程设计

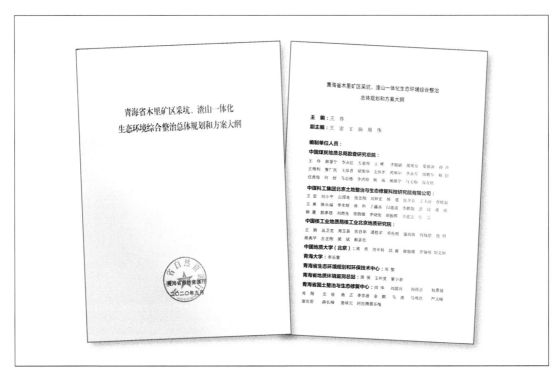

▶青海省木里矿区采坑、渣山一体化生态环境综合整治总体规划和方案大纲

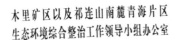

▶感谢信

[HONOR CERTIFICATE]　　　　JZ-DZXH2022-D09-01

中国煤炭地质总局：

　　　你单位完成的"高原高寒地区煤炭生态地质勘查与矿山环境修复关键技术"项目荣获中国地质学会 2021 年度十大地质科技进展。

　　　特发此证。

中国地质学会

2022 年 3 月 2 日

▶木里矿区项目获得中国地质学会 2021 年度十大地质科技进度

表 彰 和 奖 励

为 煤 炭 行 业 科 技

进 步 做 出 突 出 贡

献 的 组 织 和 个 人

特 颁 发 此 证 书

中国煤炭工业科学技术奖

获 奖 证 书

证书编号：2022-145-R01

获奖项目：高原高寒地区煤炭生态地质勘查与矿山环境修复关键技术

获奖等级：一等奖

获奖者：王 佟

▶木里矿区项目获得中国煤炭工业科学技术奖一等奖

青海高原高寒地区生态环境治理修复关键技术

王 佟等 著

科 学 出 版 社

北 京

内 容 简 介

本书从地层地质条件和生态系统结合入手，研究了高原高寒地区矿山开发对生态环境的破坏问题，提出了治理修复的关键是查明生态地质层的破坏程度，通过人工干预构建来修复破坏的生态地质层。并针对青海木里矿区生态系统的破坏问题，论述了"一井一策"和"地质+生态"治理修复原则，建立了高寒煤矿区的生态修复模式，形成了治理修复破坏的生态地质层的关键技术。其中，人工构建土壤层、冻土层、煤层顶板生态地质层和地形地貌依形就势重塑、水系连通技术在高原高寒木里矿区生态整治中取得了良好的应用效果，解决了高原高寒生态治理修复难题，创新了一条用地质手段开展生态治理修复的新路子。

本书可供从事煤炭地质勘查与煤矿开发、矿山生态环境治理修复与自然地理等相关单位的生产、教学、科研和管理工作的技术人员、政府生态环境保护相关工作人员、高等院校研究生学习参考。

审图号：青 S（2023）194 号

图书在版编目（CIP）数据

青海高原高寒地区生态环境治理修复关键技术／王佟等著．—北京：
科学出版社，2023.10
ISBN 978-7-03-076347-1

Ⅰ.①青…　Ⅱ.①王…　Ⅲ.①高原–寒冷地区–生态环境–环境综合
整治–青海　Ⅳ.①X321.244

中国国家版本馆 CIP 数据核字（2023）第 177434 号

责任编辑：焦　健／责任校对：何艳萍
责任印制：赵　博／封面设计：北京图阅盛世

科 学 出 版 社 出版
北京东黄城根北街 16 号
邮政编码：100717
http://www.sciencep.com
北京中科印刷有限公司印刷
科学出版社发行　各地新华书店经销
*
2023 年 10 月第　一　版　　开本：787×1092　1/16
2024 年 3 月第二次印刷　印张：21 1/2　插页：10
字数：560 000
定价：**298.00 元**
（如有印装质量问题，我社负责调换）

序 一

　　木里矿区地处 4200m 以上的高寒高海拔地区，生态与地质环境问题复杂，以往煤矿大规模开采形成了巨大的采坑和渣山，加剧了高寒草甸退化和水土流失。2020 年 8 月木里矿区生态环境综合整治项目启动以来，我应青海省木里矿区以及祁连山南麓片区生态环境综合整治工作领导小组办公室邀请，多次参加青海省自然资源厅主持的"青海省木里矿区采坑、渣山一体化生态环境综合整治总体规划和方案大纲"审查和"青海省木里矿区聚乎更五号井采坑、渣山一体化治理工程设计"审查等活动，被王佟和团队不畏高原高寒地区严酷自然条件，全力苦战攻关木里矿区生态环境治理修复的拼搏精神感动。王佟和团队针对采矿破坏的地形地貌、冻土层、土壤层、煤层暴露风化破坏等九大生态地质问题和"急、难、险"工程条件，创造性地将地质学与生态学结合，明确提出了生态地质层理论，以及采用地质方法模拟原始地形地貌坡角等特征参数、依形就势重塑地形地貌、再造冻土层、渣土人工重构土壤层和煤层顶板、水系连通的"一井一策"生态环境治理修复思路，具有重要的创新，我是很认同的。工程治理修复的同时，中国煤炭地质总局设立"高原高寒地区煤炭生态地质勘查与矿山生态修复技术研究"项目及七个子课题，开展了木里矿区生态环境治理修复关键技术研究，王佟和团队在高原现场建立了实验室，通过反复实验、科学配方、模拟原始自然环境和风化带土壤层剖面结构等方法，形成了渣土人工重构土壤层、冻土层、煤层顶板等一系列原创性成果，在渣土上成功种草复绿，取得了良好的治理修复成效。

　　木里矿区生态环境治理涉及生态与地质环境问题繁多，施工时间要求格外紧迫，且无借鉴先例，是国内外规模与难度最大的生态环境治理修复工程，同时也是一项地质和生态的多学科重大科学命题研究。王佟等将在木里矿区生态环境治理修复中攻关取得的系列研究成果梳理编写了《青海高原高寒地区生态环境治理修复关键技术》一书，该书建立了高原高寒矿区生态地质层构建理论与修复技术；揭示了煤炭勘查开发对生态环境的影响机理；论述了依形就势重塑地形地貌，渣土人工构建土壤层、冻土层、煤层顶板，以及水系连通等生态地质层的科学原理、技术方法、工艺工序；形成了高原高寒矿区生态治理修复治理模式。成功探索出了一条模拟自然地质地貌条件，通过人工生态修复助力自然恢复进程的矿山生态环境治理修复的地质方法路径。

　　该书的出版，是我国高原高寒地区煤矿山生态环境修复和资源保护领域的重要创新成果，对我国煤矿山生态环境治理修复与保护具有重要的应用价值。值此书付梓之际，希望该书能对从事煤炭资源勘查、矿山生态地质勘查开发、环境保护与生态修复治理专业的高等院校师生和科研人员提供参考与帮助。

中国工程院院士

2022 年 10 月 30 日

序　二

随着东部煤炭资源的逐渐枯竭，我国煤炭开发战略逐步西移。但由于西部地区生态环境脆弱，因此，开展煤矿区及其周边地区生态环境保护与修复尤为重要。木里矿区地处我国重要生态屏障祁连山高寒地区，生态环境极其脆弱、地质条件非常复杂，煤矿大规模开发已引起矿区地貌、水系及水资源、冻土、草甸湿地、土壤、植被的破坏。为恢复和修复木里矿区退化的生态系统，近年来，中国煤炭地质总局一级首席专家王佟针对木里矿区生态系统与煤矿资源的破坏，提出"一井一策"治理原则，建立了高寒煤矿区的生态修复模式。他在木里矿区生态环境综合治理修复工程实践基础上编写了《青海高原高寒地区生态环境治理修复关键技术》。该书将煤炭地质学与生态学结合，揭示了煤炭资源开发对生态环境的影响机理，从煤炭生态地质勘查角度研究生态脆弱区生态保护与修复技术，并将地质手段运用到对生态环境破坏的主动预防和修复治理中，创新出了一条用地质手段开展生态治理修复的新路子。研究提出了煤炭生态地质层观点，即生态环境修复的关键是生态地质层的修复。针对矿区生态环境与资源的破坏，研发了"五大"关键修复治理技术。其中，土壤生态地质层重构、冻土层保护等技术在木里矿区生态整治中取得了良好的应用效果，解决了高寒生态修复治理难题，工程治理效果显著，为实现木里矿区生态与祁连山周边自然环境有机融合提供了技术参考。

在此，期望《青海高原高寒地区生态环境治理修复关键技术》的出版，对我国煤矿生态环境修复和资源保护提供有益的探索。

中国工程院院士

2022 年 10 月 19 日于兰州

前　　言

　　木里矿区生态环境综合整治项目是我国在高原、高寒、高海拔地区开展的大面积矿山治理的首例工程，矿区共有 12 座矿井进行了露天开采，共形成 11 个露天采坑、19 座渣山，开采活动带来了严重的矿山生态环境问题，致使地貌景观、植被资源、土地资源、水资源、湿地和冻土遭到破坏，水源涵养功能下降，加重了沼泽草甸退化和水土流失，严重影响了黄河上游大通河流域的生态环境，是治理难度大、涉及学科问题多、地质条件复杂、工期要求急的世界级难题。

　　木里矿区生态环境综合治理修复工程的全面完成，充分体现了新时代社会主义大协作的巨大力量，全体参加者不畏冰雪严寒、狂风飞沙、雷电冰雹和严重的高原反应，披星戴月、风餐露宿、夜以继日、团结奋战创造出了高原高寒地区生态环境治理修复的奇迹。本书是对木里矿区生态环境综合治理修复工程这一科技创新成果的初步总结，攻克了高原高寒地区生态恢复治理难题，为木里环境综合整治作出重要贡献。在木里矿区治理修复中一直遵循"山水林田湖草是一个生命共同体"理念，按照整体规划、总体设计、分期部署、分段实施的思路，针对以往煤矿开发造成的九大生态环境问题，将"地质+生态"领域的关键治理技术运用到"自然恢复+工程治理"中，实现了生态保护与节约优先，自然恢复与资源保护有机结合，以煤炭生态地质勘查理论为指导，将实验室搬上高原大地，综合研究形成了适合高原高寒地区生态环境治理修复的煤炭生态地质勘查理论与生态地质层构建的五大关键创新技术，建立了五种具有高原高寒特色的生态地质层治理修复模式，最终确定了"一井一策"的地质方法治理思路为修复方案，创新了一条用地质方法解决矿山生态环境治理修复难题的新路子，解决了世界性的高原高寒矿区生态治理修复的难题，在木里矿区生态环境综合治理修复工程中取得了良好的应用效果，为未来打造木里草原湿地公园奠定了良好的基础。

　　木里矿区生态环境综合治理修复工程在青海省委、省政府领导下，经木里矿区以及祁连山南麓青海片区生态环境综合整治工作领导小组办公室统筹协调，由海西州委、州政府和中国煤炭地质总局等木里矿区生态治理参建单位同心协力，坚持"接近自然、顺应自然、融入自然，宜草则草、宜水则水、宜湿则湿"的原则和"自然恢复为主、人工修复为辅、人工修复为自然恢复创造条件"的要求下取得重要成果。这项成果归功于全体参加人员。在此对中共青海省委、青海省人民政府、青海省自然资源厅、青海省林业和草原局、青海省生态环境厅、青海省水利厅、青海省科学技术厅、青海省工业和信息化厅、青海省住房和城乡建设厅与海西州人民政府、海北州人民政府等的关怀和支持表示感谢！在木里矿区采坑、渣山一体化治理和覆土复绿阶段一起奋战的相关专家、驻工地一线的工作人员和工程技术人员、工程建设者都作出了重要贡献，受篇幅限制不一一列出，在此表示特别感谢！中国工程院院士武强、冯起拨冗为本书作序，中国工程院彭苏萍院士、张铁岗院士、袁亮院士、蔡美峰院士、武强院士、康红普院士、王国法院士、王双明院士、冯起院士一直对本项目高度关注且热情指导，在此一一表示感谢！

为进一步加强全社会对祁连山南麓及黄河上游水源涵养区生态环境保护的重视，充分展示木里矿区生态环境综合治理修复形成的理论和技术创新成果，作者在总结木里矿区生态环境综合治理修复工程实践的基础上，将煤炭地质学与生态学相结合，通过理论和技术创新，形成了适合高原高寒地区生态环境治理修复的煤炭生态地质勘查理论与生态地质层构建体系，并得到了良好的应用效果，以期为我国黄河上游高原高寒地区及类似地区生态环境治理修复提供参考。

本书总体思路和基本架构由中国煤炭地质总局一级首席专家、木里项目总技术负责王佟教授级高级工程师提出，全书由王佟统一统稿。前言与附录由王佟撰写，其余各章节的撰写分工如下：第1章由王佟、张启元、王伟超、林中月撰写；第2章由王伟超、王佟、谢志清、梁振新、文怀军、李云涛撰写；第3章由王佟、王辉、赵欣、谢色新、宁康超、王伟超撰写；第4章由王佟、李聪聪、林中月、赵欣、王明宏、梁峰伟、郭婵妤、徐辉、章梅撰写；第5章由李凤鸣、白国良、王宏等撰写；第6章由王佟、赵欣、周伟、李聪聪、蔡杏兰、刘永彬、李永红、方惠明、闫华、李飞、孙杰、张谷春、杜斌、刘帅等撰写；第7章由王佟、张启元、王辉、林中湘、刘金森、张洪明、李永红、陈兴良、王英坡、蒋喆等撰写；第8章由刘峰、王佟等撰写。

在木里工程实践和本书的撰写过程中，王海宁、潘树仁、郭晋宁、张强骅、张德高、夏恩、田力、黄勇、李永军、熊涛、杨庆祝、梁俊安、李津、杨创、江晓光、程昊、夏建军、毕红波、胡航、辛顺、孙浩、张强、高超、郭鹏、田文滨、王鸿飞、侯忠华、饶晓、祁斌、李泽轩、李有鑫、刘宏、王礼冬、金钢、胡智峰、郭瑞华、许飞飞、王博、徐凯磊、王言帅、欧阳秋山、夏伦娣、王锋利、任虎俊、孙振洋、王永全、许超、边君、张海霞、潘若洲、刘春宇、覃韵、向慧、龚雨杭、吴敏敏、吴莹莹、王珊珊、席宇飞、孙晓静、张珊、李媛、黄泰誉、郑洁铭、孙汉英、王丹丹等诸多同志，参加了工程管理、工程技术研究与实践以及相关资料整理等工作，这里不一一列举。

由于作者水平所限，书中难免存在疏漏，恳切希望广大同行专家与读者批评指正。

作者

2022 年 10 月

目　　录

第1章 木里矿区生态治理修复概述

木里矿区地处青海省海西蒙古族藏族自治州（海西州）天峻县境内，我国西北地区重要生态屏障祁连山在境内绵延横亘，是祁连山区域水源涵养地和生态安全屏障的重要组成部分，这里也是黄河上游重要支流大通河的源头，水源涵养功能极为重要。区内多分布大片冻土和高寒沼泽草甸、高寒草甸，植被抗干扰能力弱，具有不稳定、敏感、易变、承载力低等脆弱性特征，对全球气候变化和人类干预响应十分敏感。木里矿区作为青海省最大的煤矿区，在矿山生产中，露天采坑对植被挖损破坏和土壤挖损破坏问题尤为突出，生态环境问题十分严重。为落实习近平总书记提出的"绿水青山就是金山银山"生态文明思想和重要指示批示精神，围绕青海省"生态立省"战略，2020年8月，青海省委、省政府委托中国煤炭地质总局承担木里矿区生态环境综合治理修复工程。在高海拔地区严冬时节和高危边坡发育的施工背景下，针对矿区存在的地形地貌景观、草地湿地、冻土破坏、边坡失稳和水土流失等九大生态环境问题和"急、难、险"工程问题，中国煤炭地质总局等单位联合开展了木里矿区生态环境治理修复关键技术研究，为其提供直接核心技术支撑。

1.1 高原高寒地区生态环境治理修复科学研究与实践的意义

国内外生态环境治理修复技术研究和工程实践主要集中在低海拔的低山、丘陵和平原地区。21世纪以来，生态环境治理修复的研究工作仍然以矿山土地复垦和河湖等水体水质环境治理修复技术研究为主，研究者多通过矿山土地复垦、结合种植试验和卫星遥感监测手段、计算机模拟等科学技术，在矿山环境修复保护法规与制度、土地复垦、矿区修复规划研究、植被恢复、工程绿化、地形重塑等方面，建立了许多成熟的治理修复技术。在高原高寒地区，生态环境治理修复规模较小，一般多直接引用相关技术，但由于低海拔地区土壤资源丰富，而高原高寒地区生态脆弱、土壤资源相对缺乏，特殊的地形地貌、气候等自然资源条件，生态与地质环境问题错综交织，加之高寒高海拔严苛的施工环境，高原高寒地区矿山生态环境治理与修复尚未形成可复制的成熟技术，治理效果往往不显著。

木里矿区位于黄河上游二级支流大通河源头，是祁连山区域水源涵养地和生态安全屏障的重要组成部分，水源涵养功能极为重要。木里矿区煤炭资源储量为35.4亿t，均为优质炼焦用煤，是青海省最大的煤矿区，煤炭资源丰富。21世纪以来共有12座矿井进行了露天开采，形成了11个露天矿坑、19座渣山，采坑总面积为1433.04万m^2，渣山总面积为1856.79万m^2，采坑总体积为68242.94万m^3，渣山总体积为48946.62万m^3。在矿山生产中，露天矿坑对植被挖损破坏和植被生长必需的土壤的挖损破坏问题尤为突出，生态环境问题十分严重，2014年以来，木里矿区开展了生态恢复治理，但在治理期间一些企业仍然盗采煤炭资源，一些企业超量开发引发了新的采坑渣山边坡失稳、水土流失、植被退化、湿地和冻土层破坏等二次环境问题。2020 年 8 月 4 日，木里矿区生态环境严重破坏问题被新闻媒体曝光，引起了党中央和全社会高度重视，习近平总书记亲自批示，青海省委、省政府迅速开展了实施木里矿区及祁连山南麓青海片区生态环境综合整治三年行动（2020～2023 年）。2020 年 8 月下旬，青海省委、省政府委托中国煤炭地质总局承担木里矿区生态环境综合治理修复工程。同时，中国煤炭地质总局等迅速组织了一流科研团队，相继依托中国煤炭地质总局"高原高寒地区煤炭生态地质勘查与矿山生态修复技术研究"项目（中煤地办科技 2020-88 号）、国家自然科学基金项目和木里矿区生态环境综合治理修复工程等，开展了木里矿区生态环境治理技术科学研究工作。

通过采用地质资料分析、地质调查与遥感、物探、钻探、现场试验等"空天地时"一体化煤炭生态地质勘查技术，精准识别出研究区因煤矿无序开发引发的"地形地貌景观破坏、植被–土壤层破坏、土地损毁及压占、冻土层扰动与破坏、水系和湿地破坏、地下含水层破坏、土地沙化与水土流失、边坡失稳、煤炭资源破坏"九大生态环境问题。另外，该次工程实践还面临复绿窗口期短、九大生态环境问题相互交织、复绿无土与覆土量巨大，如果进行客土将造成二次生态环境破坏的突出矛盾、煤火两处、采坑渣山规模大、在高陡边坡和滑坡体上立体施工、积水严重、极寒冬季施工、高原缺氧等诸多"急、难、险"工程问题。

按照"水源涵养、冻土保护、生态恢复、资源储备"的研究目标和提出的科学技术研究路线（图 1.1），团队针对高原高寒地区矿山生态环境治理与修复超难科学问题，从研究矿山开采对生态环境影响破坏机理出发，将生态学与地质学结合，提出采用地质手段开展生态环境治理新思路，相继从煤炭生态地质勘查和生态地质层两个基础理论的研究与建立，到提出采坑与渣山地形地貌重塑技术、水系连通及生态水涵养修复技术、冻土层保护技术、稀缺煤炭资源保护技术、土壤重构与质量评价技术五个生态治理修复与资源保护关键技术，再结合"空天地时"一体化的生态地质层勘查与监测技术等，系统建立了高原高寒地区矿山生态治理修复与保护技术体系。另外，团队还基于井工巷道破坏主要影响因素及评价等研究，形成了露—井联合区域生态修复与巷道、井上下协同保护技术。

在充分应用以上科学技术的基础上，按照"一井一策、分区管控、技术可靠、经济合理、创新支撑"的工程治理思路，用系统思维统筹矿区生态环境破坏的治理，将"生态地质层"概念和"地质+生态"运用于工程治理中。基于不同井田采取的不同生态环境修复模式和科学研究提供的直接核心技术支撑，自 2020 年 8 月，经过"第一年采坑渣山治理打基础、第二年覆土见绿出形象和第三年见效成公园"的不懈努力，本次木里矿区生态环境综合整治在采坑渣山边坡治理、覆土复绿、水系整治、土壤重构、稀缺煤炭资源保护等方面取得了良好的治理效果，助力完成了地球上海拔最高、规模最大、条件最为严酷的世界级矿山生态修复工程，创造了世界上矿山生态修复新的壮举，对保护黄河上游生态环境和筑牢国家西部生态安全屏障意义重大。

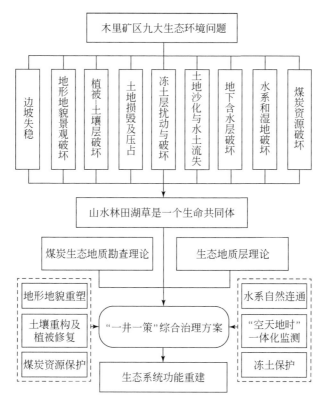

图 1.1　科学技术研究路线图

1.2　区域人文地理概述

1.2.1　位置及交通

木里煤田位于青海省海北藏族自治州（海北州）与海西蒙古族藏族自治州交界处，大通河上游，地理位置为 98°55′40″E ~ 99°37′38″E，38°02′02″N ~ 38°16′00″N。行政区划跨天峻县、刚察县和祁连县（图 1.2），其中，西部的聚乎更、江仓、哆嗦贡玛以及弧山四个矿区，大部分归天峻县管辖，东部的热水矿区及外围的外力哈达、海德尔、默勒为一个相对独立的区段，属刚察县和祁连县管辖。木里矿区南北两侧以高山地貌为主，中部大通河自北西西向南东东向径流。区内公路及铁路交通较为方便（梁振新等，2021）。

1.2.2　社会、经济

矿区地处天峻县木里镇境内，其隶属的天峻县辖 3 镇 7 乡 62 个牧委会和 2 个社区，

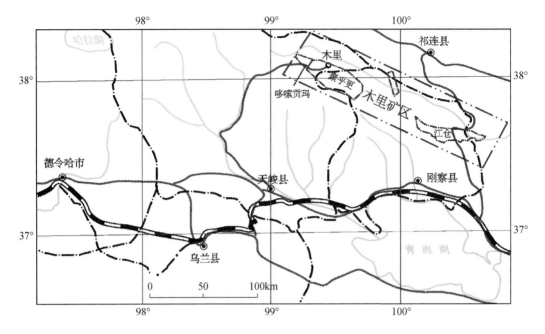

图 1.2 矿区分布示意图

是一个以藏族为主体的多民族聚集地区，有藏族、汉族、回族、蒙古族、撒拉族等 15 个民族，人口为 2.3 万人（2020 年），少数民族人口占总人口的 85%。畜牧业、旅游业是推动天峻具经济发展资源优势禀赋，煤炭资源储量、石灰石岩矿（D 级）储量、品位均居全省前列。

由于高海拔，长年冻土发育，气候严寒缺氧，不产农作物，仅生长牧草，山涧溪流较发育，雨水较为充足，水草肥美，是良好的天然牧场，周边以畜牧业为主。当地木里镇有少数藏族同胞居住，藏民则以畜牧业为主，产肉食和皮毛。

21 世纪以来，随着西部大开发步伐的加快，市场对煤炭的需求日益增长，先后有青海义海能源有限责任公司在一露天井田（三号井）、青海省兴青工贸工程集团有限公司在一井田北（五号井）、青海庆华矿冶煤化集团有限公司在二井田四号井投资建矿，一时间，木里地区煤矿开发十分强劲。2014 年前至此次工程治理，木里镇内的煤矿井全部关停并开展了露天采坑回填和覆土复绿等矿山恢复治理工程，同时，由于一些矿井非法采矿对环境造成了重大损失。2020 年 8 月 4 日，青海省木里矿区聚乎更区五号井非法开采严重破坏生态环境事件被新闻媒体曝光后，习近平总书记亲自批示，青海省委、省政府迅速开展了木里矿区及祁连山南麓青海片区生态环境综合整治三年行动。该项目的实施是目前我国在高原、高寒、高海拔地区开展大面积矿山治理首例示范性工程，创造了我国生态环境治理领域的重要突破！

1.3　资源勘查与开发现状

1.3.1　矿权设置

　　木里矿区由江仓区、聚乎更区、弧山区、哆嗦贡玛区以及雪霍立区组成，煤炭资源储量为 35.4 亿 t，均为优质炼焦用煤。木里矿区煤炭开采方式基本为露天开采。木里矿区共划分为 22 个井田，设置探矿权 11 宗，采矿权 5 宗，另外，5 个井田已配置并取得划定矿区范围的批复手续，1 个井田未设置矿权。其中，聚乎更区划分 9 个井田，设置探矿权 2 宗，采矿权 3 宗，其余 4 个井田取得划定矿区范围的批复手续；江仓区划分为 10 个井田，设置探矿权 8 宗，采矿权 2 宗；弧山区划分为 2 个井田，1 个井田取得划定矿区范围的批复手续，另 1 个未配置矿权；哆嗦贡玛区为一勘查区，设置了 1 宗探矿权（表 1.1）。

表 1.1　木里矿区矿业权设置情况统计表

矿区名称	井田名称	矿业权性质	矿业权人	原定配置主体企业	企业性质	勘查（采矿）许可证有效期	备注
聚乎更区	一号井（原三露天）	已配置	青海省木里煤业开发集团有限公司	神华青海能源开发有限责任公司	国有控股		
	二号井（原二露天）	采矿权					
	三号井（原一露天）	采矿权		义马煤业集团青海义海能源有限责任公司	国有控股	至 2021 年 10 月	
	四号井（原二井田）	采矿权		青海庆华矿冶煤化集团有限公司	民营企业	至 2015 年 8 月（到期未予延续）	
	五号井（原一井田北）	探矿权		青海省兴青工贸工程集团有限公司	民营企业	至 2021 年 11 月	
	六号井（原一井田南）	探矿权		青海柴达木开发建设投资有限公司	国有控股	至 2021 年 3 月	
	七号井（原三井田）	已配置（划范围）		青海盐湖能源有限公司	国有控股	范围预留期至 2015 年 12 月	
	八号井（原四井田东）	已配置（划范围）		中铁资源集团海西煤业有限公司	国有控股	范围预留期至 2015 年 12 月	
	九号井（原四井田西）	已配置（划范围）				范围预留期至 2015 年 12 月	

矿区名称	井田名称		矿业权性质	矿业权人	原定配置主体企业	企业性质	勘查（采矿）许可证有效期	备注
江仓区	一号井		采矿权	青海中奥能源发展有限公司	青海奥凯煤业发展集团有限公司	国有控股	至 2015 年 8 月（到期未予延续）	
	二号井		采矿权	青海省木里煤业开发集团有限公司	青海焦煤产业（集团）有限公司	民营企业	至 2021 年 10 月	
	三号井		探矿权		青海江仓能源发展有限责任公司	国有控股	至 2021 年 3 月	
	四号井						至 2021 年 3 月	
	五号井		探矿权		青海圣雄矿业有限公司	民营企业	至 2021 年 7 月	
	六号井（原6井田西）		探矿权	青海中地矿资源开发有限责任公司	青海中地矿资源开发有限责任公司	国有控股	至 2021 年 2 月	
	六号井勘查区（原6井田东）		探矿权				至 2021 年 2 月	
	北翼勘查区	七号井	探矿权	青海省木里煤业开发集团有限公司	青海省木里煤业开发集团有限公司	国有控股	至 2021 年 2 月	
		八号井						
		九号井	探矿权					
弧山区	弧山一号井		未配置					
	弧山二号井		已配置					
哆嗦贡玛区	哆嗦贡玛勘查区		探矿权	青海省木里煤业开发集团有限公司	西部矿业集团有限公司	国有控股	至 2021 年 2 月	

1.3.2   矿区勘查情况

木里矿区具有丰富的煤炭资源，自 20 世纪 60 年代就开始了煤炭资源的勘查工作。截至 2012 年，本区所有的井田均进行了勘探工作，并提交了地质勘探报告。

1.3.3   矿区开采历史情况

木里矿区发现较早，其中江仓区和聚乎更区在 20 世纪 70 年代曾有小窑和小露天采矿，但开采范围及产量均较小。

从 2003 年开始，木里矿区已进驻青海中地矿资源开发有限责任公司、青海焦煤产业（集团）有限公司、青海圣雄矿业有限公司、青海中奥能源发展有限公司、青海省兴青工贸工程集团有限公司、义马煤业集团青海义海能源有限责任公司、青海庆华矿冶煤化集团有限公司（青海庆华集团）、中铁资源集团海西煤业有限公司、青海盐湖能源有限公司、西部矿业集团有限公司共 10 家企业进行勘查开发。但由于缺乏统一规划，木里矿区煤炭资源开发利用效率不高，对生态环保重视不够。自 2006 年起，木里矿区进行了整合，按照矿区划分对原有开发企业进行重组，成立了青海天木能源集团有限公司、青海中奥能源发展有限公司、青海盛奥矿业有限责任公司等公司。但这种整合没能实现统一管理、统一开发。

　　2010 年，国务院要求按照"一个矿区由一个主体开发"的要求，科学、合理划分了矿区和井田范围，制定了矿区总体规划和矿业权设置方案。国家发展和改革委员会提出，根据国家煤业产业政策中关于"一个矿区由一个主体开发"的精神，木里矿区必须整合为一个开发主体。同年 10 月，青海省人民政府正式启动木里矿区整合工作。2010 年 11 月，青海省人民政府下发《关于组建青海省木里煤业开发集团有限公司的批复》，由青海省木里煤业开发集团有限公司作为木里矿区唯一开发主体，对木里矿区现有企业进行重组和整合。

　　截至 2020 年下半年，木里矿区各井（矿）田露天采坑均关闭。通过数据搜集、遥感解译及现场调查综合分析得知，木里矿区开采活动主要集中于聚乎更区和江仓区，木里矿区因采矿活动形成 19 座大型渣山、11 个大型露天采坑、14 个临时生活区和 4 座煤场。截至 2014 年 8 月，聚乎更区和江仓区主要矿山累计动用资源量为 10305.01 万 t（表 1.2）。除聚乎更区三号井和四号井累计动用资源量占资源储量比例较高外（分别为 25.45% 和 33.90%），其他矿井所占比例均较低。

表 1.2　矿井累计动用资源量

序号	井（矿）田名称	资源储量/Mt	累计动用资源量/万 t	所占比例/%
1	江仓区一号井	123.640	110.00	0.89
2	江仓区二号井	153.170	500.00	3.26
3	江仓区四号井	212.100	490.74	2.31
4	江仓区五号井	98.450	110.00	1.12
5	聚乎更区三号井	178.760	4550.00	25.45
6	聚乎更区四号井	110.900	3759.68	33.90
7	聚乎更区五号井	124.060	500.00	4.03
8	聚乎更区七号井	237.801	140.00	0.59
9	聚乎更区八号井	29.630	144.59	0.51
10	聚乎更区九号井	253.190		
	合计	1521.701	10305.01	6.77

1.4　以往生态治理效果评价

1.4.1　矿区以往环境整治总体概况

　　2014 年，根据青海省人民政府办公厅印发的《关于印发木里煤田矿区综合整治工作实施方案的通知》（青政办〔2014〕143 号）文件精神，木里矿区开始全面推进生态环境综合整治。自 2014 年，各个矿区开展生态环境综合整治工作以来（包括江仓区），投入各类整治资金超过 20 亿元，对 19 座大型渣山进行了整治。2014 年 8 月~2016 年 9 月治理渣山总面积 1702.67 万 m^2、公共裸露区域种草绿化 64.6 万 m^2、湿地植被恢复 108.52 万 m^2，治理矿区河道总长 21.51km。2017~2019 年，渣山补植补种 574.01 万 m^2；2020 年至同年 8 月治理，渣山补植补种 59.57 万 m^2。

其中，聚乎更区和哆嗦贡玛区土地占损面积为 3720.19 hm^2，总复绿面积为 1131.89 hm^2，包含渣山复绿面积 1101.26 hm^2 和采坑复绿面积 30.63 hm^2，总复绿占比（恢复治理面积/占损土地面积）为 30.43%（表 1.3）。

表 1.3 各井田复绿情况一览表

井田编号		占损面积/hm^2	渣山复绿面积/hm^2	渣山复绿比率/%	采坑复绿面积/hm^2	采坑复绿占比/%	总复绿面积/hm^2	总复绿占比/%
聚乎更区	三号	776.85	318.25	89.11	17.33	4.68	335.58	43.20
	四号	1259.54	374.57	39.74	—		374.57	29.74
	五号	560.99	179.21	49.50	13.3	7.58	192.51	34.32
	七号	462.9	48.04	20.61	—		48.04	10.38
	八号	246.33	64.86	56.70	—		64.86	26.33
	九号	240.19	51.87	60.87	—		51.87	21.60
哆嗦贡玛区		173.39	64.44	81.43	—		64.44	37.16
总计		3720.19	1101.26	50.67	30.63	2.59	1131.89	30.43

这次复绿工作主要集中在对渣山的恢复治理，治理措施为修筑菱形网格状护坡，以消除边坡安全隐患，修筑排水渠，并覆土种草，或移植草皮，治理面积达 1101.26 hm^2。大部分恢复治理效果一般，植被长势一般；局部治理修筑的菱形网格护坡、排水渠后期受雨水冲刷、冰冻等影响垮塌严重，造成景观零乱；对渣山顶部仅对渣山进行平整，一般未采取复绿，植被恢复较差（表 1.4，图 1.3）。

表 1.4 勘查区各井田复绿效果一览表

井田编号		好(植被覆盖度≥50%)/hm^2	较好(植被覆盖度35%~50%)/hm^2	中等(植被覆盖度20%~35%)/hm^2	较差(植被覆盖度<20%)/hm^2	总复绿面积/hm^2
聚乎更区	三号	317.54	17.17	0.87	—	335.58
	四号	27.96	270.19	76.42	—	374.57
	五号	—	144.47	32.64	15.41	192.51
	七号	—	—	48.04	—	48.04
	八号	0.48	—	64.38	—	64.86
	九号	—	4.17	47.70	—	51.87
哆嗦贡玛区		—	2.91	34.15	1.24	64.44
总计		345.98	465.05	304.21	16.65	1131.89
占比/%		30.57	41.09	26.88	1.47	100

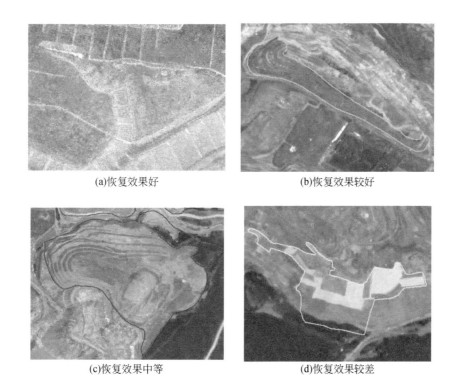

(a)恢复效果好　　　　　　　　　(b)恢复效果较好

(c)恢复效果中等　　　　　　　　　(d)恢复效果较差

图 1.3　渣山恢复治理遥感影像图

1.4.2　以往采取措施及成效

1. 主要修复措施

1）渣山复绿

2014 年以来，木里矿区各企业对露天开采形成的 19 座共 17.03km² 渣山全部开展了整治和种草复绿，安装了 55.73 万 m² 的围栏，封育保护划定自然修复区 325.54km²，2017～2018 年，木里矿区还对已完成整治的区域，进行了看护和管理，对长势差出苗率低的区块进行了补植补种。当时渣山的治理措施基本是削坡+有机肥+客土+无纺布覆盖、削坡+大量有机肥+混播+无纺布覆盖、削坡+施肥+大播量混播+无纺布覆盖+追肥及喷播四种。

2）采坑治理

在全面推进渣山整治和种草复绿的同时，确定义马煤业集团青海义海能源有限责任公司、青海庆华矿冶煤化集团有限公司、青海省兴青工贸工程有限公司三家企业在露天开采形成的采坑进行边坡治理试点，确定青海庆华矿冶煤化集团有限公司、义马煤业集团青海义海能源有限责任公司、青海中奥能源发展有限公司三家企业进行采坑回填试点，消除地质灾害隐患，取得了一定的效果，积累了经验。2016 年底，木里矿区共完成采坑边坡治理工程量 1545.18 万 m³、采坑回填试点工程量 3625.5 万 m³，其中，试点企业义马煤业集团青海义海能源有限责任公司和青海庆华集团完成了 1473.68 万 m³，青海中奥能源发展有限公司完成了 946.4 万 m³，其他露天开采企业均制定了采坑回填与井工建设（衔接）方案。截至 2018 年底，矿区采坑边坡治理量为 5099 万 m³，采坑试点回填量为 5774 万 m³。

3）公共区域治理

A. 湿地区域整治

共完成集中连片湿地植被修复及保护 108.52 万 m²，经现场实测平均有苗数为 1774 株/m²，有苗率达 86%。针对矿区采矿受损但破坏不严重，且能够自然恢复的地块，共埋设石质界桩 1645 块。其中，2015 年天峻县实施完成规格 1.50m×0.12m×0.12m 石质界桩 1572 块，抢救性恢复湿地面积 1837.19hm²。2015 年刚察县完成规格 1.5m×0.1m×0.1m 石质界桩 73 块，抢救性恢复湿地面积 518.24hm²。

B. 公共裸露区域绿化

2016 年底矿区共完成公共裸露区域种草绿化 64.6 万 m²，2017～2018 年，木里矿区各企业组织施工队伍进场，对出苗率低、长势差的区块及时采取补植补种、保温保墒、追肥等措施，对未绿化的公共裸露区域，继续进行植被恢复和草地绿化工作。

C. 违章建筑拆除与道路整治

截至 2016 年底，天峻县、刚察县人民政府会同青海省柴达木循环经济试验区管理委员会木里煤田管理局组织拆除矿区公共区域违章建筑约 5.13 万 m²，拆除企业矿区内临时建筑约 4.57 万 m²；规范收窄整修矿区过宽道路 47.9km，对清理出的场地和道路两侧护坡全部进行了种草复绿。

D. 修建公共服务基础设施

截至 2016 年底，青海省交通运输厅修建天木公路里程达 150.75km，聚乎更区至江仓区整修了 54.1km 公路，完成了 13.8km 主干道连接企业生活区道路建设工程。木里矿区五家企业建成生产生活污水处理设施、锅炉烟尘处理设施和储煤场挡风抑尘墙及封闭式储煤仓等环保设施。

E. 河道综合整治

矿区河道治理主要是对木里矿区上多索曲、下多索曲、庆华支沟和江仓曲等河道进行综合整治，其中，扩挖河槽 2.85km，河道疏浚 7.54km，建设Ⅳ级防洪堤 26.78km，岸坡复绿 47636m²，河道防洪能力达到 20 年一遇的标准。河道内弃置弃渣和垃圾、乱采乱挖和挤占河道的现象得到基本遏制，采砂造成的凹凸不平河段也通过治理而变平整。

2. 整治成效

通过自然恢复和人工恢复，土壤保持量、生物多样性保护指数及水源涵养量均有增加，但增加幅度较小。在人工恢复下，生态系统服务功能增加的幅度略大于自然恢复情景。

1）渣山复绿

以往对木里矿区的 19 座大型渣山均开展了一定程度的复绿工作，但效果不明显。通过高分辨率光学影像所呈现的光谱信息和空间纹理特征的变化分析与现场样方调查可知，当时的治理工作不彻底，2014～2017 年开展的复绿等生态恢复工作主要集中在聚乎更区三号井、四号井和五号井的局部区域。

（1）矿区受损草原生态系统在经过 1～2 年人工种草恢复治理后，植物种数量、植被覆盖度、植株高度和生长状况均发生了变化。相对于未治理区，矿区人工种草恢复治理区植物种类数量增加了 5～6 种。植被覆盖度平均为 63.18%，增加了 20%～42%。

（2）矿区 2015 年客土种草恢复治理区单位面积地下根系生物量为 433.44g/m^2。2016 年客土人工种草恢复治理区地下生物量为 434.56g/m^2，占总生物量的 78.74%。江仓区 2015 年人工撒播种草恢复治理区单位面积地下生物量为 442.08g/m^2，占总生物量的 64.16%。

（3）江仓区天然沼泽湿地 0～10cm 土壤全氮、全磷、全钾含量分别为 9.26g/kg、2.06g/kg、33.73mg/kg。煤矿开采后，江仓区青海圣雄矿业有限公司的北渣山 0～10cm 土壤全氮、全磷、全钾含量分别为 0.87g/kg、1.62g/kg、42.91mg/kg；种草后 0～10cm 土壤全氮、全磷、全钾含量分别为 3.67g/kg、1.39g/kg、22.54mg/kg。结果表明，采矿活动导致土壤全氮含量降低。

2）采坑治理

2017 年，木里矿区推进采坑边坡治理和采坑回填试点工作，同时也开展了采坑边坡稳定性监测工作，对恢复植被创造了条件。通过对比 2014 年和 2017 年木里矿区遥感影像，江仓区一号井中的南侧采坑进行了回填，聚乎更区三号井首采区边坡已经治理，聚乎更区五号边坡也正在整治，其他矿井对采坑边坡进行了部分削坡整治。

3）河道综合整治

2017 年，木里矿区解译范围内水域及湿地面积为 132.41km^2，包括河道、湖泊坑塘、沼泽及永久性冰川雪地。其中，河道面积为 68.85km^2，占水域及湿地总面积的 52%。2014～2017 年，河道综合整治期间，临近矿山企业针对局部河道进行了河道疏浚和修整，但河道改道、河水漫积的积水区等问题依然存在。

1.4.3　以往整治工作存在不足

自 2014 年以来，各井田虽然相继开展了恢复治理工作，但这一阶段的整治基本都存在不到位、复绿退化及边坡失稳等问题，生态系统服务功能修复效果不显著。通过实地调查和访谈，以往修复措施技术方案和恢复治理工作存在以下问题。

（1）未先对各个矿山开展全面细致的水文地质、工程地质、环境地质、灾害地质及生态等现状调查，了解突出生态环境问题，从而科学指导相应矿山生态环境综合整治。

（2）以往矿山各自治理缺乏整体规划，整治要求、治理标准和方法不统一，整治工作的实施存在不规范的现象。

（3）以往勘查区的复绿工作主要集中在对渣山的恢复治理，治理措施为修筑菱形网格状护坡，对消除边坡安全隐患起到了积极作用，但人工痕迹明显，随着水土流失等，造成水泥预制隔构悬空、滑落和断裂。一些边坡进行了覆土种草或移植草皮，但大部分植被恢复效果一般，渣山顶部主要进行了平整，未进行植被恢复。对采坑边坡、矿坑积水未进行重点治理。

（4）未系统开展地质灾害的形成条件、致灾机理等方面的分析研究，也未采取有效的手段对地质灾害进行治理、预防和监测，导致各个井田的渣山、采坑等仍然不同程度出现滑坡、崩塌、地裂缝等地质作用。

（5）未结合周边水文地质背景、补给条件等深入分析露天采坑潜在积水问题，未采取有效的矿坑积水预防、治理措施。

（6）草种配置上不合理，所选三种高寒高海拔草种配置不规范；仅部分矿井未采用客土覆土施工，而大部分矿井未开展土壤重构，种草成活率低。

（7）植物养护措施不足，未对弃渣修复过程中极端干旱条件予以考虑。

（8）边坡固土措施不足，未对弃渣边坡水土流失问题加以考虑，存在明显的弃渣水土流失问题，不利于植物生长。

渣山表面基质的冻土、岩石、煤矸石含量不同，导致其温度、风速、土壤水分等存在差异，造成不同渣山表层基质营养成分存在变异性，矿区植被恢复空间异质性变大，如何快速稳定人工植被是下一步需要解决的科学技术问题。另外，矿区地貌重塑参数、冻土保护、区域水资源补给-径流-排泄（补径排）条件、高原湖泊潜在生态风险、矿坑积水环境问题等尚未开展相关研究，为后续矿区生态环境治理工程设计和施工带来了不小的困难。

1.5 国内外煤炭矿山生态环境治理修复技术与研究进展

1.5.1 国外矿山生态环境治理修复技术与研究进展

矿山生态修复最早开始于美国和德国（高国雄等，2001），早在20世纪初，这些工业发达国家已经自发地在矿区进行了种植试验，开始了矿区生态环境修复。英国、澳大利亚等有悠久采矿历史的发达国家也很早就开展恢复生态学的相关研究，并在矿区生态修复方面取得了巨大成绩，生态修复已成为采矿后续产业的重要组成部分（刘国华和舒洪岚，2003）。苏联也十分重视矿区废弃土地复垦工作，加拿大、法国、日本等国家在矿区生态修复方面也做了大量的工作。另外，美国、英国、加拿大、澳大利亚等国家都通过制定矿山环境保护法规理顺矿山环境管理体制，建立矿山环境评价制度，实施矿山许可证制度、保证金制度，严格执行矿山监督检查制度等措施来保证矿山生态修复的成效（王雪峰和赵军伟，2007）。

20世纪80年代以来，这些发达国家土地复垦率达70%～80%，在矿区生态修复中积累了丰富的经验，取得了丰硕的成果，形成了一大批经典的、成熟的生态修复案例，如美国的麦克劳林金矿（McLaughlin）（Anastas and Williamson，1996；Jackson and Hobbs，2009）、德国的鲁尔自然保护区（Ruhr Nature Reserve）、加拿大多伦多市的汤米逊公园

（Tommy Thompson Park），都值得我国生态环境治理修复工作借鉴（邓小芳，2015）。

进入 21 世纪，针对矿区生态修复问题，德国在矿区修复规划研究方面颇有建树，主要观点有：①有效的空间引导是实现区域经济社会稳定、持久发展的重要措施，也是有效防范生态资源破坏并有针对性治理的重要手段；②生态修复和环境治理的目标在德国各个层级的景观规划中均有所反映；③空间规划关注点在于以人类的需求构造矿区生态系统，努力实现两者的融合，而技术层面上注重实现居住、休闲、交通和自然保护区用地的增长；④以空间规划为指导的土地复垦利用实践，其关注点除复垦为农林用地的表土重构外，扩展到关注受损地下水体的治理（杜津桥，2020）。

美国罗谢尔露天煤矿治理对原自然概况详细调查后，通过计算机软件模拟设计出有利于生态环境恢复的地形，对受损土地进行地貌重塑。近原始地形地貌重塑是以自然理念为基础来进行研究的，即依据自然和生态相关要素，包括地质、地貌、气象、水文等要素，依靠自然并辅以人为措施促进生态修复过程，设计出一种近自然地理形态的地貌（张成梁和 Larry Li，2011）。英国最早产生工程绿化技术，20 世纪 40 年代初，针对坡地雨水侵蚀情况，率先发明了植被喷播和喷射乳化沥青技术，部分欧美国家也发明了液压喷播、植物盆等坡面防护技术（王亮，2006）。澳大利亚等西方国家在矿山生态修复过程中，结合高新科学技术，利用卫星遥感监测手段，以及 ArcGIS、CAD 等计算机软件，掌握待治理区地形、地貌、土地、植被、水系情况，提高了工作效率，为形成治理效果较好的方案打好基础（张绍良等，2018）。

1.5.2　国内煤炭矿山生态环境修复技术与研究进展

国外对矿山生态治理修复技术研究较早，从采矿场基础复绿发展到以土地复垦技术、植物恢复技术为主的一系列综合治理技术。我国矿山治理修复工作最早开始于 1950 年，部分矿山企业自发地对采矿破坏的土地进行小规模的造田治理（马康，2007）。到 1970 年，对于矿山的治理修复仍旧在探索阶段，从实践中逐步研究。1980 年初，马恩霖等学者编译的《露天开采复田》，详细阐明了国外对于矿山土地复垦治理的相关理论和技术，推动了我国矿山废弃地复垦和综合治理修复与研究工作（曲兆宇，2012）。1988 年，国务院颁布的《土地复垦规定》（孙庆业和刘付程，1998），将露天煤矿土地复垦归纳到矿山工程设计内容中，促进了矿区生态环境修复逐渐法治化发展。之后逐步颁布《矿山生态环境保护与恢复治理方案（规划）编制规范（试行）》《全国矿产资源规划（2008～2015 年）》《全国土地整治规划（2011～2015 年）》等，对矿山生态修复、土地复垦重点区域、复垦标准以及目标提出了明确的要求（胡振琪，2019）。

矿区土地复垦与生态修复技术是治理受损矿山生态环境的重要措施，虽然我国的矿山修复工作起步较晚，但随着矿山大规模开采，国家管理部门不断研究并制定了法律和相关规范。近年来，通过实际生产建设活动不断探索与完善，在矿山土地复垦、生态修复理念与技术方面，取得了一系列成果。

地形重塑是土体复垦技术的基础，包括地形重塑、土体重构和土壤改良。矿山废弃地地形重塑以矿区发展规划和土地复垦要求为基本条件，通过改变地形地势的措施实现矿区生态修复与重建中地形、土体、水资源、植被等各要素间互相融合与影响的地形整治模式（杨翠霞，2014）。露天矿采区复垦，可充分利用井工矿开采出来的渣土进行回填，利于解决采区地质结构问题，提高矿区地质地貌的稳定性以及固废利用率。对于占压土地的区域，如矿区外排土场，可参照附近未干扰区域的地形地貌，应用近自然修复理念，辅以一定的人工措施，对其边坡进行有效治理。在实际的矿山治理修复过程中，应较全面地结合矿山地形地貌现状及特征，提出适宜的技术措施，提高矿区地形地貌重塑效果（白中科，2016）。

植被修复技术是矿区生态系统自然修复的基础，结合工程绿化技术，对土壤改良也具有一定的作用。在矿山生态治理修复中，应从表土剥离、堆存、土壤质地改良、植被种类的选择与配置模式、坡面工程措施布设以及管护方面综合考虑，在边坡绿化治理上取得一定成效（刘春雷，2011）。孔令伟等针对内蒙古永顺煤矿排土场治理工程，分析了穴铺植生袋、旱梯田坡面、旱坡植生袋、沙柳维护四种建植技术修复效果，其中穴铺植生袋技术最优，并筛选出以冰草为主的先锋植物种（孔令伟等，2017）。

植被恢复技术中的微地形治理主要是采用堆状种植、修建地埂、田垄、排水沟、蓄水池等措施，增加入渗、减少径流、防治水土流失，有效提高排土场坡面植被恢复建设的效果（郭建一，2009）。在满足植被恢复条件的基础上，建立矿区生态源地和生态廊道来优化矿区景观格局（原野等，2017）。采矿生产还会造成大量的沙尘、扬尘污染，尤其是露天煤矿，对矿区空气质量环境有很大的影响，常用的矿区沙尘、扬尘治理方法包括设置挡风抑尘墙、喷淋洒水抑尘（罗素梅，2018）。

彭苏萍院士等针对黄河流域煤矿区所处的战略地位，对黄河流域生态环境面临的主要问题进行了剖析，对国内外煤矿开采的岩层结构及采动裂隙演化规律、地下水资源保护、煤炭开采对水和生态环境影响的现状进行了分析研究，提出了黄河流域煤矿区生态环境修复应结合煤层赋存特点和煤层开采工艺技术，对上覆岩层产生的裂隙发育特征与展布格局、裂隙与地表水和矿井水的导通与耦合关系、裂隙对地表生态发育与退化作用、生态环境修复关键技术与方法等进行了系统描述，提出了黄河流域中上游煤矿区生态环境修复的关键是水的保护与利用，要采用四维综合监测方法，揭示采矿全周期的地下水、表层水运移及地表生态环境演变规律。针对黄河流域不同煤矿区开发过程对水土资源受损的影响程度与范围，研究黄河流域煤矿生态环境修复关键技术，构建黄河流域煤炭开发的生态安全评价体系及调控模式。要改变煤炭开采只是对生态环境破坏的旧观念，充分利用煤炭开采过程对上覆岩层产生裂隙这一类似"松土"的作用，减缓干旱-半干旱地区极易形成的次生盐碱化现象，积极将人工修复技术和生态自修复作用相结合，实现从被动防治到主动治理，使煤矿区生态环境修复成为黄河流域生态治理的典范，并为其他行业提供借鉴。最后提出了黄河流域煤矿区生态环境修复今后的工作重点与发展模式，来实现生态环境修复可持续发展（彭苏萍和毕银丽，2020）。

王双明院士等针对黄河流域陕北煤矿区采动地裂缝对土壤可蚀性的影响进行分析研究，提出了采动地裂缝会增大周围土壤的可蚀性，分化土层间的抗侵蚀能力，且裂缝宽度越大、水平距离越小，该作用越明显；采动地裂缝周围土壤可蚀性与土壤黏粒、有机质质量分数在小空间尺度上存在高度的一致性，均达到极显著负相关水平，这与采动地裂缝显著改变土壤孔性、损伤植物根系性状和微生物活性密切相关。越靠近采动地裂缝，土壤潜在侵蚀能力越高，抗侵蚀能力越差，应着重考虑人工措施，反之应着重考虑自然措施，从而为黄河流域中游煤矿区水土流失精准防控和生态环境保护提供科学依据（王双明等，2021）。煤炭开采活动导致的煤层顶板覆岩地质条件变化及采动裂隙发育是损害地下关键含水层的直接原因，也是造成矿区生态环境退化的根源。王双明院士等针对黄河流域陕北煤炭开采区厚砂岩对覆岩采动裂隙发育的影响进行分析，认为覆岩采动裂隙最大发育高度随厚砂岩层位的升高呈先减小后增大的特征。适当的厚砂岩厚度和层位的组合条件，可有效阻挡采动裂隙向上发育贯穿厚砂岩。并提出在煤层开采过程中，需充分考虑厚砂岩发育特征对覆岩采动裂隙发育的影响，进行精确防控采动裂隙发育和覆岩变形破断，实现"边采边减"和"边采边保"的绿色开采方法。该研究成果可为黄河流域中游陕北煤矿区煤炭开采与生态环境保护协调发展提供理论指导（王双明等，2022）。

毕银丽等针对西部干旱–半干旱地区露天矿排土场重构土壤的结构差、肥力低、植物种类单一、重构生态难的现状，采用微生物–植物联合修复技术，研发多型号生物修复菌剂和基质，促进了植物根系发育，增强了植物抗土壤压实、养分贫瘠、干旱缺水及易盐碱化等逆境的生理生化反应（毕银丽等，2021）。

1.5.3　我国高原高寒地区煤炭矿山生态环境修复技术与研究进展

近年来，专家学者从高原高寒地区生态修复的现状出发，就加强统一规划、划定生态红线、积极完善生态补偿机制等方面提出对策建议，并在采坑回填及地表生态恢复、覆土措施、冻土保护及矿山遥感监测等方面都做了有益的探索，但尚未形成系统化的治理修复体系。

露天开采不仅破坏地表植被，更重要的是破坏了植被赖以生长的土壤，人工创造利于植被生长的土壤环境，是保障生态修复成果的另一关键技术。通过研究直接人工建植、覆土后人工建植和施肥后人工建植对土壤的改良效果和植被的生长情况，王锐等得到了10cm为理想的覆土厚度，明确了施肥等措施对高寒区客土来源不足这一缺陷的有效弥补能力（王锐等，2019）。徐拴海通过多年对木里矿区冻岩边坡的监测发现了边坡稳定性的主导因素及评价方法，提出了边坡防护的有效措施（徐拴海，2017）。

王凯就木里矿区露天采坑回填及地表生态恢复进行了研究，提出了采坑部分回填整治方案，回填高度依据导水裂隙带高度以及保护层厚度进行确定，对采坑回填作业具体要求和做法进行研究（王凯，2019）。王锐等就高寒矿区植被恢复的关键技术问题进行了研究，通过试验研究，表明通过覆土措施加速人工植被建植高寒矿区植被恢复，覆土10cm可以作为高寒矿区土壤重构理想的覆土措施（王锐等，2019）。李金平等分析露天煤矿矿坑回填对冻土恢复的影响，确定了冷季对回填土体作降温处理后再进行回填，可以保证冻土快速恢复并保持稳定（李金平等，2014）。

随着技术进步，遥感技术应用到监测评价大通矿区、木里矿区煤炭开发对生态环境变化的影响，以便于更好地进行矿区的开发规划和生态修复（徐拴海，2017）。此外，基于遥感等技术建立了大通煤矿地质环境治理监测示范工程，实现工程实施前、中、后的地质环境变化可视化（黄焱等，2018）。通过采取一系列措施进行集中连片的综合治理，带动了资源枯竭城市——大通县的重生，为高寒矿区的生态修复起到了良好的示范作用（周金余等，2021）。杨显华等采用多期 TM 遥感影像，对青海木里矿区荒漠化的驱动因素进行了分析研究，并针对矿区荒漠化提出了相应的防治对策（杨显华等，2018）；马世斌等针对矿山地质环境问题进行了人机交互解译，对青海木里矿区聚乎更区因煤矿开发而引发的矿山地质环境问题及矿山恢复治理情况进行了遥感调查与监测（马世斌等，2015）；何芳等通过高分辨率遥感影像对木里矿区矿山地质环境问题和承载力进行了分析评价（何芳等，2018）；伍超群等以陆地卫星（Landsat）影像为数据源，对木里矿区植被覆盖度的动态变化和时空发展规律进行了监测，并对木里矿区植被覆盖等级变化进行分析（伍超群等，2020）。

王佟等基于生态环境问题现状的分析，对矿山环境恢复治理可划分为四个阶段，即治理前的勘察设计阶段、治理中的地形地貌整治阶段、覆土复绿阶段和治理完成后的后期管护阶段，针对不同阶段的监测目标，利用卫星遥感、低空无人机遥感和信息化相结合的技术，充分发挥 InSAR、热红外和三维遥感的技术特点，结合常规的地质调查、物探、钻探等手段，因地制宜，探索研究了卫星遥感技术在植被覆盖度、冻土反演和形变监测方面的应用，无人机遥感技术在基础地形测量、生态环境问题调查、生态治理效果可视化评价、工程监管和方量计算等方面的应用，经与实际调查结果对比分析具有较好的一致性，最终研究构建了聚乎更区生态环境治理修复监测模式（李聪聪等，2021）。

自 20 世纪 60 年代木里矿区被发现以后，逐步进行小规模开采，大规模的开采始于 21 世纪初，主要为大开挖式露天开采，在开采煤炭资源的同时，对生态环境的影响日益加剧，引起了国内外关注。2014 年 8 月，英国《卫报》报道了木里矿区露天煤矿开采对生态系统扰动与破坏情况，在国内外引起了强烈反响。2014～2018 年，青海省对木里矿区进行了生态环境综合整治，并取得了初步的治理效果。2020 年 8 月，青海省委、省政府迅速行动，开展大面积矿山环境恢复治理。木里矿区生态恢复是我国在高原、高寒、高海拔地区开展的大面积矿山治理的首例示范性工程，国内尚未有系统化的高原高寒地区生态环境治理修复体系，由中国煤炭地质总局组织实施的"木里矿区生态环境综合整治"项目是目前我国在高原、高寒、高海拔地区开展的大面积矿山治理的首例示范性工程，该项目具有重要的探索和示范意义。针对以往煤矿开发造成的生态环境问题，以煤炭生态地质勘查理论为指导，遵循"山水林田湖草是一个生命共同体"理念，以"技术可靠、经济合理、景观融合、贴近自然"为出发点，按照"一井一策、水源涵养、冻土保护、生态恢复、以水代田、资源储备、分区管控、依法依规、经济合理、创新支撑、实现生态保护与节约优先，自然恢复与资源保护有机结合"和"地质+生态""自然恢复+工程治理"的综合治理思路，因地制宜，一井一策，建立"三工程一保障"综合治理体系，即采坑整治、边坡与渣山治理和保留采坑积水形成的高原湖泊或水系修复重塑三类工程措施，及长效监测监管机制。总结形成了"空天地时"一体化的煤炭生态地质勘查和生态地质层两大理论，研发并形成了地形地貌重塑技术、土壤重构及植被恢复技术、水系自然连通技术、煤炭资源保护技术、冻土层修复与保护技术五大关键技术。根据木里矿区生态环境现状和背景条件，针对不同的矿山环境问题采用不同的治理技术，综合运用治理修复关键技术，系统对采坑渣山治理、植被恢复、水环境和资源等进行统筹分析，建立了水系连通、引水代填、生态地质层再造以及依山就势为核心的具有高原高寒特色的生态修复模式。通过对各井渣山边坡稳定程度、水系传输与采坑积水情况、资源赋存状态等勘查、研究和识别，最终形成"一井一策"的治理措施与方法，探索了露天煤矿区生态环境一体化治理修复路径（王佟等，2021a）。

木里矿区地处高原高寒地区，经多年开采后生态破坏严重，土壤资源极度匮乏，能否将采矿渣土改良成适宜植被生长复绿的人造"土壤层"成了生态修复过程中的科学难题。通过大量高原现场试验得出：将羊板粪和矿区内经过人工破碎筛选后的细纯渣土进行深度拌和，可以有效构建具备植被立地条件和基本生长条件的人造土壤；渣土+羊板粪+商品有机肥+牧草专用肥这种方案的土壤层构建方案最优，牧草长势好，与原始草甸土壤成分最相近；现场大面积土壤层构建时，根据最佳的配比方案，制定了羊板粪用量为 $450\mathrm{m}^3/\mathrm{hm}^2$ 左右、商品有机肥用量为 $22500\sim30000\mathrm{m}^3/\mathrm{hm}^2$、牧草专用肥为 $225\mathrm{kg}/\mathrm{hm}^2$ 的土壤层构建和肥力改良方案，复绿成效显著（王佟等，2022a）。

在开展木里矿区生态环境综合治理的实践过程中，以"山水林田湖草是一个生命共同体"为理念，从煤炭生态地质勘查角度，针对矿区生态环境与资源的破坏和扰动，开展有针对性的关键技术研究，形成了高原高寒区的生态环境治理修复模式和关键技术，取得了一系列研究创新，对我国今后在高原高寒地区的生态治理修复工作具有重大指导意义。

第 2 章　木里矿区地质与生态条件论述

木里矿区自然地理条件、地质及水文地质条件复杂。木里矿区地处祁连山南麓腹地，平均海拔为 4100m，地处高寒地带，区内冻土广泛发育，生态环境较脆弱，人为扰动或破坏后不易恢复；木里矿区位于北祁连新元古代缝合带和疏勒–拉背山缝合带两块陆块之间的边缘，总体构造形态为北西–南东向复式向斜构造，是青海省五大主要赋煤带之一。生态地质勘查分区属祁连山赋煤带草甸冻土生态地质勘查区（Ⅰ）中的木里煤田高原冻土水源涵养分区（Ⅰ$_2$）。矿区地表水系较发育，由于多年冻土层的存在，地下水和地表水之间的水力联系较微弱，主要通过融区进行局部补给和排泄。

2.1　自然地理条件

2.1.1　地形地貌

木里矿区地处祁连山南麓腹地，一般海拔为 4000～4200m，平均海拔为 4100m，以高原冰缘地貌类型为主，包括冰缘湖沼平原、冰缘剥蚀平原、冰缘低台地、冰缘平缓岗陇、冰缘平缓高山等地貌类型（图 2.1）（李凤明等，2021a）。按照形态成因类型划分方案（《中华人民共和国地貌图集 1∶1000000》），研究区总体属于冰缘一级地貌，涉及高海拔平原、高海拔台地、高海拔丘陵三个二级地貌单元。另沿大通河上游支流形成流水地貌（一级）高海拔平原（二级）之冲积平原地貌（三级）类型。

图 2.1　木里矿区地貌景观照

　　木里矿区位于大通河源头，西高东低、南高北低。矿区地表大部分被草甸湿地覆盖，植被发育。采矿活动主要发生在山麓地带和盆地内平原及台地地带。开采区域可进一步细分为冰川湖沼平原、冰缘剥蚀平原（图 2.2）、冰川低台地、冰川平缓低丘陵及冰川缓高山五类三级地貌单元。

图 2.2　木里矿区聚乎更区冰缘剥蚀平原

2.1.2　气象条件

　　木里矿区地处高寒地带，四季不明显，气候寒冷，昼夜温差大，西南部笔架山一带雪线 4500m 以上常年积雪，属典型的高原大陆性气候（王伟超等，2022）。6~8 月为雨季，11 月~次年 5 月以降雪为主。一年四季多风，12 月至次年 4 月风力最大，风速可达 21m/s，12 级狂风，冬季多为西风或西南风，夏季为东北风。据天峻县气象局 1994 年 1 月~2016 年 12 月气象资料（表 2.1、表 2.2），天峻县最高气温在 7 月，达 19.8℃，最低温度在 1 月、2 月，达−34℃，年平均气温为−0.39℃左右。4~5 月以降雪为主，雨季和冰雹多在每年的 6~8 月，风雨阴晴变化无常并伴有雷电，会危及建筑物及人畜安全。1994~2016 年，天峻县年降水量最大为 452.0mm，最小为 97.7mm，平均为 277mm。其中，1994~2005 年降水量维持在较低水平（97.4~234.4mm），年平均降水量为 144.94mm，2006 年降水量增加至 281.8mm，2007~2016 年降水量维持在较高水平（361.9~452.0mm），年平均降水量为 400.38mm。近年来降水量呈增大趋势，降水量一般维持在 400m 水平上（图 2.3）；蒸发量最大为 1762.4mm，最小为 794.2mm，年平均蒸发量为 1544.84mm；相对湿度一般为 47%~56%。木里矿区在 2016 年建立了气象观测站，2016 年 1 月~2022 年 8 月气象资料（表 2.2）表明，2016 年以来，木里矿区年平均气温最小为−4.3℃，最大为−1.3℃，平均为−3.3℃；年降水量最大为 662.4mm，最小为 466.9mm，平均为 573.9mm；年平均湿度最小为 51.4%，最大为 58.3%，平均为 55.5%。

表 2.1　天峻县 1994 ~ 2016 年气象指标统计表

年份	年平均气温/℃	年平均湿度/%	年降水量/mm	年蒸发量/mm
1994	0.1	50	141.1	1514.8
1995	-1.2	49	111.7	1630.4
1996	-0.9	50	234.8	1541.0
1997	-1.4	49	97.4	1552.4
1998	0.3	48	147.2	1760.5
1999	0.0	50	164.9	1608.5
2000	-0.8	49	97.7	1696.6
2001	-0.3	50	121.7	1762.4
2002	-0.5	56	198.2	1672.3
2003	-0.2	51	162.4	1503.3
2004	0.5	54	140.9	1514.8
2005	-1.93	49	121.3	794.2
2006	0.5	49	281.8	1623.3
2007	0.3	49	420.1	1508.6
2008	-0.3	49	361.9	1489.5
2009	0.6	50	452.0	1474.8（最小）
2010	1	47	435.8	1618.4（最小）
2011	0	50	428.9	1455.7（最小）
2012	-0.4	49	414.9	1429.2（最小）
2013	0.9	44	362.2	1743.9（最小）
2014	0.4	49	385.1	—
2015	0.3	47	367.3	—
2016	0.6	48	375.6	—
多年平均值	-0.39	49	277	1544.8

数据来源：天峻县气象局，2017 年。

　　四季多风，强风季节一般在 1 ~ 4 月，风向多为正西或西南，风速最大达 21m/s，平均为 3.7m/s。冻土（岩）发育，据钻孔井温测井资料，多年冻土带顶、底深一般分别在 3.5m 和 120m。地表季节性冻土每年 4 月开始融化，至 9 月回冻，最大融化深度小于 3.5m，冻融作用强烈，地表多见冻胀丘和热融湖塘，易造成地表沉陷形成水体或湖沼等现象。

表 2.2　木里矿区 2016 年 1 月～2022 年 8 月气象指标统计表

气象指标	年平均气温/℃	年平均湿度/%	年降水量/mm
2016 年	-1.3	57.3	575.8
2017 年	-3.6	55.1	611.5
2018 年	-3.7	55.1	656.2
2019 年	-4.3	58.3	466.9
2020 年	-4.3	56.8	662.4
2021 年	-4.0	51.4	545.3
2022 年 1 月 1 日～2022 年 8 月 31 日	-2.2	54.8	499.3
多年平均值	-3.3	55.5	573.9

注：木里气象观测站于 2014 年 9 月 30 日建站；2016 年开始为正常观测数据。

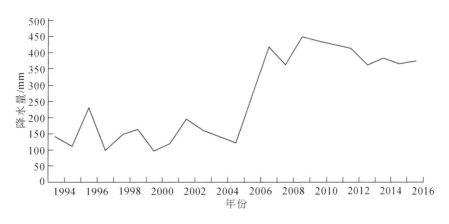

图 2.3　木里矿区 1994～2016 年年降水量示意图

2.1.3　水系分布

　　木里矿区地表水系较发育，主干水系大通河发源于海西州天峻县木里镇祁连山脉东段托来南山和大通山之间的沙果林那穆吉木岭，经过木里镇西北蜿蜒东流（杨创等，2022）。次级水系流量随着气候的变化变幅较大，上多索曲和下多索曲水流量较大，其余多为季节性流水。夏季季节性冻土融化，在地表形成泉流，泉眼大多分布在山的阳坡，多以下降泉的形式溢出，泉水大多补给季节性河流以及地表湖泊，泉流量一般为 0.1～2.2L/s。地表湖泊发育，小湖泊较多，面积超过 1km² 的湖泊为莫那措日湖，湖泊大多为降水、冻结层上水汇集所成。此外，矿区内有许多小型湖塘，它们大多为冻土地区冻融作用形成的热融湖塘，一般湖水较浅，湖泊面积较小，冬天几乎完全冻结（徐拴海等，2016a）。

　　上多索曲和下多索曲皆属大通河二级支流，补给以雨水为主，冰雪融水为辅，均为季节性河流，冬季 10 月中旬开始逐步冻结，夏季 4 月中旬开始消融解冻。河床平缓两侧无明显连续陡坎，无最高洪水位线。其中，上多索曲从矿区西部兴青道路靠东穿过天木公路向东流动，多年平均径流深为 145mm，丰水期最大流量为 2.47m³/s，流域面积约 20km²，多年平均径流量为 0.52m³/s。下多索曲发源于矿区南部山区，受露天煤矿渣山影响改道后沿五号井和三号井南边缘流动，丰水期流量为 0.16～0.77m³/s，流域面积不足 10km²。江仓区地表河流主要为江仓曲，发源于大通山的吾陇日岗北麓，是大通河的一级支流，流域面积为 408.2km²，多年平均流量为 1.94m³/s，多年平均径流量为 6120 万 m³。由于受季节变化影响，径流集中在夏季，夏季流量较大，可达 30～40 万 m³/d；在洪水期最大流量甚至可达 100 万 m³/d 以上，但持续时间短，为 1～2d。年内径流分配极不均匀，5～9 月径流量占全年径流量的 85% 以上，枯水期（11 月至次年 3 月）径流量仅占全年径流量的 12% 左右。江仓曲的最大支流为克克赛曲，该河源于南部基岩山区，向东北在矿区东侧与江仓曲相汇（图 2.4）（刘德玉，2013）。

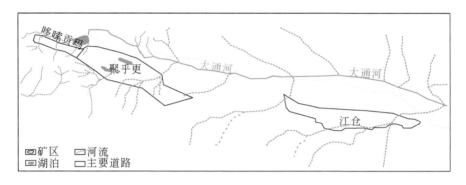

图 2.4　木里矿区水系图

　　木里矿区煤炭露天开采造成局部地表地形地貌条件改变，天然河道被人为截断、改道，破坏了地表水系、地表水径流条件，水源输送能力和水源涵养功能下降。地表水疏干、原始承压水位将逐渐下降，地下潜水（冻结层上水）下降，多年冻土的完整性被破坏，地下水、地表水发生水力联系，导致湿地退化，植被退化，造成水源流通能力和水源涵养功能下降。除采场、排渣场、工业场地等占地对湿地直接造成破坏外，原有的地层热平衡被打破、被开挖或被占压区域的冻土层热融范围不断扩大，冻结层上水侧渗或以地表泉水等形式汇入地表径流，地下水不断流失，草地、湿地退化。

　　开采形成的采坑形成负地形，地表水直排或通过下渗潜流、地下含水层被揭露，不同水源的水汇聚到采坑，在部分采坑内形成积水，积水直接影响采坑和渣山边坡的稳定性，同时采坑积水的热融效应，对周边冻土层造成破坏。聚乎更区采坑总积水面积为 130.08 万 m²，积水深度为 3～42m，总积水量为 1476.51 万 m³，以四号井和八号井积水规模最大，均位于上多索曲穿越的位置，采坑积水除个别点锰略高于限制之外，其他监测指标均达到 II 类水标准，水质良好（王佟等，2021）。

2.1.4　植被条件

受山地气候垂直地带性的影响，区域植被呈现垂直地带性分布。根据《中华人民共和国植被图（1∶1000000）》，木里矿区共有两个植被型组、两个植被型、四个群系（图2.5）。耐寒旱的多年生丛生禾草和根茎薹草为优势种，成为矿区主要植物群落，为青藏高原典型的高寒植被类型，具有很强的耐寒、耐旱特性。矿区植被类型分为高寒沼泽类和高寒草甸类，具有较明显的高寒地区形态特征。其中，高寒沼泽类为矿区主要植被类型，常与高寒草甸类植被镶嵌交错，植被低矮、结构简单，以矮生垫状、莲座状形态出现，生草层密实，植被覆盖度达70%～90%。但群落种类组成贫乏，群落结构简单，植被稀疏，对人类活动的抗干扰力较弱，一旦遭受破坏，恢复比较困难，需要人工草种通过长时间演替才能逐步过渡为自然植被群落。高寒沼泽类植被属隐域性植被是以冷湿中生多年生草本植物为主的植物群落。主要优势种为西藏嵩草和圆囊薹草，伴生植物有紫羊茅、羊茅、沙嵩、垂穗鹅观草、异叶青兰、黑穗薹草、糙喙薹草、海韭菜、水麦冬等。高寒草甸类植被构成以寒中生、短根茎的嵩属植物为主，具有植株低矮密丛、贴地面生长等耐害特征，层次分化不明显，主要优势种有小嵩草、线叶嵩、矮生嵩草、垂穗披碱草等（李永红等，2021）。

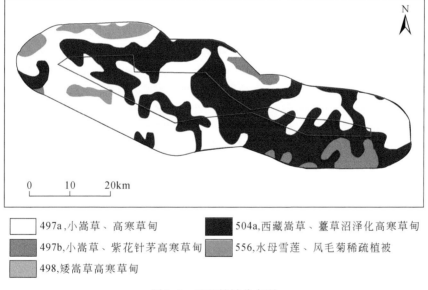

图 2.5　矿区植被分布图

近几年，矿区人工治理区域内植被物种主要为同德短芒披碱草、青海草地早熟禾、青海冷地早熟禾、青海中华羊茅、甘肃马先嵩等。

2.1.5 土壤条件

矿区土壤贫瘠，类型以高山草甸土、沼泽草甸土为主；其母质为湖积、洪积物。矿区及周边土层一般厚度在50cm以上，pH为7.5，有机质含量为21.99%，碳酸钙为4.5%，全氮为1.126%，全磷为0.114%，全钾为2.16%，碳氮比为12.4（李永红等，2021）。此外，木里矿区位于高山严寒地带，有长达半年的冰冻期（10月~次年4月），区域内广泛发育冻土，下部土壤为常年不透水冻土层。上部土壤因降水或冰川融雪补给致长期过湿而发育沼泽草甸，在高山带的中部地区主要分布有高山草甸土。沼泽土与高山草甸土之间分布有草甸沼泽土，因地表不积水或仅临时性积水，无明显的泥炭积聚。

矿区山地自然土壤土层厚度为20cm左右，土层较薄，土壤肥力低。矿区的开采使得尚未恢复好的草原自然植被和土地资源遭受二次破坏，土壤肥力显著下降，水土流失程度显著增强。天然沼泽湿地生态系统转变为采矿废弃地后，土壤有机质的损失较为明显，木里矿区高山草甸和沼泽草甸破坏为采矿废弃地，地表涵养水源的能力显著下降。砷、铬、铅等土壤重金属元素及含量均有所增加，含量由高到低依次为铬>砷>铅。

2.1.6 冻土发育特征

青藏高原多年冻土是我国冻土分布面积最广的冻土区。木里矿区地处青藏高原东北部，属于祁连山高寒山地多年冻土区，是典型的高海拔多年冻土，冻土广泛发育（王伟超等，2020）。

根据中国科学院寒区旱区环境与工程研究所等单位对木里地区的冻土地质调查与地温监测成果，木里矿区受地形地貌、大气对流、地质构造、地表水系、坡向等因素影响，多年冻土分布厚度具有一定差异性，多年冻土整体为连续分布，冻土年平均地温在-1.5~-0.5℃，主要分布过渡型多年冻土。多年冻土厚度一般在43.08~136.0m，多年冻土上限埋深一般在3.5m以浅。

冻土表面由于季节变化受气温的影响，每年4月开始融化，至9月回冻，最大融化深度小于3.5m，冻土融化造成边坡不稳定及地面塌陷，从而使建筑物受到破坏。

2.1.7 地震活动情况

据青海省地震局提供的资料，木里矿区自1970年建立有感地震记录以来，共发生4.0级以上地震30次，其中1984~1994年为地震发生活跃期，4.0级以上地震最多的年份是1988年，共发生了5次；5.0级以上产生灾害性地震有7次，其中最大一次为6.2级，发生时间为1993年10月26日，震中距聚乎更区30°方位53.6km。近两年发生的地震为2018年5月13日16时28分，震级为3.7级，震源深度为10km，震中距天峻县79km，距西宁市336km。天峻县最近一次发生地震在2019年4月28日6时9分（39.11°N，97.39°E），震级为2.8级，震源深度为8km。另外，邻近的门源县最近一次地震发生在

2022 年 2 月 24 日 2 时 0 分（37.78°N，101.17°E），震级为 3.4 级，震源深度为 9km。木里矿区地震烈度为Ⅷ级，地震动峰值加速度为 0.10g，建筑物及采矿设施按地震基本烈度Ⅷ级设防（图 2.6）。滑坡、泥石流等地质灾害在聚乎更区未发生过。

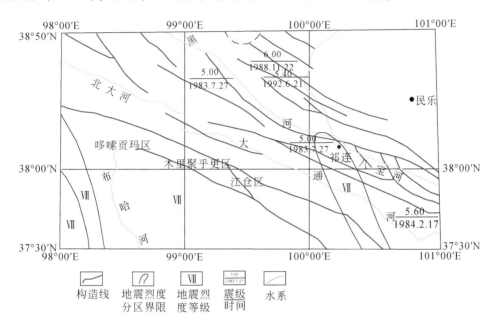

图 2.6　区域地震烈度分区图

2.2　生态地质特征

2.2.1　生态环境功能区位

青海省中北部是青海省主要的煤炭矿产地分布区，依据自然地理、气候条件、生态功能等方面的差异，划分为青海湖湿地及上游高寒草甸生态亚区（Ⅲ$_1$）、西祁连山高寒荒漠草原生态亚区（Ⅲ$_2$）、东祁连山云杉林-高寒草甸生态亚区（Ⅲ$_3$）、湟水谷地农业生态亚区（Ⅲ$_4$）（图 2.7）。其中，木里矿区位于大通河中下游生物多样性保护与水源涵养生态功能区（Ⅲ$_{3-1}$）。

1. 青海湖湿地及上游高寒草甸生态亚区（Ⅲ$_1$）

该亚区位于青海湖及其上游和周边地区，属寒温半干旱、半湿润区，气候寒冷、长冬无夏，多年平均气温为-1.5～3℃，多年平均降水量为 370～524mm，主要集中在 6～9 月，年蒸发量为 1100～1560mm，年日照时数为 300～3300h。本区主体地貌为河谷冲洪积平原、湖滨平原，其次为小起伏中高山，风蚀地貌主要为新月形、金字塔形沙丘和沙垄。地势由西北向东南缓倾，海拔为 3200～4700m，其中，青海湖区最低，海拔为 3200～3400m，地

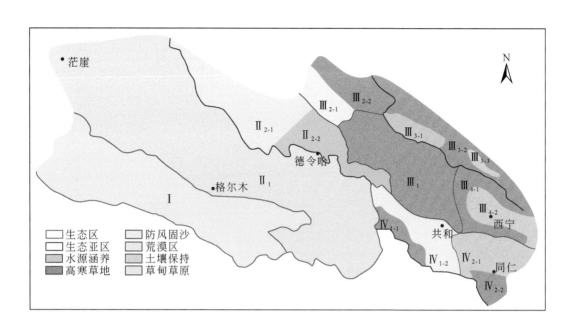

图2.7   青海省多矿产资源煤盆地生态环境功能分区示意图

形平坦开阔。区内土壤主要有栗钙土、淋溶黑钙土、高山草甸土、山地草原化草甸土、草甸沼泽土、泥炭沼泽土、流动风沙土。

生态系统为青海湖区，湖北植被类型主要为干草原类，有紫花针茅高山薹草草原、芨芨草草原等，间有叉枝圆柏灌丛、沼泽草甸及固沙的圆头蒿；湖南植被类型主要为温性草原类，有矮生嵩草草甸、短花针茅草原、芨芨草草原，以及赖草、燕麦草地等。其他区域植被类型主要为高山嵩草草甸、矮生嵩草草甸、匍匐水柏枝与嵩草草甸复合体、毛枝山居柳灌丛、金露梅灌丛等。

2. 西祁连山高寒荒漠草原生态亚区（Ⅲ₂）

该亚区位于祁连山西段，向西与阿尔金山相接，本区属高山寒漠气候区，气候寒冷，温差和降水变化大，多年平均气温为$-6.5 \sim 0℃$，多年平均降水量为$50 \sim 400mm$，年蒸发量为$1100 \sim 1600mm$，日照时数为$2700 \sim 3100h$。西祁连山由多个平行山脉组成，本区主体地貌为高山峡谷、宽谷、盆地，海拔为$2500 \sim 5000m$。主要山地包括党河南山、野马南山、托来山、托来南山、疏勒南山等，因山体高大，现代冰川发育良好，是祁连山地冰川作用最活跃的地区。区内土壤主要有高山草甸土、高山草原土、高山灌丛草甸土、高山寒漠土、风沙土、沼泽土及棕钙土。

该亚区又根据生态环境问题、生态敏感性特征、生态服务功能特征及生态保护目标与措施，主要分为托勒河上游生物多样性保护与水源涵养生态功能区（Ⅲ₂-₁）和疏勒河上游生物多样性保护与水源涵养生态功能区（Ⅲ₂-₂）。

托勒河上游生物多样性保护与水源涵养生态功能区（Ⅲ₂-₁）：该区位于祁连县西北部地区，面积为$2626.55km^2$。生态环境问题主要为生物多样性减少，水源涵养能力下降；

生态敏感性特征主要是土壤侵蚀为轻度敏感，土地沙漠化为中度敏感，盐渍化为不敏感，生物多样性为极敏感；生态服务功能特征为生物多样性保护与水源涵养；生态保护目标与措施是维护目前良好的天然草地生态环境，保护生物多样性。

疏勒河上游生物多样性保护与水源涵养生态功能区（Ⅲ$_{2-2}$）：该区位于天峻县西北部地区，面积为7568.93km^2。生态环境问题主要为草地退化轻微，生物多样性减少，水源涵养能力下降；生态敏感性特征主要是土壤侵蚀为轻度敏感，土地沙漠化为中度敏感，盐渍化不敏感，生物多样性及生境为极敏感；生态服务功能特征为生物多样性保护和水源涵养；生态保护目标与措施是防止草地荒漠化，维护水源涵养功能，保护生物多样性。

3. 东祁连山云杉林–高寒草甸生态亚区（Ⅲ$_3$）

该亚区位于青海、甘肃两省交界的祁连山中段和东段，属寒温半湿润区，多年平均气温为-3.3~0.9℃，多年平均降水量为350~700mm，年蒸发量为1000~1300mm，日照时数为2600~3000h。是祁连山的主体部分，本区主体地貌为中高山、宽谷和河谷平原，由一系列北西西–南东东走向的山岭组成，海拔为3400~5000m，地势起伏大，除主峰岗则吾结为极高山外，其他多为高山，河谷、盆地、山地交错分布。主要山地包括走廊南山、冷龙岭、大通山等。区内土壤主要为高山草甸土、山地灌丛草甸土、山地草甸土、淋溶灰褐土、山地草甸土、高山寒漠土、黑钙土、栗钙土及沼泽土。

本区植被垂直带很明显，冷龙岭从下至上分为荒漠草原带、山地草原带、亚寒带针叶林带、高山杜鹃灌丛带和高山草甸带；中部的走廊南山较东部干旱，降水减少，故垂直带中无高山杜鹃灌丛带，而是落叶灌丛带；荒漠草原带的主要植物有川青锦鸡儿、山蒿等；山地草原带的主要植物有赖草、芨芨草等；亚寒带针叶林带的主要植物是青海云杉，在冷龙岭东端有少量油松和山杨与之形成混交林，上部也有与白桦、红桦等组成的针阔混交林；高山杜鹃灌丛带中以杜鹃花属的植物为主；高山草甸带的主要植物有金露梅、高山绣线菊等灌丛，以及突脉薹草、高山唐松草等，南侧青海境内以高山嵩草草甸、矮生嵩草草甸、西藏嵩草沼泽草甸、毛枝山居柳–金露梅–鬼箭锦鸡儿灌丛等为主。另外，高山亚冰雪稀疏植被仅见于个别突出高峰附近。

该亚区又根据生态环境问题、生态敏感性特征、生态服务功能特征及生态保护目标与措施，主要分为大通河中下游生物多样性保护与水源涵养生态功能区（Ⅲ$_{3-1}$）、大通河上游水源涵养生态功能区（Ⅲ$_{3-2}$）和大通河门源宽谷水土保持生态功能区（Ⅲ$_{3-3}$）。

大通河中下游生物多样性保护与水源涵养生态功能区（Ⅲ$_{3-1}$）：该区位于门源回族自治县和互助土族自治县北部地区，面积为7268.54km^2。生态环境问题主要为林草植被呈中度退化，生物多样性减少，水源涵养能力下降；生态敏感性特征主要是土壤侵蚀、土地沙漠化为轻度敏感，盐渍化为不敏感，生物多样性及生境为极敏感；生态服务功能特征为生物多样性保护和水源涵养；生态保护目标与措施是建立水源涵养林，走适度放牧和集约化经营的畜牧业发展方向。

大通河上游水源涵养生态功能区（Ⅲ$_{3-2}$）：该区位于祁连县中南部、刚察县西北部及天峻县东北部地区，面积为4381.62km^2。生态环境问题主要为木里、江仓等大小煤矿较多，易发生采空区地面沉陷与瓦斯突发，林草植被退化，生物多样性减少，水源涵养能力下降；生态敏感性特征主要是土壤侵蚀、盐渍化为轻度敏感，土地沙漠化、生物多样性及生境为中度敏感；生态服务功能特征为水源涵养；生态保护目标与措施是建立水源涵养林，以天然放牧为主，以草定畜。

大通河门源宽谷水土保持生态功能区（Ⅲ₃₋₃）：该区位于门源回族自治县中部地区，面积为1215.20km²。生态环境问题主要为水土流失严重；生态敏感性特征主要是土壤侵蚀为中度敏感，土地沙漠化、盐渍化为轻度敏感，生物多样性及生境敏感为不敏感；生态服务功能特征为土壤保持及水源涵养；生态保护目标与措施是农耕地推行免耕法，大力发展节水灌溉。

4. 湟水谷地农业生态亚区（Ⅲ₄）

该亚区位于青海湖东部的湟水盆地，属凉温半湿润区，多年平均气温为–1～6℃，多年平均降水量为450mm左右，年湿润系数为0.6，年蒸发量为1200mm左右，日照时数为2460～3010h。该亚区南北两侧为中高山——大坂山、拉脊山，海拔为3000～4500m，地势起伏较大，由于湟水支流切割较破碎；湟水上游为河谷平原，海拔为3208～4300m，地势较平坦；湟水谷地为小起伏山地和洪积冲积平原，海拔为2200～3300m，地势西高东低，平坦开阔，黄土湿陷、黄土和红层山体崩塌、滑坡–泥石流等频繁发生，泥石流沟密集，为地质灾害高易发区。区内土壤主要为栗钙土、黑钙土、灰钙土、山地灌丛草甸土、山地草甸土、高山草甸土、灌淤土等。

该亚区植被类型主要为祁连圆柏林、青海云杉林、白桦林、红桦林、糙皮桦林、金露梅灌丛、毛枝山居柳–金露梅–鬼箭锦鸡儿灌丛、矮生嵩草草甸、高山嵩草–矮生嵩草草甸、西藏嵩草沼泽草甸及芨芨草草原。

该亚区又根据生态环境问题、生态敏感性特征、生态服务功能特征及生态保护目标与措施，主要分为拉脊山生物多样性保护与水土保持生态功能区（Ⅲ₄₋₁）和湟水谷地水土保持生态功能区（Ⅲ₄₋₂）。

拉脊山生物多样性保护与水土保持生态功能区（Ⅲ₄₋₁）：该区位于湟源县南部、湟中县南部、贵德县北部、平安县南部、化隆回族自治县北部、民和回族土族自治县西北部，面积为4009.18km²。生态环境问题主要为林草植被退化轻微，生物多样性减少，水土流失加剧，水源涵养能力下降；生态敏感性特征主要是土壤侵蚀为中度敏感，土地沙漠化为轻度敏感，盐渍化敏感为不敏感，生物多样性及生境为高度敏感；生态服务功能特征为生物多样性保护、水源涵养和土壤保持；生态保护目标与措施是维护目前良好的天然森林、灌木丛及草地，保护生物多样性。

湟水谷地水土保持生态功能区（Ⅲ₄₋₂）：该区位于西宁市全部、大通回族土族自治县南部、湟中县西北部、湟源县西部、互助土族自治县西南部、平安县北部、乐都县中部和民和县北部地区，面积为7698.38km²。生态环境问题主要为崩塌、滑坡、泥石流等地质灾害频繁发生，危害大；生态敏感性特征主要是土壤侵蚀、土地沙漠化、盐渍化为中度敏感，生物多样性及生境为不敏感；生态服务功能特征为土壤保持和水源涵养；生态保护目标与措施是大力发展节水灌溉型农业，保护和恢复谷地两侧植被，减少水土流失。

2.2.2 生态地质勘查区位

青海省中北部东昆仑、柴北缘和祁连山是青海省主要的多矿产资源煤盆地的集中、主要分布区。基于青海省的生态环境功能分区和赋煤区带的划分，按照自然地理、气候条件、生态功能、土壤类型、水系分布、冻土分布、生态自修复能力、生态地质环境敏感性（问题）、地质勘查和矿山生产活动强度等因素的明显差异可以划分出五大生态地质勘查区及相应的 13 个含煤盆地生态地质勘查分区（图 2.8）。其中，木里矿区位于祁连山赋煤带草甸冻土生态地质勘查区（Ⅰ）。

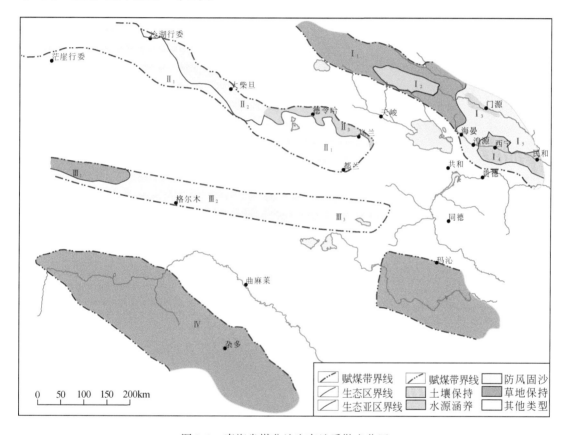

图 2.8 青海省煤盆地生态地质勘查分区

木里矿区所在的祁连山赋煤带草甸冻土生态地质勘查区（Ⅰ）主要包含了中祁连的疏勒煤田、木里煤田、门源煤田，其次包括了北祁连的祁连煤田和南祁连的西宁-民和煤田。其中，除了祁连煤田含煤地层为上石炭统羊虎沟组外，其他煤田主要成煤时期为中侏罗世，其次为早侏罗世。该生态地质勘查分区可进一步可划分为祁连山煤盆地中西部高原冻土草地保持分区（I_1）、木里煤田高原冻土水源涵养分区（I_2）、门源煤田高原水土保持分区（I_3）、西宁-民和煤田高原水土保持分区（I_4）、祁连山煤盆地东部高原草地保持分区（I_5）（表 2.3）。

表 2.3   煤盆地生态地质勘查 (分) 区特征表

生态地质区	生态地质分区	生态地质特征	盆地类型
祁连山赋煤带草甸冻土生态地质勘查区 (Ⅰ)	祁连山煤盆地中西部高原冻土草地保持分区 (Ⅰ₁)	草地水系发育、高原高寒、冻土发育、寒温半湿润区、冻融塌陷灾害频发、晚石炭世及中侏罗世成煤作用较弱、煤炭生产及煤盆地地质勘查活动较弱	T_3内陆拗陷、J_2断陷、C_2克拉通盆地
	木里煤田高原冻土水源涵养分区 (Ⅰ₂)	地形复杂变化大、高原高寒、草地水系发育、植被覆盖度高、冻土发育、冻融塌陷灾害频发、农牧活动强、自修复能力弱、矿产资源种类多、中侏罗世成煤作用强、开发和勘查活动分散而强度高	J_2断陷盆地
	门源煤田高原水土保持分区 (Ⅰ₃)	草地水系发育、高原高寒、寒温半湿润区、人口密集、人类活动较强、农耕活动频繁、中侏罗世成煤作用中等、煤炭生产及煤盆地勘查活动中等	T_3内陆拗陷
	西宁-民和煤田高原水土保持分区 (Ⅰ₄)	地形复杂变化大、草地水系发育、植被覆盖度高、海拔较低、耕地发育、凉温半湿润区、人口密集、各种人类活动强、崩滑流地质灾害频繁、生物种类多样、自修复能力较强、中侏罗世成煤作用弱、开发和勘查活动弱且较集中	J_2断陷盆地
	祁连山煤盆地东部高原草地保持分区 (Ⅰ₅)	草地水系发育、高原高寒、寒温半湿润区、成煤作用极弱、煤炭生产及煤盆地地质勘查活动极弱	

1. 祁连山煤盆地中西部高原冻土草地保持分区 (Ⅰ₁)

祁连山赋煤带祁连煤田成煤时代为晚石炭世,含煤地层为上石炭统羊虎沟组,主要有宁缠、青羊沟、阿力克、五林沟、玉石沟和日旭等煤产地。其他在高原冻土区门源、祁连以西的煤田主要为中侏罗世成煤期的瓦乎寺煤田,其煤层较稳定、煤质好,但煤炭资源规模小,煤矿山开采还处于开发初期阶段,生产能力有待提升。

该分区位于祁连山中北部,属寒温半湿润区,多年平均气温为-3.3~0.9℃,多年平均降水量为350~700mm,年蒸发量为1000~1300mm,日照时数为2600~3000h。主体地貌为中高山、宽谷和河谷平原,由一系列北西西-南东东走向的山岭组成,海拔为3400~5000m,地势起伏大,除主峰岗则吾结为极高山外,多为高山,河谷、盆地、山地交错分布。主要山地包括走廊南山、冷龙岭、大通山等。本区植被垂直带很明显,从下至上分为荒漠草原带、山地草原带、亚寒带针叶林带、高山杜鹃灌丛带和高山草甸带。区域内冻土发育,由于全年大的温差、人类活动及相对丰富的降水特征,区内冻土区容易发生冻融滑塌和裂缝、地面沉降等地质灾害,甚至危害人们的生产生活。

2. 木里煤田高原冻土水源涵养分区 (Ⅰ₂)

木里煤田高原冻土水源涵养分区 (Ⅰ₂) 介于北侧的托来山和南侧的大通山之间的木里煤田,在大地构造上属中祁连断隆带的一部分,成煤时代主要为中侏罗世,含煤地层主要为中侏罗统木里组和江仓组。其主体是西部的聚乎更区、弧山区、江仓区，大部分归天峻县管辖；东部的热水矿区及外围的外力哈达矿区、海德尔矿区、默勒矿区是相对独立的区段，分属刚察县和祁连县管辖。木里煤田是青海省最大的煤田，煤层相对稳定、厚度大、煤质优良，煤矿山分布多，是青海省重要的煤炭生产基地，煤炭资源勘查和生产活动相对较强。

该分区气候属寒温半湿润区，多年平均气温为 $-3.3 \sim 0.9$℃，多年平均降水量为 $350 \sim 700$mm，年蒸发量为 $1000 \sim 1300$mm，日照时数为 $2600 \sim 3000$h。该煤田位于大通河上游，主体地貌为中高山、宽谷和河谷平原，由一系列北西西-南东东走向的山岭组成，海拔为 $3400 \sim 5000$m，地势起伏大，除主峰岗则吾结为极高山外，多为高山、河谷、盆地、山地交错分布。区内以裸岩石砾地为主，并发育有大量高山湖泊，山脚以天然草地为主，植被垂直带很明显，从下至上分为荒漠草原带、山地草原带、亚寒带针叶林带、高山杜鹃灌丛带和高山草甸带。水源充足，为下游大面积区域提供水源。木里煤田区内发育多年冻土，范围广布。高海拔地区具有冰川、冻蚀地貌。木里、江仓等大小煤矿区易发生采空区地面沉陷、冻融滑塌和裂缝等地质灾害。

3. 门源煤田高原水土保持分区（ I_3 ）

门源煤田高原水土保持分区（ I_3 ）位于祁连山赋煤带东部的门源煤田。门源煤田是祁连山中段的山间断陷盆地，南侧为大坂山，北侧为冷龙岭，西端在默勒以北被托勒山古生代基底限制与木里煤田分隔，东端在仙米附近被出露的大坂山古生代基底限制，呈两端尖细、中部膨大的略呈反"S"形扭曲的北西-南东向纺锤状形态分布于大通河流域的下游。其含煤地层主要为中侏罗世窑街组，代表性煤产地有轴迈、瓜拉等地，煤矿资源量规模小，煤矿山分散而少，煤矿山生产和相应勘查活动强度低。

该分区位于大通河流域，门源宽谷位置。气候属寒温半湿润区，多年平均气温为 $-3.3 \sim 0.9$℃，多年平均降水量为 $350 \sim 700$mm，年蒸发量为 $1000 \sim 1300$mm，日照时数为 $2600 \sim 3000$h。祁连山的中东部，该亚区主体地貌为中高山、宽谷和河谷平原，由一系列北西西-南东东走向的山岭组成，海拔为 $3400 \sim 5000$m，地势起伏大，多为高山、河谷、盆地、山地交错分布。区内存在大量农田及天然草地，是青海省主要的农耕活动范围。便利的水利条件和交通条件及土壤情况，都为农耕提供有力的支撑。该区的主要生态目标是努力协调农业用地和天然草地之间的关系，保证水土资源的保持，同时有利发展农业。

4. 西宁-民和煤田高原水土保持分区（ I_4 ）

西宁-民和煤田高原水土保持分区（ I_4 ）位于祁连山赋煤带东部的西宁-民和煤田。其南以拉脊山为界，北依大阪山，西临日月山，东延入甘肃境内陇中盆地，盆地长轴总体呈北西西向延伸，南北宽 $25 \sim 35$km，东西长约 260km，面积为 7400km^2。盆地基底为一元古界组成的穹隆构造，核部由早元古界组成，中元古界环绕四周。基底之上主要发育、赋存中侏罗统窑街组和小峡组含煤地层和上侏罗统享堂组。其上大部分被黄土和白垩-新近系红层覆盖，呈现丘陵和冲积平原地貌。该煤田进一步可分为大通拗陷、西宁拗陷、平安驿拗陷、老爷山隆起、惶中隆起、小峡隆起和康家庄隆起七个次一级构造单元。该煤田代表性煤产地有大通、小峡、石湾等。该煤田煤矿山开采历史久远,煤炭资源量规模偏小,生产技术能力落后,矿山相继关闭,煤炭生产活动和地质勘查强度逐步降低。

该分区属凉温半湿润区,多年平均气温为–1～6℃,多年平均降水量为450mm左右,年湿润系数为0.6,年蒸发量为1200mm左右,日照时数为2460～3010h。南北两侧为中高山——大坂山、拉脊山,海拔为3000～4500m,地势起伏较大,由于湟水支流切割较破碎;湟水上游为河谷平原,海拔为3208～4300m,地势较平坦;湟水谷地为小起伏山地和洪积冲积平原,海拔为2200～3300m,地势西高东低,平坦开阔,黄土湿陷、黄土和红层山体崩塌、滑坡、泥石流等频繁发生,泥石流沟密集,为地质灾害高易发区。植被主要类型为柏杨、灌丛及草甸。由于湟水的不停冲刷,加之土壤较为松软,山体崩塌、滑坡、泥石流等频繁发生,泥石流沟密集,严重影响了水土保持。并且该地区包含西宁市在内,人口分布较为密集,人类活动频繁,地质灾害危害性较大。因此,减少水土流失、降低崩滑流的出现,是该区最主要的生态地质目标。

5. 祁连山煤盆地东部高原草地保持分区（Ⅰ₅）

祁连山煤盆地东部高原草地保持分区（Ⅰ₅）位于祁连山东部门源县、祁连县及其以东的赋煤区外的山地和丘陵区域。海拔整体较中西部有所降低,气候相对偏暖,人口密度增加带来农、牧等人类活动显著增加,冻土发育明显变差,植被、树木覆盖度高,但煤矿山生产和煤炭勘查活动基本没有。

该分区位于祁连山东部,属寒温半湿润区,多年平均气温为–3.3～0.9℃,多年平均降水量为350～700mm,年蒸发量为1000～1300mm,日照时数为2600～3000h。主体地貌为中高山、宽谷和河谷平原,由一系列北西西–南东东走向的山岭组成,海拔为3400～5000m,地势起伏大,多为高山,河谷、盆地、山地交错分布。主要山地包括走廊南山、冷龙岭、大通山等。本区植被垂直带很明显,从下至上分为荒漠草原带、山地草原带、亚寒带针叶林带、高山杜鹃灌丛带和高山草甸带。区内由于过度、无节制放牧,林草植物呈中度退化趋势,且水源涵养能力下降。

木里矿区地处高原高寒的中祁连黄河二级支流大通河上游最主要的水源地源头。区内发育的河流有上多索曲、下多索曲、江仓曲及其支流,均属大通河水系,是青海湖和祁连山重要水源涵养地。高山融雪、冻土融水和大气降水为主要的水源补给,促就了该区6月下旬～9月上旬遍布发育的地表季节性溪流和不规律的涌水泉眼,湿地、沼泽和高原草甸为本区主要的土地类型。该区高原大陆性气候具备显著的降水量少、蒸发量大、昼夜温差大、冰冻周期长等特点,植被生长周期只有近四个月且长势缓慢。其中,区域普遍发育的冻土因在维持水的补径排和水资源平衡、土壤水土保持、植被自然恢复能力等方面发挥的纽带性作用而使其成为制约高原高寒背景下生态系统功能平衡、稳定和自我恢复能力提升的关键。特殊的生态地质环境位置和背景,导致本区生态环境较脆弱、很容易被破坏。矿区产生的生态环境问题往往涉及土地、植被、冻土、水等多方面联动作用、影响和破坏,一旦造成生态地质环境问题,极不容易恢复。

木里矿区所在的木里煤田高原冻土水源涵养分区（Ⅰ₂）地形复杂变化大,高原高寒,草地水系发育,植被覆盖度高,冻土发育,冻融塌陷灾害频发,农牧活动强,自修复能力弱，矿产资源种类多，中侏罗世成煤作用强且相对集中，煤层发育层数多，主煤层厚度大、较稳定、分布广、可采性较好，焦煤较集中赋存，煤质优良煤炭资源丰度相对较高，开发和勘查活动分散而强度高，为区域主要的产煤基地。特殊的生态地质环境位置，决定了木里矿区是我国西部生态安全屏障的重要组成部分，生态地位极其重要（王伟超等，2020）。

2.3　资源地质条件

2.3.1　地层系统

木里矿区地层区划属于秦祁昆地层区（Ⅰ）的中祁连山分区（Ⅰ₂）。区域地层从老至新有古元古界（Pt_1）、震旦系（Z）、寒武系（Є）、奥陶系（O）、志留系（S）、石炭系（C）、二叠系（P）、三叠系（T）、侏罗系（J）、白垩系（K）、古近系—新近系（E—N）、第四系（Q）。含煤地层为中侏罗统江仓组（J_2j）和木里组（J_2m），基底为上三叠统尕勒德寺组（T_3g），上覆盖层主要为第四系（Q），局部为新近系—古近系（N—E）。矿区南北两侧有加里东期岩浆侵入（梁振新，2015）。地层序列由老至新简述如下。

1. 古元古界（Pt_1）

古元古界出露于托来南山的大羊陇–半截沟一带。分为上、下两个岩组。出露总厚度大于 3601m。下岩组岩性为灰色–深灰色混合岩、片麻岩、片岩及石英岩。上岩组下部为灰色–灰绿色云英片岩夹大理岩、黑云片岩；上部为灰白色石英岩、石英片岩夹夕线黑云斜长片麻岩、石榴斜长角闪片岩。

2. 中元古界蓟县系托勒南山群（Jxt_1）

中元古界蓟县系托勒南山群分布于祁连中间隆起带的南缘，根据岩性组合，可分上、下两个岩组。下岩组为碎屑岩，上岩组以碳酸岩为主夹碎屑岩。未见顶底，出露厚度 1979～6500m。

下岩组：岩性为一套灰色–深灰色–灰黑色变质粉砂岩、板岩、千枚岩、石英岩，大理岩化的灰质白云岩，石榴二云母片岩夹黑云石英片岩；变质程度由西向东递增。

上岩组：岩性为灰色–灰黑色白云岩、白云质灰岩，上部夹硅质灰岩，下部夹石英岩、石榴二云母片岩，绢云石英片岩。

3. 奥陶系（O）

奥陶系分布于矿区西南部，阴沟组（Oy）为一套厚度巨大的沉积–喷发岩建造，按岩性可分为上、中、下三段，其岩性为黑灰色浅变质凝灰岩，火山角砾岩、白色大理岩、安山岩、绿泥石石英片岩、片麻岩等。地层厚度不详，与下伏地层不整合接触。

4. 志留系（S）

志留系岩性主要是砂岩、石英岩、大理岩等。地层厚度超过 4000m。

5. 石炭系（C）

石灰系分布于矿区北部、东北部及南东部，为一套浅海-潟湖相沉积，受断层制约而呈北西-南东向条带状展布。主要分布于江仓区北东部和聚乎更区南东部的断裂带中。其岩性为黑色碳质页岩、砂质页岩，灰色-灰白色中厚层含砾粗砂岩、石英砂岩、长石石英砂岩、粉砂岩、灰岩以及薄煤层。地层厚度大于 440m，与下伏地层不整合接触。

6. 二叠系（P）

二叠系零星分布于聚乎更区南部，北西西-南东东向展布，根据岩性组合特征分为三个部分。下部以浅灰色碎屑岩为主，中部岩性为灰色-灰绿色粉砂岩、长石砂岩、砂质长石砂岩，上部为板岩及灰紫色-紫色粉砂岩、砂岩。地层厚度不详，与下伏地层为断层接触。

7. 三叠系（T）

三叠系广泛分布于聚乎更区周围，为侏罗系煤系直接基底。可分为上、中、下三统。在本区是一套巨厚的陆相碎屑沉积，主要岩性为泥岩、粉砂岩夹薄煤，灰绿色细-中粗粒砂岩，部分砂岩中具有大型交错层理，局部层段见紫红色-灰绿色粉砂岩、砂岩互层，含有较丰富的植物、双壳类等化石。厚度为 1850m 以上，与下伏地层为角度不整合接触。

8. 侏罗系（J）

侏罗系为本区含煤地层，最为发育。由上至下可分为上、中、下三统，包括下侏罗统热水组（J_1r）、中侏罗统木里组（J_2m）、江仓组（J_2j）以及上侏罗统享堂组（J_3x）。总厚度约 1100m。按岩性特征、含煤性分江仓组上段（J_2j^2）、江仓组下段（J_2j^1）、木里组上段（J_2m^2）、木里组下段（J_2m^1）四个层段。煤层赋存在江仓组下段（J_2j^1）和木里组上段（J_2m^2）。

1）下侏罗统热水组

该组位于中侏罗统含煤地层底部砾岩层以下和上三叠统之上。据区域调查资料揭示，该地层沉积于湖盆的低凹部位或盆缘的拐弯地段以及拉张型张性同沉积断裂的下降盘，是一套属于湖相→积水较深的静水沼泽相沉积，局部发育泥炭沼泽相沉积地层，其中偶见煤层。此段地层在区域的分布面虽广，但变化较大，呈断续沉积，故起着中侏罗统含煤地层沉积前的"填平补齐"作用。上部为湖相的灰绿色、紫红色等杂色泥岩、粉砂岩，中部为灰色-深灰色泥岩、粉砂岩，细-中粒砂岩夹薄煤数层，下部为灰色-灰绿色粗粒砂岩、砾岩。在煤矿区的二、三井田和三露天有部分钻孔见有该地层。地层厚度在 100m 以上，与下伏地层不整合或假整合接触。

2）中侏罗统木里组、江仓组

中侏罗统为区内主要含煤地层，按其含煤性可分为江仓组（上含煤组）和木里组（下含煤组）。江仓组岩性段层序为①深灰色-黑色-灰棕色纸片状页岩夹薄层油页岩（区域上含油页岩层段较普遍发育且易对比）；②深灰色-绿灰夹紫色泥岩、粉砂岩、细砂岩；③深灰色-灰色泥岩、粉砂岩、细-粗粒砂岩夹煤数层。木里组为主要含可采煤层段岩性为灰色-深灰色-黑色碳质泥岩、泥岩、粉砂岩、细-粗粒砂岩夹煤层。该地层厚度约为800m，与下伏地层整合或假整合接触（杨振宁等，2018）。

3）上侏罗统享堂组

该组分布在江仓区，岩性主要为紫红色-紫棕色夹绿灰色泥岩、粉砂岩、砂岩，至下部为灰绿色中-粗粒砂岩及含砾粗砂岩。地层厚度在400m以上，与下伏地层整合接触。

9. 白垩系（K）

白垩系下部为红色砾岩、石英砂岩，底部为紫红色砾岩，厚度约为383m；中部为紫红色石英砂、泥岩及粉砂岩，厚度约为400m；上部主要由紫红色细砂与石英砂岩构成。地层厚度约为218m，不整合于上三叠统之上。

10. 古近系—新近系（E—N）

古近系—新近系分布于矿区北部和东北部，系一套干旱气候环境下的广阔陆盆沉积，岩相及岩性因受沉积时陆源供给物场所控制，故其纵横向变化均较大。岩性上部为褐红色、紫红色夹黄色泥岩、粉砂岩，局部夹泥质石膏薄层，下部为紫红色-红棕色细砂岩、中粒砂岩，含砾细-中粒砂岩及砾岩，普遍较疏松。地层厚度不详，与下伏地层不整合接触。

11. 第四系（Q）

第四系广泛分布于矿区河流、沟谷及山坡地带。其沉积物由河流冲积成因的腐殖土、砂黏土、砂砾石，山坡堆积的角砾、砾石，冰积的泥砂、冰层及漂砾等所组成。厚度为3~50m。

2.3.2　构造特征

1. 区域构造背景

木里盆地属中祁连断隆带的一部分（图2.9），构造格局总体呈北西西向展布的拗褶带。由于受近南北向地应力的作用，断层以北西、北西西向为主，受其影响，煤田在南北方向上呈带状、东西方向上呈段状展布，各煤矿点在平面上呈现出北西西向的带状分布。木里煤田盆地构造演化与整个祁连地区构造事件变化紧密相关，从燕山晚期的挤压抬升变形开始，经历了古近纪早喜马拉雅运动，挤压变形加剧，以及新近纪以来的晚喜马拉雅运动，最终形成了现今木里煤田南北分带、东西分段的区域构造格局（孙红波，2009）。南带西起雪霍立区、哆嗦贡玛区、聚乎更区及雷尼克勘探区，向东延伸至外力哈达矿区、热水矿区，由一系列逆冲推覆构造所控制，形成南翼陡峭或倒转的不对称向斜或单斜，在逆冲断层下盘多发育可采煤层。中带西起弧山区和江仓区，向东包括海德尔矿区，以较为完整的向斜为主体构造形态，同时受到来自北方的逆冲断层制约，向斜北翼普遍较陡。北带包括冬库、日干山及默勒矿区，受到北侧托来山向南的挤压作用影响，以单斜构造和逆冲前锋型构造为主。多出露早古生代地层，煤层连续性较差。

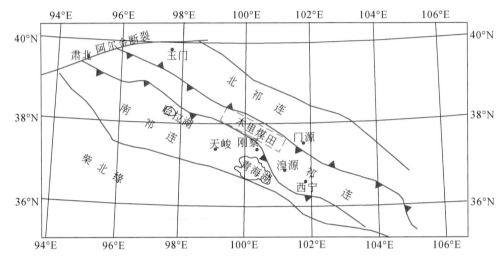

图 2.9　区域构造示意图

盆地在东西方向可划分为西构造段、中构造段和东构造段。西段自北向南包括弧山区、雪霍立区、雷尼克勘探区、聚乎更区和哆嗦贡玛区。在南北向挤压作用下，各矿区形态呈复式不对称向斜，同时受到北西向和北东向正断层的切割。中构造段主要包括冬库-日干山-江仓，向斜两翼保存完整，北东向和北西向断裂不发育。东构造段包括外力哈达、热水、默勒及海德尔矿区，区内断裂十分发育，构造较西段、中段更为复杂，多为单斜状态，煤层受到断层切割而形成独立的块段（商晓旭，2019）。

2. 矿区构造

矿区位于木里煤田西部南条带和中条带，矿区总体构造形态为一系列北西-南东向条带状向斜构造。其中东部江仓区为一不对称向斜构造，向斜北翼直立，南翼较平缓。两翼分别发育与煤层走向基本一致的推覆逆掩断层，切割了煤层露头，煤层走向近东西向（图2.10）。聚乎更区受北西西、东西走向逆冲断裂切割呈复式向斜，煤系呈南北两个条带展布，北条带为南翼局部倒转的不对称向斜构造形态，南条带为倾向南西的单斜构造形态（李聪聪等，2021）。北向斜南翼发育倾向南西的逆断层，局部切割破坏南翼含煤地层；南条带南部发育倾向南西的逆冲推覆断层，将煤系基底推覆至含煤地层之上。煤层露头浅部多发育北西向小型平移正断层，北东向的平移正断层规模较大，成为划分各井田的自然边界，呈现 "南北分带，东西分区" 的特点（图 2.11～图 2.12）。

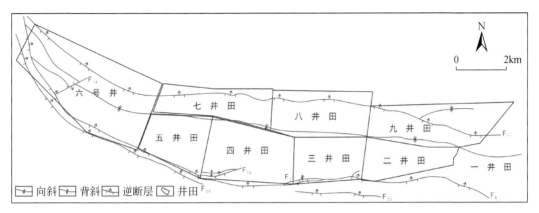

图 2.10　江仓区构造纲要图（据青海煤炭地质一〇五勘探队，2018 年修编）

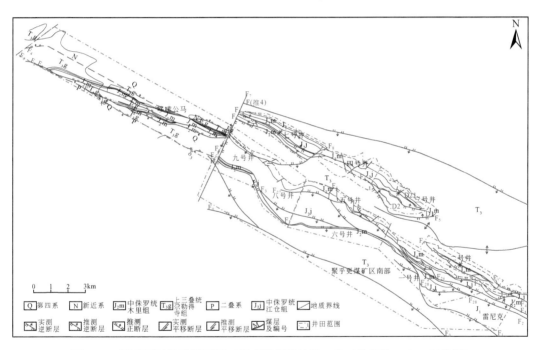

图 2.11　聚乎更区构造纲要图（据青海煤炭地质一〇五勘探队，2018 年修编）

2.3.3　煤层发育情况

聚乎更矿区中侏罗统明显分为下部砾岩层段（木里组下段，J_2m^1），中部上含煤段（木里组上段，J_2m^2），中部下含煤段（江仓组下段，J_2j^1），以及上部暗色泥页岩段（江仓组上段，J_2j^2）。江仓矿区中侏罗统划窑街组（J_2y），其下部的砾岩段不发育，而顶部砂

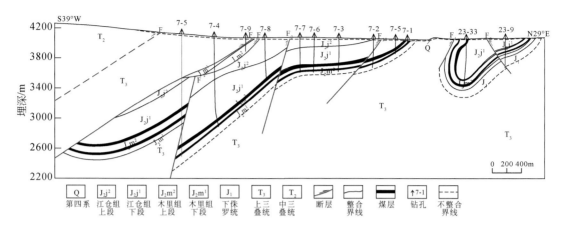

图 2.12 聚乎更区八号井—七号井剖面图（据青海煤炭地质一〇五勘探队，2018 年修编）

泥岩段不含煤段，仅中下部可划分为上、下两个含煤段。聚乎更江仓组下段（J_2j^1）和下部木里组上段（J_2m^2）为两个含煤段，分别含 7 层和 4 层共 11 层煤（图 2.13），其中可采煤层有上$_6$、上$_7$、下$_1$、下$_中$、下$_2$、下$_{2下}$六层。江仓区窑街组上含煤段含 1~10 和下含煤段含 10~20，可采煤层共 12 层，从上到下依次为 3、4、6、7、8、9、10、12、13、15、16、20 煤，煤层厚度变化较稳定。由于两区未系统对比，下面以聚乎更区为例介绍其煤层发育情况。

1. 木里组上段（J_2m^2）

木里组上段含煤四层，自上而下编号为下$_1$、下$_中$、下$_2$、下$_{2下}$煤层。其中下$_1$、下$_2$煤层为全区可采煤层，下$_中$煤层仅在八号井、九号井发育，下$_{2下}$煤层仅在六号井东部发育。埋藏深度主要集中在 1000m 以浅。含煤地层厚度为 49.90~195.44m，平均厚度为 95.13m。煤层平均总厚度为 29.83m，平均有益总厚度为 28.64m，平均可采总厚度为 27.58m。

1）下$_1$煤层

该煤层位于木里组上段（J_2m^2）的上部，与其下的下$_中$煤层平均间距为 7.92m，煤层总厚度为 0.34~25.49m，平均为 12.27m；有益厚度为 0.34~21.58m，平均为 11.73m；可采厚度为 0.79~21.58m，平均值为 11.18m。含夹矸 0~6 层，夹矸厚度为 0.04~5.50m，平均为 0.84m，属简单–复杂结构煤层。该煤层层位稳定，全区发育，可采系数为 100%。属较稳定全区可采煤层。

2）下$_中$煤层

该煤层位于木里组上段（J_2m^2）中上部，仅在煤矿区的四井田赋存，与其下的下$_2$煤层平均间距为 55.47m，煤层总厚度为 0.51~2.95m，平均为 2.57m；有益厚度为 0.51~2.95m，平均为 2.57m；可采厚度为 0.66~2.76m，平均为 2.10m。含夹矸 0~4 层，夹矸厚度为 0.07~3.30m，平均为 0.92m，属简单–复杂结构煤层。该煤层层位稳定，在四号

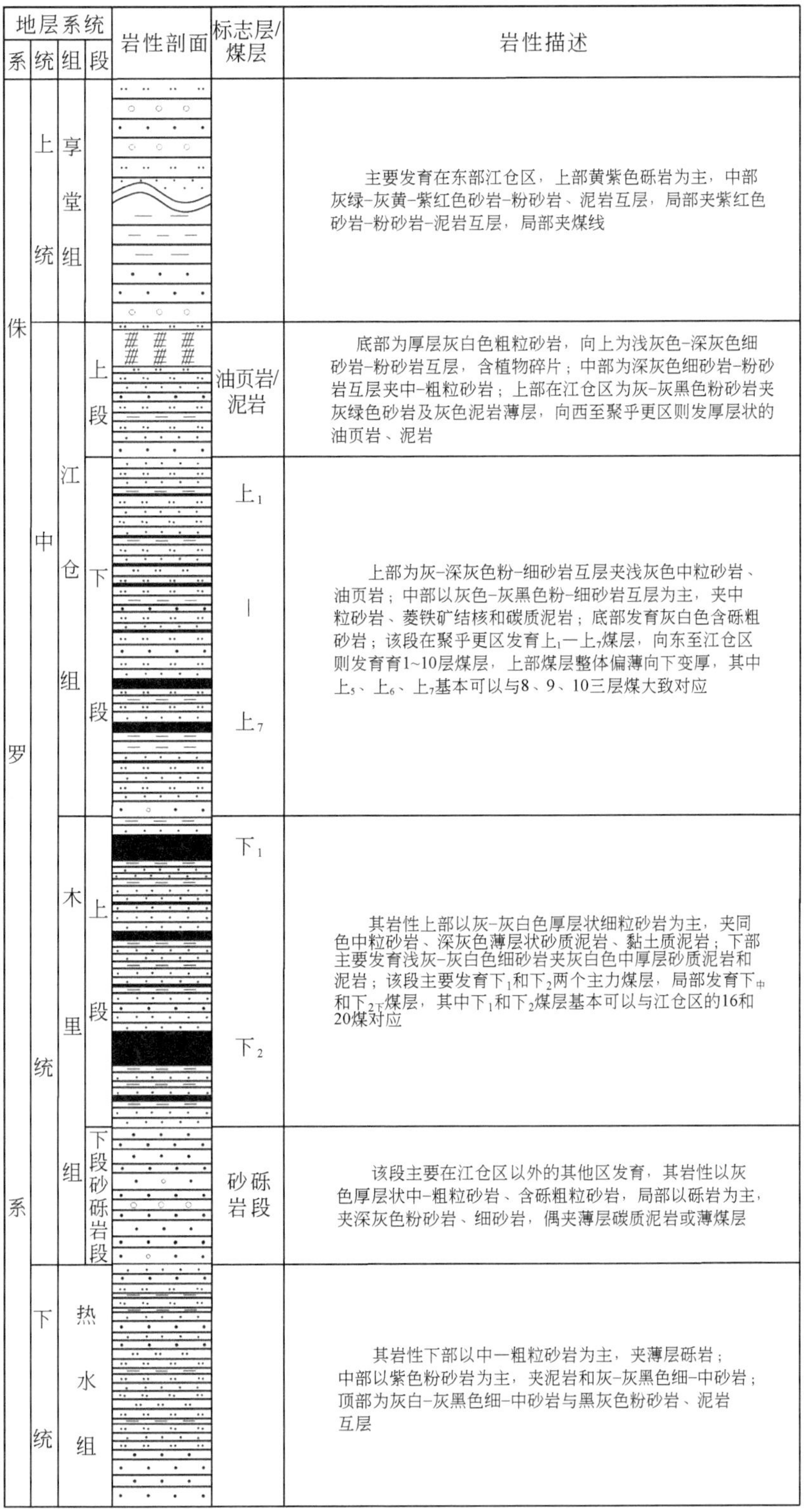

地层系统				岩性剖面	标志层/煤层	岩性描述
系	统	组	段			
侏罗系	上统	享堂组				主要发育在东部江仓区，上部黄紫色砾岩为主，中部灰绿色-灰黄-紫红色砂岩-粉砂岩、泥岩互层，局部夹紫红色砂岩-粉砂岩-泥岩互层，局部夹煤线
	中统	江仓组	上段		油页岩/泥岩	底部为厚层灰白色粗粒砂岩，向上为浅灰色-深灰色细砂岩-粉砂岩互层，含植物碎片；中部为深灰色细砂岩-粉砂岩互层夹中-粗粒砂岩；上部在江仓区为灰-灰黑色粉砂岩夹灰绿色砂岩及灰色泥岩薄层，向西至聚乎更区则发育厚层状的油页岩、泥岩
			下段		上$_1$ ～ 上$_7$	上部为灰-深灰色粉-细砂岩互层夹浅灰色中粒砂岩、油页岩；中部以灰色-灰黑色粉-细砂岩互层为主，夹中粒砂岩、菱铁矿结核和碳质泥岩；底部发育灰白色含砾粗砂岩；该段在聚乎更区发育上$_1$～上$_7$煤层，向东至江仓区则发育1～10层煤层，上部煤层整体偏薄向下变厚，其中上$_5$、上$_6$、上$_7$基本可以与8、9、10三层煤大致对应
	下统	木里组	上段		下$_1$ ～ 下$_2$	其岩性上部以灰-灰白色厚层状细粒砂岩为主，夹同色中粒砂岩、深灰色薄层状砂质泥岩、黏土质泥岩；下部主要发育浅灰-灰白色细砂岩夹灰白色中厚层砂质泥岩和泥岩；该段主要发育下$_1$和下$_2$两个主力煤层，局部发育下$_\text{中}$和下$_{2\text{下}}$煤层，其中下$_1$和下$_2$煤层基本可以与江仓区的16和20煤对应
			下段砂砾岩段		砂砾岩段	该段主要在江仓区以外的其他区发育，其岩性以灰色厚层状中-粗粒砂岩、含砾粗粒砂岩，局部以砾岩为主，夹深灰色粉砂岩、细砂岩，偶夹薄层碳质泥岩或薄煤层
		热水组				其岩性下部以中—粗粒砂岩为主，夹薄层砾岩；中部以紫色粉砂岩为主，夹泥岩和灰-灰黑色细-中粒岩；顶部为灰白-灰黑色细-中砂岩与黑灰色粉砂岩、泥岩互层

图 2.13　矿区含煤地层柱状示意图（据青海煤炭地质局资料）

井井田全区发育，可采系数为92.73%，属较稳定局部可采煤层。

3）下$_2$煤层

该煤层位于木里组上段（J$_2$m^2）中部，与其下的下煤层平均间距为62.20m，煤层总厚度为1.80~20.94m，平均为7.91m；有益厚度为1.75~19.90m，平均为7.26m；可采厚度为1.71~19.90m，平均为7.22m。含夹矸0~3层，夹矸厚度为0.02~1.94m，平均为0.67m，属简单-较简单结构煤层。该煤层层位稳定，全区发育，可采系数为100%，属较稳定全区可采煤层。

4）下$_{2下}$煤层

该煤层位于木里组上段（J$_2$m^2）的下部，煤层总厚度、有益厚度、可采厚度均为4.54~9.24m，平均为7.08m。不含夹矸，属简单结构煤层。属较稳定局部可采煤层。

2. 江仓组下段（J$_2$j^1）

江仓组下段主要含煤七层，自上而下编号为上$_1$、上$_2$、上$_3$、上$_4$、上$_5$、上$_6$和上$_7$煤层。其中上$_1$~上$_5$煤层为不可采煤层；上$_6$、上$_7$两层煤在煤矿区南向斜三露天、一号井、四号井发育较好，属不稳定-较稳定煤层，总体为大部可采煤层。埋藏深度在800m以浅。含煤地层厚度为16.59~385.95m，平均厚度为254.64m。煤层平均总厚度8.79m，平均有益总厚度为8.33m，平均可采总厚度为8.96m。

1）上$_6$煤层

该煤层位于江仓组下段（J$_2$j^1）的中部，与其下的上$_7$煤层平均间距为14.55m。煤层总厚度为0.42~2.09m，平均为1.56m；有益厚度为0.42~2.09m，平均为1.51m；可采厚度为1.05~2.09m，平均为1.61m。含夹矸0~1层，夹矸厚度为0.16m，属简单结构煤层。

2）上$_7$煤层

该煤层位于江仓组下段（J$_2$j^1）的底部，与其下的下$_1$煤层平均间距为42.68m。煤层总厚度为0.52~2.50m，平均为1.59m；有益厚度为0.52~2.04m，平均为1.35m；可采厚度为0.61~2.04m，平均为1.42m。含夹矸0~1层，夹矸厚度为0.09m，属简单结构煤层。

聚乎更煤区煤层整体上埋深较浅，呈北西-南东向展布。浅部各井田煤层倾角大于45°，中深部25°~45°分布，深部倾角基本小于25°。北条带煤层呈不对称向斜形态展布，北东翼煤层倾角为26°~66°，浅部局部地段煤层倾角大于60°；南西翼倒转，煤层倾角为62°~88°。南西翼90%地段煤层倾角大于60°。南条带煤层北东翼相对宽广、南西翼急剧倒转，呈不对称向斜形态。聚乎更区发育煤层达9层，江仓区发育煤层达20层。两区中侏罗统上、下两个含煤段煤层都是从上部到下部显著变厚，上含煤段多数煤层厚度薄、稳定性差，向下煤层稳定性和可采性显著提高。单一针对上含煤段，两个矿区下部都发育2~3层稳定性、厚度、可采性相对较好的煤层（江仓区的8、9、10，聚乎更区的上$_5$、上$_6$和上$_7$）。同样，在下含煤段，两个矿区都发育两个主要煤层（江仓矿区的16、20，聚乎更矿区的下$_1$和下$_2$)。

2.3.4 煤质特征

矿区的煤层以半亮型煤为主,次为半暗型煤。变质阶段为第Ⅲ变质阶段。

原煤水分(M_{ad})平均为 0.96% ~ 1.54%、灰分(A_d)平均为 11.23% ~ 19.22%、挥发分(V_{daf})平均为 28.27% ~ 32.64%、全硫($S_{t,d}$)平均为 0.22% ~ 1.31%、干燥基高位发热量($Q_{gr,v,d}$)为 29.19 ~ 32.20MJ/kg、干燥基低位发热量($Q_{net,v,d}$)为 28.24 ~ 31.35MJ/kg、黏结指数(G)为 36 ~ 77,为特低–低灰分、中高挥发分、特低–低硫、高发热量、低–中磷、弱黏结的煤。

煤类以焦煤(JM)、1/2 中黏煤(1/2ZN)、弱黏煤(RN)为主,次为 1/3 焦煤(1/3JM)、气煤(QM),少量的贫煤(PM)、贫瘦煤(PS)、瘦煤(SM)、不黏煤(BN)。主要作为炼(配)焦煤使用,少量浅部煤层露头和靠近最深部煤的黏结性差,可作为动力用煤。

2.3.5 煤炭资源量

据青海省自然资源厅 2017 年《青海省矿产资源储量简表》,木里矿区查明资源储量 35.4 亿 t。其中,聚乎更区累计查明资源量 162081.5 万 t,保有资源量 155446.4 万 t,另有预测的内蕴经济的资源量(334)7477 万 t,共探获资源量 169558.5 万 t(表 2.4、表 2.5)。

表 2.4 聚乎更区资源量简表　　　　　　　　　　(单位:万 t)

井田	矿井	探获资源量	查明资源量	保有资源量	(334)资源量
一露天	三号井	18098.6	15860.6	11741.2	2238.0
二露天	二号井	2963.0	2963.0	2963.0	
三露天	一号井	28665.0	25319.0	25319.0	3346.0
一井田	五号井	15525.3	15525.3	15524.0	
	六号井	30747.7	30747.7	30747.7	
二井田	四号井	13677.1	12044.1	9531.5	1633.0
三井田	七号井	17877.8	17877.8	17876.0	
四井田	八号井	12406.0	12406.0	12406.0	
	九号井	11090.0	11090.0	11090.0	
哆嗦贡玛	哆嗦贡玛井	18508	18248	18248	260
总计		169558.5	162081.5	155446.4	7477

注:数据来自青海省自然资源厅,2017。

表2.5 江仓区资源量简表 （单位：万 t）

矿井		探获资源量	查明资源量	保有资源量	（334）资源量
江仓区	一号井				
	二号井				
	四号井	—	21210.02	36991.46	15781.44
	五号井	—	9844.61	19863.69	10019.08

2.4 水文地质条件

2.4.1 地表水赋存特征

区内地表水系较发育，主干水系大通河发源于海西州木里镇祁连山脉东段托来南山和大通山之间的沙果林那穆吉木岭。木里煤田为大通河支流发源地，经过木里镇汇入大通河。区内大通河支流水流量较小，河水清澈，次级水系多为季节性流水，河水流量随着气候的变化变幅较大，夏季季节性冻土融化，在山坡阳面形成泉流，以下降形式溢出，为季节性河流及地表湖泊补充水量，泉流量一般为 0.1~2.2L/s，水化学类型多为 $HCO_3 \cdot SO_4$ $-Na \cdot Mg$ 与 $HCO_3 \cdot Cl-Na \cdot Mg$。区内地表湖泊发育，小湖泊较多，面积超过 $1km^2$ 的湖泊只有莫那措日湖，湖泊大多为降水、冻土层上水汇集所成。此外，区内有许多小型热融湖塘，大多为冻土融冻形成，面积不大，在冬天大部分会完全冻结（杨创等，2022）。

2.4.2 水文地质特征

1. 地下水的形成及分布规律

受地貌条件的控制，木里矿区地下水由山区至平原具有明显的补给、径流、排泄水文地质规律，水文地质分带基本上同地貌分带一致。高山带气候潮湿降水量大，大气降水、冰融水是冻结层上水的主要补给源，由于基岩山区构造及风化裂隙发育程度不同，冻结层上裂隙水的分布也是不均一的。受降水、冰融水补给的冻结层上水经过裂隙间的短暂径流，受地形构造等因素控制，排泄于深切沟底或沟谷两侧，致使山间沟谷内的地表水流具有明显的顺增量（王振兴，2020）。以上述方式排泄的地下水注入盆地，成为盆地内山前平原地下水的主要补给来源。木里矿区第四系基底由侏罗系和三叠系组成，在冻结层下侏罗系和三叠系含有弱承压水，并以多年冻土岩及煤层、砂质泥岩等为相对隔水层，因受构造控制而具承压性，构成了以新近系中新统砂岩为含水层的弱承压水盆地。冻结层下弱承压水的补给条件，同局部融区有着密切关联，如大通河及其上游主要支流河床下的带状融区，是承压水的唯一补给通道，同时，构造融区及大通河下游河床的带状融区又是承压水进行排泄的必经之路。由于冻结层下弱承压水补给严格受多年冻土影响，所以富水性较差且不均匀，只有裂隙较发育的向斜轴部，同时又与补给源有水力联系的地段，地下水才较富集。冻结层上潜水由谷地河床冲积潜水和冰水堆积孔隙潜水组成。河床潜水分布于河床两侧，含水层岩性为冲积砂卵砾石，磨圆度差，厚度小于 5m。据以往资料可知，水量一般较小，分布不均，泉水统计流量一般小于 0.5L/s，在上多索曲、下多索曲汇流处河谷阶地前缘单位涌水量为 1.33L/(s·m)。冰水堆积孔隙潜水由大气降水补给，含水层厚度较薄，分布不均匀，受气候影响显著，只有在丰水期有液态水存在，潜水运动方向随地形变化。

2. 地下水类型及赋存特征

按含水层岩性、埋藏条件、动力特征，木里矿区地下水类型可分为冻结层上第四系孔隙潜水、基岩冻结层上裂隙水及中—新生代冻结层下弱承压裂隙水。

1）冻结层上第四系孔隙潜水

含水层岩性为第四系冰碛、冰湖碛泥质砂卵砾石。含水层厚度不均，随季节融化深度控制，一般小于 2m，仅大通河上游近河床地段厚度较大，最大为 7~8m，并以多年冻土为隔水底板，最大埋深 3m。冻结层上孔隙潜水一般水量较小，且分布不均，据泉水统计一般流量小于 0.5L/s，最大单泉涌水量为 1.28L/s，然而在上多索曲和下多索曲交汇处，河谷阶地前缘试坑抽水单井涌水量达 1.33L/s。水质简单，属初矿化度的 HCO_3-Ca 型水，矿化度小于 0.3g/L，泉水动态受气候影响显著，水量随季节变化，一般 5~10 月水量较大，而 11 月至次年 4 月全部冻结或干枯。

2）基岩冻结层上裂隙水

含水层岩性为前寒武系至新近系的一整套变质岩、碎屑岩，含水层厚度各地不一，最大厚度可达 10m。基岩富水性除受岩性影响外，受地形、裂隙发育程度及补给条件的控制，从高山至丘陵区，具明显的垂直分带规律。据资料统计，随地势的降低，不仅泉点数量增多，同时各单泉流量也相应增大。基岩冻结层上裂隙潜水，在水平上也分布不均匀。据基岩冻结区泉水调查资料分析，一般在向斜轴部和主干压性断裂的上盘及压性、压扭性断裂的复合部位，裂隙水较发育，单泉流量多在 1L/s 以上，大者可达 50L/s。

3）中—新生界冻结层下弱承压裂隙水

含水层岩性为煤系砂岩层，并以煤层或砂质泥岩组成相对隔水层，因受多年冻土（岩）控制，具有弱承压性质，承压裂隙水多赋存于向斜构造内。由于弱承压水只能通过局部河谷融区借助地表水垂直渗漏补给，一般分布不均且不发育，钻孔单位涌水量多小于 0.01L/(s·m)。根据以往水文资料，最大可能涌水量仅为 105~208m³/d，从而进一步证实承压裂隙水水量较小，水他学类型属 HCO_3-Ca·Mg 型水或 HCO_3-Ca·Na 型水，矿化度小于 0.5g/L。

3. 主要隔水岩组

1）多年冻结层

区域上普遍存在的规模最大的隔水层为多年冻结层，除了湖泊融区、构造融区外，其他出露地层中都存在，厚度随着高程的增加而变大，一般为 40~150m。多年冻结层直接阻隔了大气降水与多年冻结层下水的水力联系。

2）侏罗系江仓组泥岩段（J_2j^2）隔水岩组

在区域上分布于向斜的北翼及煤系顶部层位，岩性以页片状泥岩为主，夹薄层菱铁质结核透镜体，厚约 195m。在中部夹油页岩条带，上部为灰褐色薄片状钙质泥岩，风化后呈黄色，地表易辨认，为区域上隔水性较好的隔水层。

4. 补径排关系分析

木里矿区地表水的主要补给源是大气降水、冰雪融水、季节性冻土层间水，补给源受气候影响较大，蒸发和下降泉排泄是冻结层上水的主要消耗途径。冻结层上水补给受到气候因素的影响，主要为地表水、大气降水以及冰雪融水补给，丰水年含水量增大，枯水年含水量降低。冻结层下水是地表水体、大气降水、冰雪融水通过湖泊融区、构造断裂带补给，同时冻土层下水又通过局部融区、断裂带形成上升泉排泄和蒸发（杨创等，2022）。

5. 矿山开采导致的水文地质条件变化

该区三号井、四号井、五号井、七号井、八号井、九号井和哆嗦贡玛井开采程度参差不齐，露天采坑剥离的深度和面积因井田不同而差异很大，由此也主要造成了采坑充水条件的变化和地表水与地下水水力联系的变化。

1）充水条件

该区降水多集中在 6~8 月，可直接沿坡面进入采坑或渗入采坑周边土壤随冻结层上水一起沿采坑壁汇入采坑。本地年降水量为 477.1mm，年蒸发量为 1049.9mm，大气降水量明显小于蒸发量。煤矿山因露天采坑开挖面积和深度的不断变大，会显著导致大气降水和冻土融化水对煤矿床补给能力大大提升。

三号井采坑面积为 370.36hm²，露天采坑直接汇水量约为 176.70 万 m³/a。四号井采坑面积为 225.63hm²，露天采坑直接汇水量约达 107.65 万 m³/a。五号井采坑面积为 175.45hm²，露天采坑直接汇水量约达 83.71 万 m³/a。七号井采坑面积为 145.93hm²，露天采坑直接汇水量约达 69.62 万 m³/a。八号井采坑面积为 101.52hm²，露天采坑直接汇水量约达 48.44 万 m³/a。九号井采坑面积为 130.90hm²，露天采坑直接汇水量约达 62.45 万 m³/a。哆嗦贡玛井采坑面积为 32.51hm²，露天采坑直接汇水量约达 15.51 万 m³/a。在以上已开采的几个采坑井中，三号井、四号井、五号井（图 2.14）、七号井、八号井和九号井的露天采坑面积均达到了百公顷以上，其大气降水的补给能力明显强于九号井和哆嗦贡玛井（图 2.15）。综合考虑露天采坑开挖面积和深度，三号井、四号井（图 2.16）和五号井露天采坑边坡暴露程度最高，冻土融化水的补给能力明显强于其他井田。

2）水力联系

多年冻土层在该区水文地质中起到较好的区域相对稳定隔水层作用。以多年冻土层为分界，矿区各个井田垂向可被分为冻结层上水和冻结层下水两大类地下水。相对多年冻土的顶界和底界，露天采坑开挖到不同层位，对相应井田含隔水层的扰动程度变化大，地表

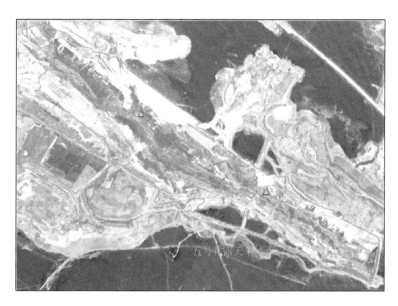

图 2.14　五号井露天采坑分布（高分辨率遥感影像图北京二号，2020 年 7 月 25 日）

图 2.15　哆嗦贡玛井采坑分布（高分辨率遥感影像图北京二号，2020 年 7 月 25 日）

水、不同含水层间的水力联系也将随之发生巨大改变。

　　该区各井田的季节性冻土一般在 3.5m 以浅，三号井至哆嗦贡玛井各井田露天开挖深度一般都超过了季节性冻土底深。冻结层上水在地势影响下都会因露天采坑存在被节流并侧渗到采坑内，影响浅部地下水的局部流势流场，冻结层上含水层内的水力联系被打乱。这种影响的范围和程度会随露天采坑面积和深度的增加而扩大。

　　本次勘查区内三号井、四号井、五号井和八号井四个井田开采最深处的深度为 87 ~ 200m，基本揭穿了多年冻土层的底界。含隔水岩组的空间结构被破坏，大气降水、地表径

图 2.16　四号井露天采坑边帮冻土层融水渗水点

流、冻结层上水等直接进入采坑并与煤系、煤层直接接触，发生直接水力联系。相比之下，其他几个井田开采最深处的深度为 32m，基本只对多年冻土的中上部造成挖掘破坏，但不足以对其造成洞穿或明显改变其水文地质条件。如哆嗦贡玛井采坑分散且规模最小，加之哆嗦贡玛井位于地势相对高的区域，大气降水、冻结层上水、冻土层融水等的补给较弱，哆嗦贡玛各采坑未见明显积水，水力联系基本不受影响。

第3章 高原高寒矿区生态环境问题分析

木里矿区受煤矿无序开发影响，生态环境问题多且复杂，主要为多年的露天开采对矿区生态环境造成了一定程度的破坏，形成九大生态环境问题类型，导致地貌景观、植被资源、土地资源、水资源遭到破坏，水域涵养功能下降，加重沼泽草甸退化和水土流失。主要表现为：①高寒草甸和冻土破坏；②原有渣山蠕动变形、滑塌失稳、淋溶水浸出、不均匀沉降；③草地退化；④部分采坑出现大量积水、边坡失稳、冻融滑塌等；⑤回填采坑边坡较陡、坡体松散。

3.1 地形地貌景观破坏

木里矿区地处祁连山南麓腹地，一般海拔为 4000～4200m，平均海拔为 4100m。按照《中华人民共和国地貌图集 1:1000000》形态成因类型划分方案，研究区属于冰缘一级地貌类型，涉及高海拔平原、高海拔台地、高海拔丘陵三个二级地貌类型，可进一步细分为冰缘湖沼平原、冰缘河谷平原、冰缘剥蚀平原、冰缘作用的低台地、冰缘作用的平缓低丘陵及冰缘作用的平缓高丘陵等六个三级地貌单元。这里也是黄河上游重要支流大通河的源头区，矿区向西、北与祁连山国家公园毗邻，属于高寒草地-湿地生态系统，是祁连山地区重要的水源涵养地，生态地位极其重要。木里矿区自然地理条件复杂，生态环境脆弱，一旦被破坏，其生态系统和生态服务功能很难自我恢复，人工修复也面临诸多困难和严峻挑战。然而，研究区多年的露天开采，破坏了高寒草地湿地的生态景观，影响了水源涵养和水土保持能力，干扰了生物多样性保护，生态安全屏障也受到一定的威胁。2014 年以来，煤矿企业不同程度地开展了矿区针对渣山的治理修复工作，但由于木里矿区分布地域跨度大，治理不彻底，特别是一些不法矿主边治理、边盗采，加重了破坏。

煤炭资源开采方式均为露天开采，共形成 11 个规模不等的采坑和 19 座渣山，采坑总面积为 14.33km²，渣山总面积为 18.57km²，共计 32.90km²，其中聚乎更区和哆嗦贡玛区现有 7 个露天采坑、12 座渣山，采坑总面积为 11.71km²，渣山总面积为 13.51km²，共计 25.22km²。另外，工业场地、地面上其他构（建）筑物及矿区道路，也严重破坏了自然地貌景观、高寒沼泽草甸及原河流生态系统，采坑、渣山、工业场地、炸药库、矿区道路、施工单位生活区及停车场等工程景观与周边自然景观显得极不协调。通过高分遥感影像数据（2020 年 7 月 25 日）解译，结合野外现场验证性调查和分析，木里矿区主要生态环境问题具体表现为地形地貌景观破坏、植被-土壤关键层破坏、土地损毁及压占、冻土层扰动与破坏、水系湿地破坏、地下水含水层破坏、土地沙化与水土流失、边坡失稳及煤炭资源破坏九种类型（图 3.1、图 3.2）（王佟等，2021）。

矿区开采前（2001 年）高寒草甸景观优势度达到 77.43%，为该区的背景景观，且板块连通性好；开采后至 2020 年，其优势景观变为裸地景观，景观比例占比为 88.02%，景

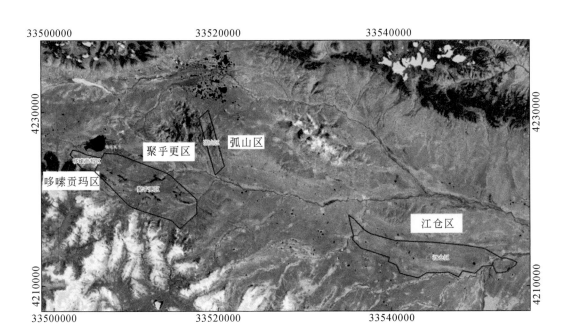

图 3.1   木里矿区规模开发前的卫星遥感表征（采用 2000 年 6 月 14 日 ETM 卫星数据）

图 3.2   木里矿区聚乎更和哆嗦贡玛区开发现状卫星遥感表征
（北京二号，该段组合 321，2020 年 7 月制作）

观优势度达到 67.98%，为现阶段的背景景观（青海省木里矿区生态环境问题评估研究报告，2019 年）。

3.1.1　露天采坑对地貌景观的影响

区内共有 11 个采坑，规模大小不一，其中聚乎更区三号井、四号井、五号井和江仓区四号井、五号井开采规模都较大，采用台阶式开采，对原始地貌景观（图 3.3）的破坏最为严重（图 3.4），与周边的高寒草地、沼泽湿地、河流湖泊、山岳冰川等自然地貌景观形成十分鲜明的反差，构成了强烈的视觉冲击。

图 3.3　聚乎更区原始地貌

1. 聚乎更区三号井

该井田位于聚乎更区东端，在范围内共形成一个大采坑，采坑平面呈北西西–南东东向展布的半纺锤形，西侧为掘进方向边缘不规则，南北宽 1000~1500m，东西长约 3150m，破坏自然景观面积为 3.77km²，采坑最大采深为 150m，最小采深为 40m，采坑容积为 2.31 亿 m³。

坑底凌乱、凹凸不平、煤层暴露，采坑边帮基岩大面积出露，多数地段平台–坡面不规整，浮石散落，视觉冲击大。南帮西段边坡失稳，形成约 7 万 m³ 的滑坡体和 8 万 m³ 的滑坡隐患体。整个采坑范围内以往未开展复绿工作，加之黑色残留煤层和碳质泥岩底板与周边基岩色调差异明显，与周边自然生态景观构成显著的视觉反差，形成强烈的负面感官效果（图 3.5、图 3.6）。

图 3.4　聚乎更区四号井采坑现状图

图 3.5　聚乎更区三号井东侧采坑图（无人机影像）

图 3.6　聚乎更区三号井采坑地貌与周边地貌对比（野外照片，镜向 80°）

2. 聚乎更区四号井

该井田位于聚乎更区东段，在范围内共形成一个采坑，采坑平面呈北西西-南东东向展布的矩形，东部有两个连续分布的较小采坑，地形破碎凌乱，局部地段矿渣回填。南北宽 600～1050m，东西长约 3730m，破坏自然景观面积为 3.05km²，采深为 180～200m，采坑容积为 2.21 亿 m³。采用阶梯状螺旋式露天开采。

采坑坑底有三处积水，共计 51.94 万 m²，其中西段采坑积水规模最大，平均积水深度为 42.63m，积水量为 803.3 万 m³。调查发现采坑积水多为采坑边帮渗水所致。采坑边帮基岩大面积出露，多数地段平台-坡面不规整，浮石散落，视觉冲击大，采坑南帮中段和西北隅边帮已失稳，形成一定规模的滑坡区域。整个采坑范围内以往未开展复绿工作，加之局部黑色碳质泥岩底板与周边基岩色调差异明显，与周边自然美丽的生态景观构成强烈反差，形成强烈的视觉冲击和负面感官效果（图 3.7、图 3.8）。

图 3.7　聚乎更区四号井主采坑地貌景观

图 3.8 聚乎更区四号井东段地貌景观

3. 聚乎更区五号井

该井田位于聚乎更区东南端,在范围内共形成一个采坑,采坑平面呈北西西-南东东向展布的矩形,局部边缘不规则。南北宽 350~670m,东西长约 4050m,坑口面积为 1.72km²,采坑西深东浅,采深为 40~150m,采坑容积为 6704 万 m³。采用阶梯状螺旋式露天开采。

采坑坑底狭窄凌乱,煤层暴露,且局部地段有积水。采坑边帮基岩大面积出露,多数地段平台-坡面不规整,浮石散落,视觉冲击较大,采坑边坡整体相对稳定,但局部地段出现危岩、浮石和不稳定边坡隐患。整个采坑范围内以往未开展复绿工作,加之局部黑色碳质泥岩与周边基岩色调差异明显,整个基岩采坑与周边自然的生态景观反差显著,形成强烈的视觉冲击和负面感官效果(图 3.9、图 3.10)。

图 3.9 聚乎更区五号井开采现状景观照

图 3.10　聚乎更区五号井采坑对自然地貌景观的破坏现状

4. 聚乎更区七号井

该井田位于聚乎更区西北部,在范围内共形成一个采坑,分东西两个采区。采坑平面呈北西西-南东东向展布的不规则矩形。南北宽 250~570m,东西长约 3900m,坑口面积为 1.49km²,采深为 19~32m,采坑容积为 1398.10 万 m³。采用阶梯状螺旋式露天开采。

采坑坑底基岩裸露,煤层大面积暴露,大量煤层被揭露遭受风化,存在自燃隐患,西采区有三处积水。采坑边帮基岩大面积出露,形成的南北边坡角度大,坡度较陡,基岩裸露,边坡稳定性差,加之物理风化作用及冻融影响,易沿坡体形成危岩危坡。局部边坡失稳,产生滑坡、崩塌等不良地质。整个采坑范围内以往未开展复绿工作,加之东采区大量煤炭被揭露,暴露煤层未保护,与周边基岩色调差异明显,整个基岩采坑与周边自然的生态景观反差显著,形成强烈的视觉冲击和负面感官效果(图 3.11)。

5. 聚乎更区八号井

该井田位于聚乎更区西南部,在范围内共形成一个采坑,采坑平面呈北西西-南东东向展布的不规则矩形,东部有两个连续分布的较小的采坑,地形破碎凌乱,局部地段矿渣回填。南北宽 300~630m,东西长约 1880m,坑口面积为 1.01km²,采坑最大采深为 104m,最小采深为 13m,采坑容积为 2235 万 m³。采用阶梯状螺旋式露天开采。

采坑坑底有大量积水,共计 51.88 万 m²,积水量为 509.39 万 m³,水质良好,清澈透明,形成了矿坑积水景观,如果通过一定工程措施就可以形成高原湖泊,将大大改变露天开采对自然景观的损伤,调查发现采坑积水多为地表水渗漏所致。采坑边帮基岩大面积出露,局部平台-坡面不规整,浮石散落,局部边帮稳定性差。整个采坑边坡范围内以往未开展复绿工作,视觉感官效果较差(图 3.12)。

图 3.11   聚乎更区七号井对自然景观破坏现状

图 3.12   聚乎更区八号井田采坑景观照

6. 聚乎更区九号井

该井田位于聚乎更区西南隅，在范围内体上可分为北翼采坑区、北东凹槽、中部剥表区、南侧挖坑区和南翼采坑群。采坑平面呈北西西–南东东向展布的不规则矩形。采坑总面积为 116.66 万 m²，采深一般为 5 ~ 10m，最小为 0.5m，最大为 20m，采坑总容积为 460.95 万 m³。

九号井开发强度和开采深度虽小，但对地表扰动和破坏范围广，形成的创伤面大，对自然生态景观的破坏严重。采坑坑底基岩裸露，坑底有部分暴露煤层未保护。采坑边帮基岩大面积出露，边坡不规整，局部边坡不稳定。整个采坑范围内以往未开展复绿工作，与周边自然美丽的生态景观构成强烈反差和负面感官效果图〔图 3.13（a）、（b）〕。

(a)北采坑南部挖方区台阶状地貌照片(镜向90°)　　(b)北采坑北部采煤区地貌照片(镜向60°)

图 3.13　聚乎更区九号井田采坑景观照

7. 哆嗦贡玛区

该井田位于聚乎更区的西北方向，两者毗邻，在范围内共形成五个小型采坑，沿煤层露头呈近东西向串珠状分布。一号井位于矿区东南部，采坑开采面积约为 39576.5m²、长约 248m、宽约 165m，坑底标高为 +4175 ~ +4188m，平均开采深度为 10m。二号井位于矿区东南部，采坑开采面积约为 136186.27m²、长约 466m、宽约 388m，坑底标高为 +4167 ~ +4182m，平均开采深度为 10m。三号井位于二号井西部，采坑开采面积约为 86656.92m²、长约 328m、宽约 268m，坑底标高为 +4176m，地表标高为 +4197m，平均开采深度为 30m。四号井开采面积约为 84064.78m²、长约 307m、宽约 271m。五号井位于矿区西部，采坑开采面积约为 176106.53m²、长约 547m、宽约 317m，坑底标高为 +4124m。哆嗦贡玛区开发强度相对最低，形成的采坑规模小，对地表植被和自然景观破坏程度最小。整个采坑范围内以往未开展复绿工作，与周边自然美丽的生态景观构成较强烈的视觉反差。

3.1.2　渣石山对地貌景观的影响

露天开采产生大量的废渣石和煤矸石等，通常沿采坑周围层叠堆放，形成渣山。渣山占地面积大，为 18.58km²，比采坑占用面积还大 4.24km²。高度从数米到数十米，最高可达 50m。渣山压盖了大片草地，改变了自然地貌景观，对自然地貌景观构成了严重的扰动和影响（图 3.14）。

图 3.14　渣山堆放对自然景观的破坏

　　与采坑相比，渣山的视觉冲击力度和负面感官效果相对较弱，2014 年以来启动的矿区生态环境综合整治工作主要针对渣山开展，包括渣山整形和渣山种草复绿等工程。一些渣山的高度有一定的降低，渣山坡面实施了种草复绿生物措施，一定程度上降低了裸地景观比例。但因土壤重构措施不到位，草地普遍退化，长势差，植被覆盖度低，总体上与周边自然高寒草地显得不协调，形成采坑–渣山人为工程地貌景观，对区内原始自然景观造成严重扰动和破坏。

　　聚乎更区三号井渣山整形与种草复绿在矿区内是成效最好的一个井田，但采坑巨大，对原生生态景观损伤仍然很严重。在采坑排渣沿采坑周边形成两处渣山，其中采坑北侧渣山占地 50.55 万 m^2，体积为 566 万 m^3，东西长约 1.5km，南北宽约 700m，由上至下共五层，每层层面较为平坦，层高 35～50m。南侧渣山东西长约 1km，南北宽约 600m，占地 57.20 万 m^2，由上至下共五层，层高 30～40m，体积为 1206 万 m^3，每层层面较为平坦，渣山边坡及各层面都已经进行了一定的复绿工作，植被覆盖度为 50%～70%，复绿情况相对较好；五号井渣山分布采坑南北两侧，复绿效果最好地段是天木公路视野范围内，为防止渣山表土溜滑，还采取了水泥石条格构网工艺进行了护坡，当下起到一定的护坡效果，但随着雨水冲刷、冰冻等恶劣天气影响，水泥隔构逐渐发生断裂垮塌，造成和周边环境严重反差，到本次阶段需要重新拆除和进一步补植复绿。在木里矿区包括铺设防渗布修建的排水渠等都因人工痕迹过多，随着风霜雨雪的破坏总体较差。八号井渣山位于采坑北侧，对坡面和视野范围内的平台大多进行了复绿；以往木里矿区的复绿工作主要限于视野范围的坡面，相对较高的渣山顶部和视野不能及的边缘渣山和边坡基本都未复绿。各井开展了种草复绿工作的地方也因土壤重构未做到位，植被退化都很严重，多形成裸地或半裸地景观。

3.1.3　地面建设工程对地形地貌景观的影响

矿区主要的建设工程包括办公区、生活区、储煤场、设备停放与检修场地、矿区道路及炸药库等必要的配套建（构）筑物。由于地处高原草甸，地表多为沼泽，给工程施工带来了极大的困难。因此，矿区的办公区和生活区大多是在渣山上搭建的临时彩钢房，道路也多为渣石铺筑的简易公路，地面建设工程破坏了地表植被，阻隔了水系的连通，对自然地貌景观影响严重（李凤明等，2021a）。

综上所述，露天采坑、渣石山和地面建设工程改变了原始地貌景观，严重破坏了地表植被，对地形地貌景观影响严重（图3.15）。

图 3.15　建（构）筑物对自然景观的破坏

3.2　植被-土壤层破坏

3.2.1　对植被的破坏

矿区植被由耐寒旱的多年生丛生禾草和根茎薹草组成为青藏高原典型的高寒植被类型，具有很强的耐寒、耐旱特性。植被类型分为高寒沼泽类和高寒草甸类，以前者为主，具有较明显的高寒地区形态特征。植被低矮、结构简单，草群密集生长，植物以矮生垫状、莲座状形态出现，生草层密实，覆盖度为70%～90%。受气象、水文、土壤等条件限制，植被对人类活动的抗干扰力较弱，一旦遭受破坏，恢复比较困难，需要用人工草种在受保护情况下，通过长时间演替才能逐步过渡为自然植被群落（李聪聪等，2021；王佟等，2021）。

木里矿区开发始于20世纪70年代，到2000年以后开采强度逐渐增大。先后有十余家矿山企业进行露天开采。由于无序开采、不规范开采或开采过程不注重矿区生态保护和生态环境恢复治理，采坑、渣山、道路、工业场地等工程活动所在地及其周缘地区植被和湿地均遭受了破坏（图3.16）。同时露天采掘、道路扬尘及爆破烟尘形成的降尘污染周围天然牧草地，影响牲畜牧食，致使草地使用功能有所降低。牲畜常年吸食受污染的水源、牧草后，影响正常发育，使畜牧业经济受损，采掘、爆破、运输等已对矿区周边草场造成煤尘和土壤扬尘污染。

图 3.16　露天开挖对区内高寒草甸破坏卫星遥感现状图（北京二号卫星，摄于 2020 年 7 月）

对植被的破坏形式主要表现为采坑开挖损毁、渣山压占损毁、矿区道路和场内建（构）筑物挖压占损毁、人工河道开挖、拦坝、筑堤损毁、工程影响水系自然连通局部严重积水导致植被淹毁等。矿区的露天开采不仅对自然植被造成直接损毁，而且分割了原始连片草场，使得一望无际的大面积原生高寒草甸景观变得支离破碎，也直接影响高寒草甸或高寒草原应有的水源涵养能力。

（1）采坑开挖损毁和渣山压占损毁是区内对植被破坏最主要的类型（图 3.17），聚乎更区和哆嗦贡玛区共有 11 个露天采坑、19 座渣山，采坑损毁植被总面积为 14.33km^2，渣山压毁面积为 18.57km^2，共计 32.90km^2。

图 3.17　采坑（左）、渣山（右）对植被破坏现状（摄于 2020 年 8 月）

（2）矿区道路和场内建（构）筑物，如办公区、生活区、储煤场、设备停放场地等是采矿活动必需的地面建设内容。区内冻土发育，为防止因冻胀热融作用导致的路基沉降、路面翻浆等路害和建筑物基础不均匀下沉，矿区道路一般采取高筑路基的方式

（图 3.18），建筑物基础部分首先对下浮草甸及冻融层进行挖除，然后进行基础部分处理，客观上对区内植被和土壤造成直接损毁。

图 3.18　矿区简要道路压盖植被

（3）因聚乎更区八号井和四号井开采区域位于上多索曲流经段，出于开发需要，在河流上游段筑坝拦蓄，在开采区域及其周缘开挖人工河道，对原始河流进行改道处理，造成人工河道段植被挖损破坏（图 3.19）。

图 3.19　上多索曲因煤炭露天开采而人工改道

（4）矿区道路修筑（未铺设涵管）和渣石的层叠堆放，一方面直接阻隔了地表水系的正常径流，另一方面也一定程度地影响了冻结层上水的径流条件，改变了地下潜水的自然流场，直接导致阻隔段上游方向局部形成严重积水，由原来的高寒草甸人为演变为沼泽积水区，导致低洼积水段植被退化。

3.2.2   对土壤层的破坏

良好的土壤是植被赖以生长的物质基础和立地条件。矿区土壤类型主要为高山草甸土、沼泽草甸土，成土年龄为1980年（青海大学），其母质为湖积、冲洪积物、残坡物及风积物等，土层厚度大于50cm。pH为7.5，有机质含量为21.99%，碳酸钙为4.5%，全氮为1.126%，全磷为0.114%，全钾为2.16%，碳氮比为12.4。

多年露天开采对土壤造成了严重破坏。破坏区域包括木里矿区聚乎更区和哆嗦贡玛区现有的11处露天采坑（群）、19座渣山（采坑总面积为14.33km²，渣山总面积为18.57km²，共计33.90km²），以及区内各井形成的办公生活区、储煤场及矿区道路等人类工程活动区域。

土壤破坏的形式主要表现损毁、压占、损伤及土壤类型改变。其中，损毁区域主要包括露天开挖形成的采坑范围、办公生活区、储煤场及部分矿区道路等。在采坑开挖和建（构）设过程中，造成草皮–土壤层直接损毁；渣山堆放和部分矿区简易公路压占草皮–土壤层，导致土壤失去原有功能；土壤损伤类型主要发生在采坑的坑口陡边坡后缘，冻融或采坑边坡蠕变造成草皮–土壤关键层失稳滑移和水土流失（图3.20）；因矿区道路和渣山堆放改变河道或堵塞水系自然连通，从而导致土壤类型发生改变，堵塞的上游段因地表水汇聚，草甸土逐渐向沼泽土转变，下游段因缺乏上游地表水补给，逐渐由沼泽土向草甸土转化过渡。

3.2.3   植被修复现状评价

2014年木里矿区问题曝光后，青海省人民政府办公厅下发的青政办〔2014〕143号文件《青海省人民政府办公厅关于印发木里煤田矿区综合整治工作实施方案的通知》，矿山企业自2014年全面推进木里矿区生态环境综合整治，对19座大型渣山开展整治，包括采坑回填、采坑边坡治理、渣山复绿、河道治理、道路收窄、垃圾清运等，累计投入资金超过20亿元。其中，2014年8月至2016年9月，共完成渣山复绿1702.67万m²、公共裸露区域种草绿化64.6万m²、湿地植被恢复108.52万m²；2017～2020年，完成渣山补植补种633.58万m²。主要治理方式为削坡+有机肥+客土+无纺布覆盖、削坡+大量有机肥+混播+无纺布覆盖、削坡+施肥+大播量混播+无纺布覆盖+追肥及喷播四种方式。

整体来看，渣山复绿及采坑回填取得一些成效，聚乎更区三号井复绿效果较好，聚乎更区五号井和八号井部分区段可见植被得到恢复，对由于未系统规划治理，木里矿区湿地破坏、煤层裸露区域以及违章建筑压占草甸湿地、河道阻断等区域环境未得到根本性改善。

(a)道路、渣山压占土壤层

(b)坑口边部土壤层失稳开裂滑移

(c)坑口边部土壤层失稳开裂滑移

图 3.20　冻融和采坑边坡蠕变作用对土壤层的破坏

1. 聚乎更区植被复绿现状

矿区矿山土地占损面积为 3720.19 万 m^2，其中恢复治理面积为 1131.89 万 m^2，包含渣山复绿面积 1101.26hm^2，采坑边坡复绿面积 30.63hm^2，总体恢复治理率（恢复治理面积/占损土地面积）为 30.43%。

当时矿区的复绿工作主要集中在对渣山的恢复治理，复绿重点是道路两侧视野范围内的渣山边坡，而渣山顶部一般植被恢复治理较差，仅对渣山进行平整。其中五号井在天木公路视线范围内治理措施为修筑菱形网格护坡，消除边坡安全隐患，并覆土种草，或移植草皮，但随着雨雪冰冻等轮回，隔构出现断裂等。另外，各渣山表层水土均有不同程度流失，植被也有不同程度的退化（图 3.21），视觉效果变差。

（1）三号井复绿工作主要集中在渣山顶部和边坡及局部采坑边帮，累计复绿面积为 335.58hm^2，约占井田占损土地面积的 43.2%，其中渣山复绿面积为 318.25hm^2，约占渣山总面积的 89.11%，渣山复绿有一定效果，采坑边帮复绿面积为 17.33hm^2，约占采坑总面积的 4.68%，采坑边坡平台覆土厚度为 15~30cm，渣山边坡由于长期的坡面冲刷淋滤，土壤流失严重，大部分坡面仅可见少量薄层复土或残留土块。

（2）四号井复绿工作主要集中在渣山边坡地带，渣山顶部平台少见复绿措施，复绿面积为 374.57 万 m^2，约占井田损毁土地面积的 29.74%，大部分坡面土壤流失严重，南渣

(a) 聚乎更区四号、五号井区域鸟瞰

(b)聚乎更区四号南渣山局部

(c)聚乎更区七号井鸟瞰

图 3.21　渣山治理无人机航拍图（王佟等，2022b）

山位于原河道上，正在形成滑坡，裂缝和滑动不断扩大，大面积基本未复绿。

（3）五号井复绿工作主要集中在渣山边坡及局部采坑边帮，累计复绿面积为 192.51 万 m^2，约占井田占损土地面积的 34.32%，其中渣山复绿面积为 179.21 万 m^2，约占渣山总面积的 49.5%，采坑边帮复绿面积为 13.3 万 m^2，约占采坑总面积的 7.58%。

（4）七号井复绿工作主要集中在渣山边坡，复绿面积为 48.04hm^2，约占井田占损土地面积的 10.38%，约占渣山总面积的 20.61%，总体植被覆盖率为 20%~30%，由于长期的淋滤及冻融作用，大部分坡面仅可见少量残留土块。除 1 号及 2 号渣山外，其他厚度不大的堆渣区顶部及边部均未进行覆土复绿措施。

（5）八号井复绿工作主要集中在渣山边坡的斜坡面，渣山顶部未见复绿，复绿面积为 64.86 万 m^2，约占井田损毁土地面积的 26.33%，复绿区总体植被覆盖率为 20%~25%，大部分坡面无土或仅见少量残留土壤。

（6）九号井复绿工作主要集中在北部渣山和东南部渣山边坡的斜坡面和局部渣山平顶区域，复绿面积为 51.97 万 m^2，约占井田损毁绿地面积的 21.60%，整体复绿情况一般，复绿区总体植被覆盖率为 20%~25%，大部分坡面基本无土壤。

（7）哆嗦贡玛区复绿工作主要集中在渣山边坡的斜坡面和局部渣山顶部，复绿面积为

64.44 万 m²，约占井田占损土地面积的 37.16%，整体复绿情况一般，复绿区总体植被覆盖率为 20%～25%，坡面基本无土壤。

2. 聚乎更区植被复绿现状评估

通过自然恢复和人工恢复不同恢复模式下典型区生态系统服务的变化进行评估发现，自然恢复状态下的土壤保持量、生物多样性保护指数及水源涵养量均有一定增加，但增加幅度较小。人工恢复模式生态系统服务功能增幅明显大于自然恢复情景，也说明了进行人工干预可行性和必要性。通过高分辨率光学影像所呈现的光谱信息和空间纹理特征的变化分析与现场样方调查可知，2014～2017 年，渣山复绿等生态恢复工作相对治理效果较好的为三号井，其次是四号井和五号井，七号井、八号井、九号井及哆嗦贡玛井治理效果较差，所有井的治理工作远达不到原生植被的状态。

3.2.4　以往复绿工作存在问题与不足

受自然本底、气候变化、生态修复投入、技术手段适宜性、施工质量、后期管护维护力度等多种因素综合影响，以及整治不到位、复绿退化及边坡失稳等问题，生态系统服务功能修复效果仍待时间检验。通过访问和实地样方调查，以往修复措施技术方案存在以下不足：

（1）因普遍未开展土壤重构与培肥改良的工作，加之种草作业技术要求把控不严，修复草种成活率难以保障；

（2）草种配置不合理，所选三种高寒高海拔草种配置不规范；

（3）受人工草种的适宜性、土壤物理性质与营养成分、水土流失及后期管护维护等综合因素影响，导致人工植被普遍退化严重情况；

（4）高陡边坡失稳，表层水土流失严重，复绿植物随着雨水冲刷和垮塌滑落死亡；

（5）边坡固土措施不足，渣土未机械压实，渣土之间空隙大，导致雨后水分快速流失或下渗，并带走营养成分，同时渣土空隙大还造成植物根系悬于渣土空隙中，不能和改良渣土充分接触，夏季高温艳阳天和寒冬严寒造成植物死亡，因此弃渣边坡水土流失严重，很不利于植物生长；

（6）修复区管护不到位，放牧导致牛羊对新生植被啃食，同时连根拔起，破坏严重，修复效果难以持续；

（7）科学研究基础薄弱。木里矿区露天煤矿开采时，周围堆起的一座座渣山，渣山表面基质的冻土、岩石、渣土含量不同，导致其温度、风速、土壤水分等存在差异，造成不同渣山表层基质营养成分存在变异性，矿区植被恢复空间异质性变大，部分矿区植被恢复比较好，部分矿区还有一定差距，如何快速稳定人工植被的不断本土化和加快自然演替是下需要不断研究解决的科学技术难题。另外，矿区地貌重塑参数、冻土保护、区域水资源补径排条件和高原矿坑积水水环境问题、潜在生态风险问题等研究薄弱，为完成开展矿区生态环境治理工程设计和施工带来不小的困难。

3.3 土地损毁及压占

矿区主要土地类型为天然牧草地和河流沿泽，行政区划隶属天峻县木里镇管辖。基于 2020 年 7 月 25 日北京二号高分遥感数据，对木里矿区聚乎更区和哆嗦贡玛区解译结果，矿区矿山开发占损土地共计 3720.19hm^2，损毁土地类型为草地和沼泽。其中采坑面积约为 1182.29hm^2，包含聚乎更区六个采坑和哆嗦贡玛区五个小型采坑；渣山面积为 2173.47hm^2（含工业场地、炸药库等），一般沿采坑周边分层堆放；矿区道路占地面积为 258.21hm^2。矿区道路修筑过程中需高筑路基，而形成的挖方区面积约为 51.95hm^2（表 3.1，图 3.22）。可以看出，区内三号井、四号井、五号井开发规模相对较大和对土地的损毁压占相对严重，其中四号井开发规模最大，损毁压占土地面积最大，哆嗦贡玛井开发规模最小，损毁压占土地面积最小。

表 3.1 聚乎更区开发损毁土地情况一览表 （单位：hm^2）

井田编号		采坑面积	渣山面积	渣石道路面积	挖方区面积（修路）	损毁面积合计
聚乎更区	三号	370.36	357.13	48.52	0.84	776.85
	四号	225.63	942.52	37.13	0	1259.54
	五号	175.45	362.02	20.27	3.26	560.99
	七号	145.93	233.05	70.9	13.02	462.9
	八号	101.52	114.4	21.18	9.23	246.33
	九号	130.9	85.21	20.88	3.19	240.19
哆嗦贡玛区		32.51	79.14	39.33	22.42	173.39
总计		1182.29	2173.47	258.21	51.95	3720.19

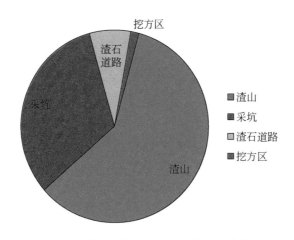

图 3.22 聚乎更区开发占损土地饼状图（单位：hm^2）

木里矿区聚乎更区各井和哆嗦贡玛区露天开采土地损毁及压占情况分述如下。

3.3.1　聚乎更区三号井

聚乎更区三号井位于聚乎更区东北部，根据遥感调查结果，矿山开发占损土地共计776.85hm²，损毁土地类型主要为沼泽草地。其中，采坑损毁土地370.36hm²，挖方取土损毁土地0.84hm²；渣山（含矿区建筑）占用土地357.13hm²，矿区渣石道路占用土地48.52hm²（图3.23）。

图3.23　聚乎更区三号井土地损毁占卫星遥感图（北京二号，2020年7月25日）

3.3.2　聚乎更区四号井

聚乎更区四号井位于聚乎更区已开发区域的中部北侧，根据遥感调查结果，该井田矿山开发占损土地共计1259.54hm²，损毁土地类型主要为沼泽草地。其中，采坑损毁土地225.63hm²；渣山（含矿区建筑）占用土地942.52hm²，矿区渣石道路占用土地37.13hm²（图3.24）。

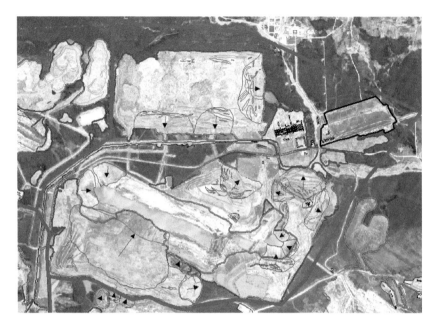

图 3.24   聚乎更矿区四号井土地损毁占卫星遥感图（北京二号，2020 年 7 月 25 日）

3.3.3   聚乎更区五号井

聚乎更区五号井位于聚乎更区中南部，该井田矿山开发占损土地共计 560.99hm^2，损毁土地类型主要为沼泽草地。其中采坑损毁土地 175.45hm^2，挖方取土损毁土地 3.26hm^2；渣山（含矿区建筑）占用土地 362.02hm^2，矿区渣石道路占用土地 20.27hm^2（图 3.25）。

3.3.4   聚乎更区七号井

聚乎更区七号井位于聚乎更区已开发区域的西部北侧，根据遥感调查结果，该井田矿山开发占损土地共计 462.9hm^2，损毁土地类型主要为沼泽草地。其中，采坑损毁土地 145.93hm^2，挖方取土损毁土地 13.02hm^2；渣山（含矿区建筑）占用土地 233.05hm^2，矿区渣石道路占用土地 70.9hm^2（图 3.26、图 3.27）。

3.3.5   聚乎更区八号井

聚乎更区八号井位于聚乎更区已开发区域的中部南侧，上多索曲以西，根据遥感调查结果，该井田矿山开发占损土地共计 246.33hm^2，占损土地类型主要为沼泽草地。其中，采坑损毁土地 101.52hm^2，挖方取土损毁土地 9.23hm^2；渣山（含矿区建筑）占用土地 114.4hm^2，矿区渣石道路占用土地 21.18hm^2（图 3.28）。

图 3.25　聚乎更区五号井土地损毁占卫星遥感图（北京二号，2020 年 7 月 25 日）

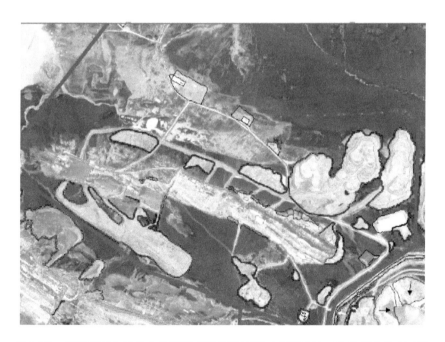

图 3.26　聚乎更区七号井土地损毁占卫星遥感图（北京二号，2020 年 7 月 25 日）

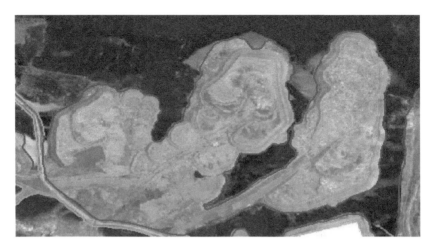

图 3.27 聚乎更区七号井北渣山压占土地遥感影像图（北京二号，2020 年 7 月 26 日）

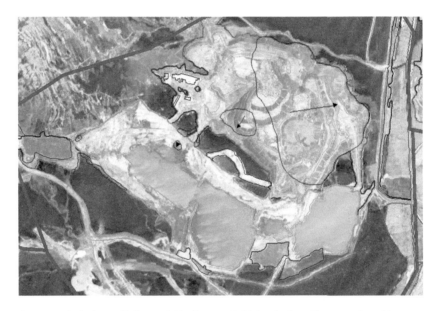

图 3.28 聚乎更区八号井土地损毁占卫星遥感图（北京二号，2020 年 7 月 25 日）

3.3.6 聚乎更区九号井

聚乎更区九号井位于聚乎更区已开发区域的西部南侧，根据遥感调查结果，该井田矿山开发占损土地共计 240.19hm²，占损土地类型主要为沼泽草地。其中，采坑损毁土地 130.9hm²，挖方取土损毁土地 3.19hm²；渣山（含矿区建筑）占用土地 85.21hm²，矿区渣石道路占用土地 20.88hm²（图 3.29）。

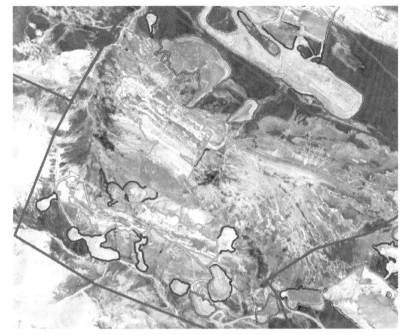

图 3.29　聚乎更区九号井土地损毁占卫星遥感图（北京二号，2020 年 7 月 25 日）

3.3.7　哆嗦贡玛区

哆嗦贡玛区位于工作区西部，整体开发程度较低，由五个沿煤层走向方向分散分布、规模较小的采坑组成。根据遥感调查结果，该井田矿山开发占损土地共计 173.39hm²，占损土地类型主要为沼泽草地。其中，采坑损毁土地 32.51hm²，挖方取土损毁土地 22.42hm²；渣山（含矿区建筑）占用土地 79.14hm²，矿区渣石道路占用土地 39.33hm²（图 3.30）。

图 3.30　哆嗦贡玛区土地损毁占卫星遥感图（北京二号，2020 年 7 月 25 日）

3.4　冻土层扰动与破坏

3.4.1　冻土发育基本特征

木里矿区地处青藏高原东北部,发育典型的高海拔多年冻土,属于祁连山高寒山地多年冻土区。根据中国科学院寒区旱区环境与工程研究所、中煤科工西安研究院集团有限公司、中国煤炭地质总局青海煤炭地质局等单位在木里地区以往的冻土地质调查与长期地温监测与研究成果,受地形、大气对流、水系分布、冻土物质组成及地质构造等因素影响,木里矿区多年冻土整体为连续分布,局部为岛状分布。多年冻土厚度发育具有一定差异性,其中聚乎更区多年冻土厚度为 40 ~ 160m,平均为 120m,多年冻土上限为 0.95 ~ 5.5m;江仓区多年冻土厚度为 30 ~ 86.7m,多年冻土上限小于 2m;哆嗦贡玛区多年冻土厚度为 35 ~ 84.1m,多年冻土上限小于 1m。在整个矿区域中,年均地温低于−3.0℃的稳定型多年冻土面积只占 22.38%,高于−3.0℃的其余类型(亚稳定型:年均地温为−1.5 ~ −3.0℃;过渡型:年均地温为−0.5 ~ −1.5℃;不稳定型:年均地温为 0.5 ~ −0.5℃)的多年冻土所占面积为 77.62%(图 3.31)。由此,木里矿区周边多年冻土具有高温的特征,对外界环境的变化也非常敏感。

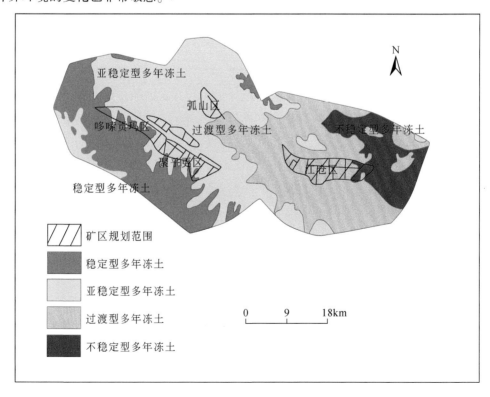

图 3.31　木里矿区冻土分布区示意图

木里矿区冻土层每年从 4 月下旬开始融化，到 9 月底达到最大融化深度。融化速度各月稍有变化，平均为 0.2 ~ 0.3m/月。9 月末气温开始下降，自上向下回冻迅速发育，到12 月初季节融化层全部封冻。与此同时，发生下限面由下而上回冻，但回冻速度很小，形成厚度不大。

3.4.2　基于 Landsat 8 卫星数据的冻土厚度现状反演

1. 物理基础

冻土分布厚度与年平均陆地表面温度间呈负相关关系，而年平均陆地表面温度又与陆地表面温度之间存在着内在的联系。因此，利用遥感技术进行温度信息的反演是进行冻土厚度计算的基础。

2. 数据选取

目前，用于进行陆地表面温度信息提取的遥感数据类型较多，主要的数据类型包括MODIS 数据、ASTER 数据以及 Landsat 8 数据。各类型数据均具有一定优势和特定的适用范围。其中，MODIS 数据虽然具有每日两次过境、易于获取的优势，但其 1000m 的空间分辨率主要适用于大比例尺的宏观工作，对于本区的地表温度信息提取工作而言，其较低的空间分辨率难以满足工作精度；ASTER 数据包含 14 个波段，第十至第十四波段为热红外波段，分辨率为 90m，是用于地表温度信息反演的主要波段。但是通过对所有覆盖本区的 ASTER 数据时相情况来看，满足信息提取质量要求的数据时相差距较大，难于满足地表温度信息的提取。此外，通过利用这些数据进行的地表温度信息的实验性提取结果，与野外地表温度的实际测量结果之间的误差较大，无法用于后续的冻土厚度的反演工作；Landsat 8 数据包括一个全色波段（空间分辨率为 15m）及七个多光谱波段，其中第一 ~ 第五和第七波段空间分辨率为 30m，第六波段为红外波段，空间分辨率为 60m，该数据在本区为 1 景，不存在时相上的误差，且数据质量佳，有利于地表温度信息提取工作。

为了使反演出的地表温度与实际温度有较好的对比性，根据野外测温工作开展的时段，选择了与野外工作季节相匹配的 Landsat 8 数据，其时相为 2017 年 11 月 28 日，与2020 年 11 月开展的野外工作时间具有一定的可对比性。

3. 陆表温度反演

本次工作主要在 ENVI5.3 软件平台上利用 IDL 编程功能，进行了程序编写，选择合理参数完成了 Landsat 8 数据的陆地表面温度信息提取工作。

1）植被覆盖度计算

计算植被覆盖度 FV 采用的是混合像元分解法，将整景影像的地类大致分为水体、植被和裸地，具体的计算公式如下：

$$FV = (NDVI - NDVIS)/(NDVIV - NDVIS) \tag{3.1}$$

式中，NDVIS 为无植被系数；NDVIV 为纯植被系数；NDVI 为归一化差异植被指数，取

NDVIV = 0.43 和 NDVIS = 0.00。当某个像元的 NDVI 大于 0.43 时，FV 取值为 1；当某个像元的 NDVI 小于 0.00 时，FV 取值为 0。

2）地表比辐射率计算

根据工作区的具体情况，将遥感影像分为水体、建筑物和自然表面三种类型。本专题采取以下方法计算工作区地表比辐射率：水体像元的比辐射率赋值为 0.995，自然表面和建筑物像元的比辐射率估算则分别根据式（3.2）和式（3.3）进行计算：

$$\varepsilon_{\text{surface}} = 0.9625 + 0.0614 \text{FV} - 0.0461 \text{FV2} \tag{3.2}$$

$$\varepsilon_{\text{building}} = 0.9589 + 0.086 \text{FV} - 0.0671 \text{FV2} \tag{3.3}$$

式中，$\varepsilon_{\text{surface}}$ 和 $\varepsilon_{\text{building}}$ 分别代表自然表面像元和建筑物像元的比辐射率。

3）计算相同温度下黑体的辐射亮度值

辐射传输方程法，又称大气校正法。其基本思路为首先利用与卫星过空时间同步的大气数据来估计大气对地表热辐射的影响，然后把这部分大气影响从卫星高度上传感器所观测到的热辐射总量中减去，从而得到地表热辐射强度，最后再把这一热辐射强度转化为相应的地表温度。

卫星传感器接收到的热红外辐射亮度值（$L\lambda$）由三部分组成：大气向上辐射亮度 $L\uparrow$ 产生的能量、地面的真实辐射亮度经过大气层之后到达卫星传感器的能量、大气向下辐射到达地面后反射的能量。卫星传感器接收到的热红外辐射亮度值的表达式可写为（辐射传输方程）：

$$L\lambda = [\varepsilon \cdot B(\text{TS}) + (1-\varepsilon)L\downarrow] \cdot \tau + L\uparrow \tag{3.4}$$

式中，ε 为地表辐射率；TS 为地表真实温度；B（TS）为普朗克定律推导得到的黑体在 TS 的热辐射亮度；τ 为大气在热红外波段的透过率。则温度为 TS 的黑体在热红外波段的辐射亮度 B（TS）为：

$$B(\text{TS}) = [L\lambda - L\uparrow - \tau(1-\varepsilon)L\downarrow]/\tau \cdot \varepsilon \tag{3.5}$$

工作区 Landsat 8 影像大气在热红外波段的透过率 τ 为 0.6，大气向上辐射亮度 $L\uparrow$ 为 3.39W/（m² · sr · μm），大气向下辐射亮度 $L\downarrow$ 为 5.12W/（m² · sr · μm）。

4）反演陆地表面温度

在获取温度为 TS 的黑体在热红外波段的辐射亮度后，根据普朗克公式的反函数，求得地表真实温度 TS（式 3.6）：

$$\text{TS} = K2/\ln[K1/B(\text{TS}) + 1] \tag{3.6}$$

对于 Landsat 8，$K1 = 666.09$W/（m² · sr · μm），$K2 = 1282.71$K。

通过以上步骤计算得到真实的陆地表面瞬时温度值，单位是摄氏度（℃）。在此基础上按照 <-2℃、-2~5℃、5~8℃、8~11℃、11~14℃、14~18℃、18~22℃、>22℃ 八个级别进行阈值分割，得到工作区陆域地表温度分布图（图 3.32）。工作区 11 月陆地表面温度范围主要分布于 -2~9℃ 范围内，最低温度为 -19.18℃，最高温度达到 18.45℃。

5）Landsat 8 数据工作区陆地表面温度信息提取结果分析

通过实际温度的测量对比，发现反演的陆地表面温度与测得的裸地温度较为接近，总

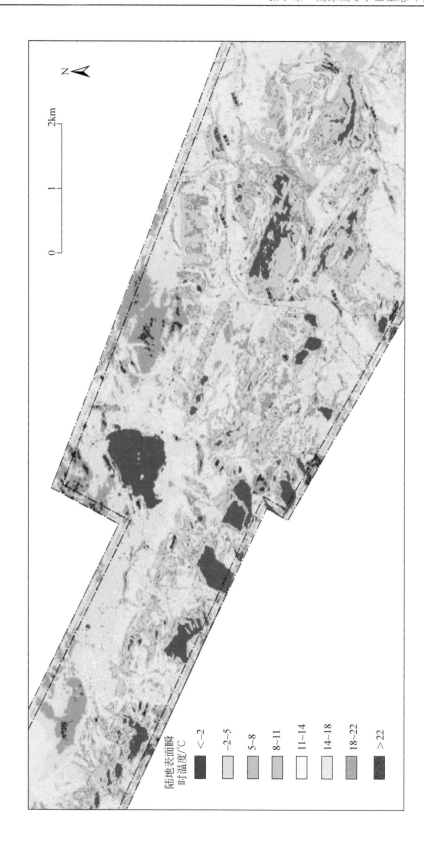

图3.32　利用2017年11月28日10时42分Landsat 8数据反演的研究区陆地表面瞬时温度分布图

体上裸地温度略高于反演温度。本次进行陆地表面温度反演所采用的是时相为 10 时 42 分的数据。测温结果受测温时段影响较为显著，为保持趋势上的一致性，测温工作选择在上午 10 时到上午 12 时进行。实际上影响陆表温度的因素较多，可能受到水相变、风、积雪覆盖、降水、云层、空气湿度、雾、悬浮物质及不同地表物质组成等因素的影响。加之，本次工作所选用的 Landsat 8 数据并非实时数据，无法与现时温度情况完全吻合，因此利用 Landsat 8 数据反演出的陆地表面主要反映了大体的趋势性和相对高低（表 3.2）。

表 3.2 工作区野外实测地表温度与 Landsat 8 数据反演地表温度对比　　（单位：℃）

测点编号		大气	裸地	草地	水体	道路	积雪	冰	漫滩
A01	实测	0	12.9	7		1	-5.8	-4	
	反演			5.4		2.2	-6.02		
A02	实测	-1	-2.5	-2		1	-9.8		
	反演		-1.08	0.6		0.6	-6		
A03	实测	0	5	7		-0.5	-6	-2	2.5
	反演		3.8	6.23		-2.79	-5.45		0.6

4. 工作区年平均陆地表面温度的拟合

1）拟合方法

一般利用反演得到的陆地表面温度和部分实际的年平均陆地表面温度进行拟合，来求算整个区的年平均陆地表面温度，继而根据年平均陆地表面温度来计算冻土厚度。此过程中为了使结果尽可能地准确，应选择适当的均匀分布于图像上的同名点来拟合两者之间的关系。

2）样点年平均陆地表面温度求算方法

周幼吾等在利用实测的 53 个站点数据的基础上，拟合出我国西部季节冻结核融化层底面的多年平均陆地表面温度（t_ε）与纬度、经度和海拔（H）之间的相关关系，相关系数 $R = 0.96299$ [式（3.7）]：

$$t_\varepsilon = 65.71321 - 1.00181N - 0.07273E - 0.00553H \tag{3.7}$$

式（3.7）表明，t_ε 与纬度 N、经度 E 和海拔 H 均呈负相关，即 t_ε 随纬度、经度和海拔增大而降低。

利用工作区 DEM 数据获取对应点的海拔高度以及相应的纬度、经度，这样利用式 3.7 计算出相对应经纬度点的年平均陆地表面温度 t_ε（周强，2006）。

3）利用陆地瞬时地表面温度拟合年平均陆地表面温度

在利用式 3.7 计算得到的年平均陆地表面温度图上选取与 Landsat 8 数据反演的陆表温度相对应的同名点进行拟合，经计算可知，反演值与模拟值之间均存在着较好的线性关系（图 3.33），拟合方程式为 $y = 7.6497x + 10.384$，相关系数为 $R^2 = 0.817$，较高的相关系数说明 Landsat 8 数据反演的陆地表面温度和用于冻土厚度计算的年平均陆地表面温度间存

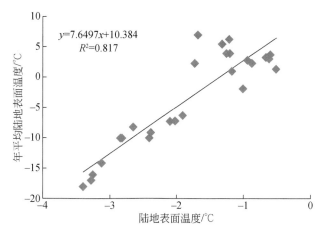

图 3.33　年平均陆地表面温度与陆地表面温度线性关系图

在着紧密的联系。使用 Landsat 8 数据反演的陆地表面温度来拟合整个试验区内的年平均陆地表面温度分布，从而为冻土厚度的反演奠定基础。

4）年平均陆地表面温度的拟合结果

计算结果表明工作区年平均地表温度为-4.32~0.42℃，均值为-1.70℃。主要分布于-1.5~-1.0℃范围内。-1~0.2℃较高温度区主要分布于工作区北部木葛湖及聚乎更区东部一带，较低温度的分布区间为-4~-2℃，分布于工作区哆嗦贡玛区南部的山地，呈片状分布，遥感影像见大面积积雪覆盖（图 3.34）。

5. 冻土厚度现状反演

1）反演方法

在求得工作区年平均陆地表面温度的基础上可以进一步求取多年冻土厚度。

在稳定状态下，多年冻土厚度 H_f 与年平均陆地表面温度 t_ε 间的关系可近似表示为[式（3.8）]：

$$H_f = \frac{t_\varepsilon}{\lambda} + h \tag{3.8}$$

式中，λ 为土的导热系数（q 为地中热流，$q = g\lambda$；g 为地温梯度）；h 为地温年变化深度。根据区内以往钻探测温资料获得的结果，我们取地温梯度 $g = 22.22$℃/km，地温年变化深度 $h = 15$m。

2）计算结果

工作区大部分地区的冻土厚度为 35~120m。冻土厚度为 4~45m 较薄区间主要分布于聚乎更区、木里镇、湖泊及河谷地带；冻土厚度为 50~60m 的区间主要分布于木葛湖及其周边低海拔区；北部海拔低于 4200m 的地区，冻土厚度为 35~80m。冻土较为发育的区域则主要分布于西南高海拔山区。当海拔达到 4500m 以上，冻土厚度明显加厚，达到 105m 以上（图 3.35）。

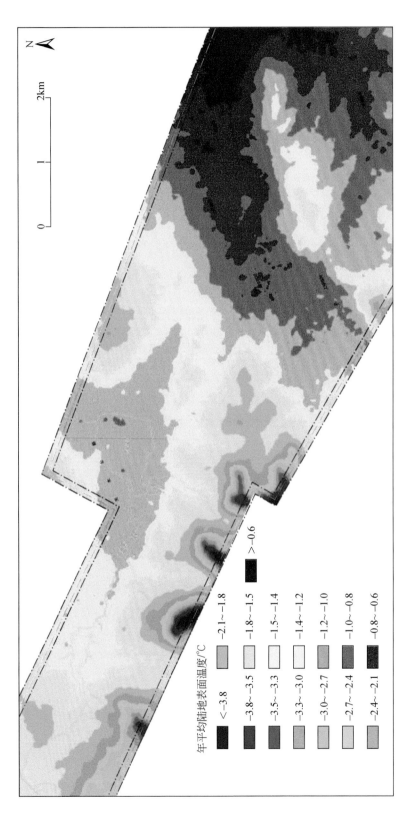

图3.34　回归统计模型的年平均陆地表面温度分布图

年平均陆地表面温度/℃

- <-3.8
- -3.8~-3.5
- -3.5~-3.3
- -3.3~-3.0
- -3.0~-2.7
- -2.7~-2.4
- -2.4~-2.1
- -2.1~-1.8
- -1.8~-1.5
- -1.5~-1.4
- -1.4~-1.2
- -1.2~-1.0
- -1.0~-0.8
- -0.8~-0.6
- >-0.6

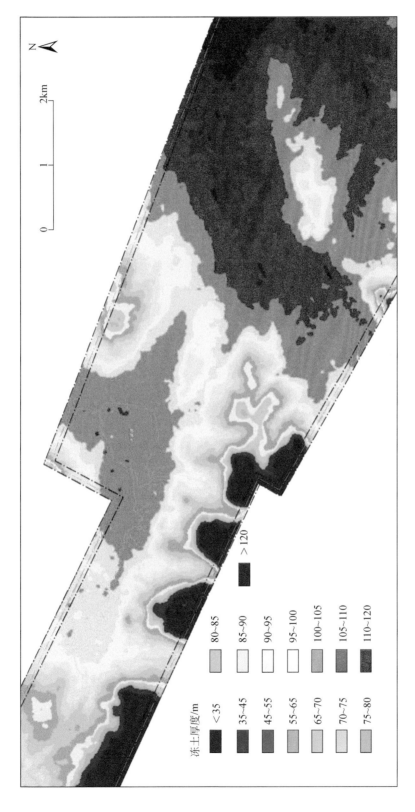

图3.35　工作区冻土厚度分布图

3.4.3   冻土破坏原因分析

一是煤炭资源露天开挖，形成规模不等、深度不一的采坑，揭露并破坏了原有的冻融层和多年冻土层，当采坑内有大量积水时，会在坑底形成融区，从而妨碍冻土层的形成，造成冻结层下水失去隔水层，形成地下水"天窗"，地下水长期补给采坑，又维持了融区，使得坑底难以形成多年冻土（岩）层；二是渣石堆放形成渣山，改变了冻融层下限，破坏了原有的冻-融平衡；三是矿井工业场地建设和工程扰动，打破了原有的冻-融平衡，造成冻融层下限下移。

3.4.4   冻土破坏对生态服务功能的影响

区内多年冻土层是冻结层上水和冻结层下水的重要隔水层，也是高寒生态系统重要组成部分。采坑（积水）和渣山改变了原有的多年冻土层埋藏深度、厚度、破坏原有的冻-融平衡关系。多年冻土退化主要表现为冻土季节性融化层增厚（多年冻土上限下移）、厚度减薄消失（下限上移）、采坑积水形成融区、面积萎缩等情形。冻土层的工程扰动改变原有的水生态系统，影响甚至破坏地表水水文和地下水水文地质条件，打破了地下水原有的补、径、排条件和动态平衡，使得地表水、地下潜水和地下裂隙承压水发生直接水力联系，导致地表水疏干→地下潜水位下降→植被退化→土地沙化→水土流失问题产生，从而降低了水源涵养功能和地表水源输送能力。

3.5   水系、湿地破坏

木里矿区位于黄河二级支流大通河源头区，地表水系和湿地较发育。西北部的聚乎更区地表河流主要有上多索曲和下多索曲及其支流，木里矿区南部江仓区地表河流主要为江仓曲及其支流（图 3.36）。

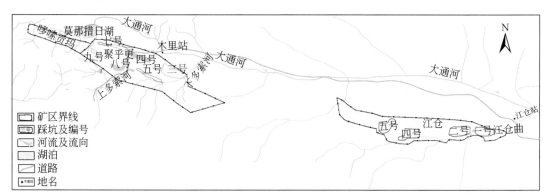

图 3.36   木里矿区水系破坏状况示意图

3.5.1　地表水系、湿地破坏

煤炭露天开采造成地表形成大量采坑和渣山，地表地形地貌条件发生改变，天然河道被人为截断、改道，破坏了原始的地表水系及其径流条件。地表水径流量减少甚至疏干，地下潜水（冻结层上水）下降，造成草地、湿地退化，最终导致水源流通能力和水源涵养功能下降。采场、排渣场、工业场地等占地对造成湿地直接破坏外，原有的地层热平衡被打破。地表被开挖或被占压，其冻土层不断地扩大其热融范围和深度，地表水不断地下渗，导致周边湿地退化，同时在采坑内形成积水。

3.5.2　地表水系、湿地人工改造

众所周知，水文地质条件是构成煤炭资源安全高效开发的一个重要开采技术条件，煤炭资源的露天开采首先要考虑的因素就是地表水文和地下潜水状况，随着开采深度的增加，还会揭露地下承压含水层，则要一并综合考虑地下含水层水文地质条件。

木里矿区地处大通河流域上游湿地区，地表水和地下潜水量丰富。区内 11 个井田均采取的是露天开采方式，因此在开挖前和开挖过程中必须要对地表水和地下潜水进行疏排处理。尤其是河流穿越区段，往往是地表水和地下潜水汇聚径流的通道，既要对河流改道，又要截挡地下潜水，确保开采区域表层水最大可能地从开采区域外围径流。同时对部分未疏干的继续径流采取的表层水在开采过程中采取坑内抽排疏干措施，以便采坑活动安全顺利进行。

聚乎更区内河流水系发育，主要有上多索曲和下多索曲及其支流。上多索曲直接穿越八号井和四号井采区，采坑开挖前，八号井所属矿山企业人为在上多索曲上游段筑坝拦蓄，以减少和调控上游段流量，继而将穿越八号井的自然河道进行了人工改道，疏导河流沿八号井南侧外围径流，从而为八号井采区开挖提供便利条件；沿上多索曲继续向下游方向，原自然河道呈北东东向斜向穿越四号井采区，四号井采区开挖前，对穿越段的上游约1.5km 处提前改道，改到原自然河道的西侧，沿天木公路以西，环绕四号井的西侧和北侧外围径流，最终汇聚至大通河。

人为改变自然河道，可以使地表水沿人工河道径流，但很难改变地下潜水原有的径流和排泄方向，在四号井南渣山的西南侧外围因地下潜水不断渗流，加之南渣山的阻挡，导致大量地下潜水渗溢滞留，形成大面积的积水区和湖沼景观，改变了原有的河流湿地生态系统。同时，部分水量沿渣山底部向采坑排泄，导致南渣山长期处于失稳状态，天木公路路基因长期处于饱水状况，在冻胀热融作用下，出现路基不均匀沉降，路面波状起伏，给来往车辆也带来一定安全隐患。

因区内采坑工程活动需要，人为地改变原始自然河道和表层水的流向，干扰了地表浅层水的流场，打通了地表水、地下潜水和地下承压含水层的水力联系，大量地表水和地下潜水渗漏排泄到采坑内，打破了水生态原有的平衡关系，从而一定程度地破坏了区内原有的水源涵养能力。

3.5.3 采坑积水及其水源初步分析

1. 采坑积水现状

开采形成的采坑形成了负地形,地表水直排或通过下渗潜流、地下含水层被揭露,不同水源的水汇聚到采坑,在部分采坑内形成积水。

根据遥感解译和青海省自然资源厅提供的数据(表 3.3),聚乎更区采坑总积水面积为 130.08 万 m^2,总积水量为 1476.51 万 m^3。其中三号井采坑积水面积为 10.95 万 m^2,积水深度约为 3.00m,积水量约为 40.00 万 m^3;四号井采坑积水面积为 45.76 万 m^2,积水深为 42.63m,积水量为 803.32 万 m^3(图 3.37);五号井采坑积水面积为 5.73 万 m^2,积水深度为 10m,积水量为 50.00 万 m^3;七号井采坑积水面积为 15.76 万 m^2,积水深度为 11.04m,积水量为 73.80 万 m^3(图 3.38);八号井采坑积水面积为 51.88 万 m^2,积水深度为 28.04m,积水量为 509.39 万 m^3(图 3.39)。

表 3.3 木里矿区采坑积水统计表

名称	矿井名称	积水面积/万 m^2	矿坑水深/m	总积水量/万 m^3
聚乎更区	三号井	10.95	3.00	40.00
	四号井	45.76	42.63	803.32
	五号井	5.73	10.00	50.00
	七号井	15.76	11.04	73.80
	八号井	51.88	28.04	509.39
小计		130.08		1476.51
江仓区	二号井西坑	9.95	46.16	176.20
	二号井东坑	28.24	86.00	931.40
	四号井	16.96	51.44	350.36
	五号井	19.47	60.24	687.20
小计		74.62		2145.16
合计		204.70		3621.67

注:数据来源青海省自然资源厅。

江仓区总积水面积为 74.62 万 m^2,总积水量为 2145.16 万 m^3,二号井总积水面积为 38.19 万 m^2,总积水量为 1107.60 万 m^3,共分为东、西两个采坑,西坑积水面积为 9.95 万 m^2,深度为 46.16m,积水量为 176.20 万 m^3;东坑积水面积为 28.24 万 m^2,深度为 86.00m,积水量为 931.40 万 m^3。四号井采坑积水面积为 16.96 万 m^2,深度为 51.44m,积水量为 350.36 万 m^3。五号井采坑积水面积为 19.47 万 m^2,深度为 60.24m,积水量为 687.20 万 m^3。

(a)卫星遥感图　　　　　　　　　　　　(b)照片镜向东

图 3.37　聚乎更区四号井积水现状图

图 3.38　聚乎更区七号井采坑积水现状图

图 3.39   聚乎更区八号井采坑积水遥感影像及现状图

区内采坑破坏了冻结层隔水层,使得地表水、冻结层上水和冻结层下水产生了水力联系,采坑积水水源可通过大气降水直接补给,或通过矿区地表水、冻结层上水、构造裂隙水及河流融区水间接补给。因各井田所处位置有差异,不同水源的补给贡献占比有所差异。

2. 采坑积水来源与差异原因初步分析

冻结层下水除构造发育地段富水性强外,其他地区一般属弱富水性。然而采坑积水量大小悬殊,可以推断,造成采坑积水量差异的主要原因是地表水、冻结层上水的差异,而地表水、冻结层上水富水性和径流方向取决于各采区所处的(微)地貌条件。采坑积水差异性原因分析如下。

木里矿区除个别采坑(聚乎更区九号井采坑、哆嗦贡玛井田采坑及江仓区一号井采坑)基本无水外,其余大部分采坑有积水。采坑积水量大小悬殊,按积水量和积水深度可分为基本无水、少量积水、大积水三个级别,聚乎更区积水量大的两个采坑是四号井采坑和八号井采坑,分别为 803.32 万 m^3 和 509.39 万 m^3,其余采坑积水量均小于 80 万 m^3,远小于四号井采坑和八号井采坑积水;江仓区采坑积水与聚乎更区采坑积水具有相似的特征,采坑积水量大小悬殊,小到坑底基本无水,大到上千万立方(江仓二号井东坑),按积水量大小和积水深度也可分为基本无水、少量积水、大积水三个级别。江仓区积水量大的采区为二号井东采坑和五号井采坑，积水量分别为 931.40 万 m³、687.20 万 m³，四号井采坑和二号井西采坑积水量相对较小，分别为 350.36 万 m³、176.20 万 m³。

从采坑与地表水系的空间关系可以看出，聚乎更区积水量最大的两个采坑（四号井采坑和八号井采坑）均是上多索曲穿越的位置，而无积水的聚乎更区九号井采坑所处位置高，处于上多索曲源头与莫那措日湖南侧水系源头的分水岭部位、哆嗦贡玛井田采坑位于分水岭处，哆嗦贡玛采坑地势最高，在雪线附近；江仓区积水量最大的三个采坑均位于江仓曲及其支流穿越位置，而基本无水的江仓一号井处于江仓区和东侧支流间的分水岭部位。说明采坑积水大小和采坑与地表河流相对位置关系密切相关。凡处于河流处的采坑积水量就越大，远离地表水系，或处于地势相对高的分水岭位置，采坑积水量就小，甚至无水（图 3.40）。

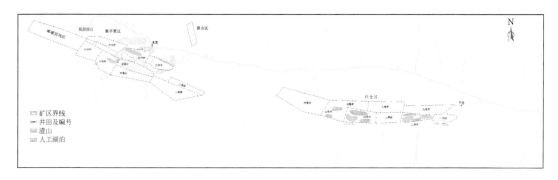

图 3.40　井田采坑（积水）与地表水系分布关系图

聚乎更区四号井采坑和八号井采坑均是多索曲穿越的位置，聚乎更区四号井采坑位于上多索曲下游方向，八号井采坑位于上多索曲上游方向，上多索曲由上游向下游流量逐渐增大，聚乎更区四号井采坑积水量大于八号井采坑积水量，进一步说明采坑积水与地表水关系密切；江仓区二号井采坑位于江仓曲旁侧，积水量在木里矿区 11 个采坑中积水量最大，两个采坑积水量为 1107.6m³，而江仓曲也是木里矿区流量最大的河流，也可说明采坑积水与地表水系关系密切。

正常情况下，地下潜水（冻结层上水）在融雪季节补给地表水，河流流量会增长。聚乎更区四号井采坑和八号井采坑跨越多索曲，为减少采坑积水，满足开采技术条件，八号井在河流上游方向实施了拦坝+河流改道，四号井采坑将河流改道。江仓区二号井也仅处于江仓曲旁侧，并未穿越江仓曲。但仍有采坑积水量，说明虽然采坑截挡了地表水，但地下潜水（冻结层上水）仍会融雪季和雨季源源不断地侧向补给采坑积水。

综上所述，产生采坑积水差异的原因与地表水系的分布和微地貌条件有着直接的关联关系，采坑积水来源主要来自地表水径流和地下潜水（冻结层上水）。

基于以上采坑积水差异性分析，得出以下几点初步结论。

（1）区内冻结层和冻结层下水属于基岩区，总体富水性弱，破坏冻结层，揭露冻结层下水，对采坑积水的贡献是有限的。

（2）矿区采坑积水水面目前普遍低于冻结层上水和地表水水面，冻结层上水和地表水将会不断补给采坑积水，直至采坑积水水面高程与前者一致，方才达到补给平衡。因此，采坑积水位在未来一段时间内还会不断上涨。

（3）采坑积水补给的主要时间段应在雨季（6~8月）和季节性冻土融化季节（4月融化，9月回冻），最主要的补给期是每年的6~8月。

3.6　地下含水层破坏

木里矿区气候异常多变，地表水资源丰富，而地下水资源相对贫乏。区内发育多年冻土层，由于多年冻土层的存在，地下水和地表水之间的水力联系较微弱，只能通过融区进行局部补给和排泄。地下水系统按照赋存空间各异、含水介质不同、多年冻土（岩）的分布范围可分为冻结层上水和冻结层下水，多年冻结层是区内重要的隔水层。

冻结层上水普遍发育，主要补给来源为大气降水，以泉或地表蒸发的方式排泄，局部以地下径流的形式向地形低洼的方向径流。冻结层上水水量与季节变化有明显的联系，春冬季除融区水，其他形式的冻结层上水基本消失，夏秋季有明显排泄。冻土层上水同时也受到气候因素的影响，主要为地表水、人气降水以及冰雪融水补给，丰水年含水量增大，枯水年含水量降低；冻土层下水是地表水体、大气降水、冰雪融水通过湖泊融区、构造断裂带补给，同时冻土层下水又通过融区、断裂带形成上升泉排泄和蒸发；断裂构造融区水主要受大气降水、河流、冻结层上水和冻结层下水补给，成为冻结层上水和冻结层下水的连接通道，随季节变化较明显，排泄主要以泉的形式，冬季冻结期容易在地表形成冰丘、冰河等景观。

区内多年冻土层是冻结层上水和冻结层下水的重要隔水层。当采坑内有大量积水时，会在坑底形成融区，从而阻碍冻土层的形成，造成冻结层下水失去隔水层，形成地下水"天窗"，破坏地表水系，打破了地下水原有的补迳排条件和地表水-地下水动态平衡，使得地表水、地下潜水和地下裂隙承压水发生直接的水力联系。一方面地下水通过融区不断向坑内排泄，破坏了地下含水层；另一方面地表水和冻结层上潜水，通过融区不断补给地下水，从而降低水源涵养功能和地表水源输送。

有利的是本区冻结层下水属于侏罗系裂隙含水层，富水性总体弱。因此，多年冻土破坏，地下水含水层揭露，对地表水文条件的影响是有限的。

3.6.1　地下含、隔水层扰动情况

矿区含水层位于冻土（岩）层之下，是完全受构造及冻土（岩）所控制的煤系地层，分为第Ⅰ、第Ⅱ、第Ⅲ含水段（下₁煤层顶板、下₂煤层–下₁煤层之间、下₂煤层底板）。根据以往资料及本次调查，各井田开采对含、隔水层扰动情况分述如下。

1. 聚乎更区三号井

三号井最大开挖深度约为150m，最低开采境界标高为3934.4m，冻结层下限为90~

110m，破坏了冻结层上含水层，已主要在采坑西部挖穿了多年冻土隔水层 64.38 万 m^2，沟通了冻结层下含水层与地表水的水力联系，该井目前有 15 个积水坑。由此分析，三号井开采活动位于基岩裂隙水水位以下，切穿多年冻结层下裂隙水含水层，露天采坑矿井正常涌水量小于 100m^3/h。据现场查证各井周边未发现矿区外围地表草地有干枯的现象，无疏干冻结层上水。综上所述，采矿活动仅对区内基岩含水层切穿，矿井正常涌水量小于 3000m^3/d，现状条件下，矿山开采对区内居民生活用水影响不明显。对区域含水层结构及地下水、地表水流场影响明显。

2. 聚乎更区四号井

四号井最大开挖深度约为 200m，冻结层下限为 90 ~ 110m，最低开采境界标高为 3816m，破坏了冻结层上含水层，已主要在西采坑挖穿了多年冻土隔水层 92.45 万 m^2，沟通了冻结层下含水层与地表水的水力联系，坑内有三个积水坑。四号井开采活动位于基岩裂隙水水位以下，切穿多年冻结层下裂隙水含水层，露天采坑矿井正常涌水量小于 100m^3/h。据现场查证各井周边未发现矿区外围地表草地有干枯的现象，无疏干冻结层上水。综上所述，采矿活动仅对区内基岩含水层切穿或未切穿，矿井正常涌水量小于 3000m^3/d，现状条件下，矿山开采对区内居民生活用水影响不明显。对区域含水层结构及地下水、地表水流场影响明显。

3. 聚乎更区五号井

五号井最大开挖深度约为 150m，冻结层下限为 103.5m，破坏了冻结层上含水层，已主要在采坑西部点上挖穿了多年冻土隔水层 72.75m^2，沟通了冻结层下含水层与地表水的水力联系，目前因开采形成九处积水坑，各水坑水深不一，平均水深度为 5 ~ 20m，由此分析，五号井开采活动位于基岩裂隙水水位以下，切穿多年冻结层下裂隙水含水层，露天采坑矿井正常涌水量小于 100m^3/h。聚乎更区七号井、九号井及哆嗦贡玛区开采活动位于基岩裂隙水水位以上，未切穿多年冻结层下裂隙水含水层，露天采坑矿井涌水属于大气降水汇集和冻结层中融冰水，正常排水量小于 100m^3/h。据现场查证各井周边未发现矿区外围地表草地有干枯的现象，无疏干冻结层上水。综上所述，采矿活动仅对区内基岩含水层切穿或未切穿，矿井正常涌水量小于 3000m^3/d，现状条件下，矿山开采对区内居民生活用水影响不明显。对区域含水层结构及地下水、地表水流场影响明显。

4. 聚乎更区七号井

七号井最大开挖深度约为 32m，冻结层下限为 90m，主要破坏了冻结层上含水层和浅部多年冻土隔水层，未破坏冻结层下含水层，目前形成 10 处积水坑。由此分析，聚乎更区三号井、四号井、五号井、八号井开采活动位于基岩裂隙水水位以下，切穿多年冻结层下裂隙水含水层，露天采坑矿井正常涌水量小于 100m^3/h。七号井矿区开采活动位于基岩裂隙水水位以上，未切穿多年冻结层下裂隙水含水层，露天采坑矿井涌水属于大气降水汇集和冻结层中融冰水，正常排水量小于 100m^3/h。据现场查证各井周边未发现矿区外围地表草地有干枯的现象，无疏干冻结层上水。综上所述，采矿活动仅对区内基岩含水层切穿或未切穿，矿井正常涌水量小于3000m³/d，现状条件下，矿山开采对区内居民生活用水影响不明显。对区域含水层结构及地下水、地表水流场影响甚微。

5. 聚乎更区八号井

八号井最大开挖深度约为87m，冻结层下限为100～150m，破坏了冻结层上含水层，采坑处已开挖剥离了大部分冻土隔水层但未直接影响到冻结层下含水层，形成四个积水坑。由此分析，八号井开采活动位于基岩裂隙水水位以下，露天采坑矿井正常涌水量小于100m³/h。据现场查证各井周边未发现矿区外围地表草地有干枯的现象，无疏干冻结层上水。综上所述，采矿活动仅对区内基岩含水层切穿或未切穿，矿井正常涌水量小于3000m³/d，现状条件下，矿山开采对区内居民生活用水影响不明显。对区域含水层结构及地下水、地表水流场影响明显。

6. 聚乎更区九号井

九号井最大开挖深度约为20m，冻结层下限为136m，主要破坏了冻结层上含水层和浅部多年冻土隔水层，未破坏冻结层下含水层，有积水坑六个。由此分析，九号井及哆嗦贡玛矿井开采活动位于基岩裂隙水水位以上，未切穿多年冻结层下裂隙水含水层，露天采坑矿井涌水属于大气降水汇集和冻结层中融冰水，正常排水量小于100m³/h。据现场查证各井周边未发现矿区外围地表草地有干枯的现象，无疏干冻结层上水。综上所述，采矿活动仅对区内基岩含水层切穿或未切穿，矿井正常涌水量小于3000m³/d，现状条件下，矿山开采对区内居民生活用水影响不明显。对区域含水层结构及地下水、地表水流场影响甚微。

7. 哆嗦贡玛矿井

哆嗦贡玛矿井一般采深为10m，最大开挖深度约为30m，冻结层下限为136m，主要破坏了冻结层上含水层和浅部多年冻土隔水层，未破坏冻结层下含水层，有积水坑六个。由此分析，哆嗦贡玛矿井开采活动位于基岩裂隙水水位以上，远未切穿多年冻结层下裂隙水含水层。据现场查证采坑内无积水，周边未发现矿区外围地表草地有干枯的现象，无疏干冻结层上水。综上所述，采矿活动仅对区内基岩含水层切穿或未切穿，矿井正常涌水量小于3000m³/d，现状条件下，矿山开采对区内居民生活用水影响不明显。对区域含水层结构及地下水、地表水流场影响甚微。

3.6.2 地下含水层的破坏程度初步评价

矿区属于多年冻结区水文地质环境，仅存在多年冻结区地下水，可分为松散岩类冻结层上水、基岩冻结层上水、新近系冻结层下水、侏罗系冻结层下水和三叠系冻结层下水五类，水文地质条件相对简单。区内地下水受地形、构造、冻土（岩）因素制约明显。矿区冻结层下侏罗系承压裂隙水的补给条件，严格地受多年冻土（岩）隔水层控制，大气降水、地表水与地下水几乎不能发生水力联系，只能通过局部融区、构造裂隙和上三叠统裂隙含水层补给，经缓弱的循环交替，向构造裂隙相对发育的向斜轴部流动。降水、冰雪融水以及冻结层上水对冻结层下水无补给意义。因此，依据矿山地质环境影响程度分级表的有关标准，三号井、四号井、五号井、八号井四个井田的矿业活动对含水层影响程度为严重，七号井、九号井和哆嗦贡玛井三个井田的矿业活动对含水层影响程度为较轻。

3.7　土地沙化与水土流失

木里矿区水土流失主要出现在已经恢复的坡面和土方开挖剥离了表层植被的裸露土层。其中，露天采场边坡岩体上部、渣山边坡受水力冲蚀，极易造成滑坡、坍塌等问题，引起并加剧水土流失。另外，露天剥采形成新的裸露地表，亦可增加水土流失量。

3.7.1　渣山边坡水土流失

地形坡度、植被的覆盖度等都会影响到水流流失的程度。木里矿区各个矿山自 2014 年以来，相继主要围绕渣山边坡和局部采坑边坡开展了覆土复绿工程。但对比该阶段的覆土复绿工程效果，存在部分渣山坡度大，复绿后植被长势不好、植被覆盖度低。以上情况的渣山坡面在降水过程中，雨水的冲刷作用强，植被稀疏导致相应水土保持能力弱，往往会在坡面形成雨水冲刷人工所覆的土后形成的沟痕，水土流失较严重（图 3.41）。

图 3.41　渣山边坡坡面冲刷与水土流形成的明显梳状冲刷细沟

3.7.2　地表开挖造成水土流失

采坑周边地表水和冻结层上水不断向坑内排泄漏失，潜水水位下降，导致采坑周缘植被退化，而地表植被一旦遭受破坏，植被复绿难度大，成活率小，植被破坏或退化；

矿区年平均降水量在 370mm 左右，土壤厚度一般为 30cm 左右，在水力侵蚀作用、冻融侵蚀作用和工程设备碾压下，采坑周边土地发生植被覆盖率降低及明显水土流失现象，致使造成土壤质量下降，发生地质灾害的可能性大大增加，进而导致矿区水源涵养功能衰减。

矿区主要的开采方式为露天开采，前期剥离开挖时一般都忽略了对原生土层有计划地剥离、储备和再利用，由此直接导致了因矿山挖损造成的土层挖损，初步合计面积约为 1159.01hm²。

此外，矿区内仅在聚乎更区七号井直接发现露天采坑内存在水土流失。七号井露天采坑范围大但开采深度小，采坑东部中间区域采矿活动剥离表层植被，残留土壤失去植被保护，同时大气降水的冲刷和风等自然外力作用加剧残存土层水土流失。通过遥感解译和现场调查在七号井发现三处水土流失区，累计面积为 10.59hm²（表 3.4）。

表 3.4　七号井水土流失区统计

水土流失区编号	X 坐标	Y 坐标	面积/m²
7M1	99.102047	38.150631	79417.89
7M2	99.105008	38.152009	7183.40
7M3	99.112788	38.149497	19282.99

7M1 水土流失区（简称 7M1 区，图 3.42、图 3.43）位于采坑东侧中部，长约 0.55km，宽约 0.30km，面积为 7.94hm²。主要成因为采矿活动剥离表层植被和部分土壤仍在原地滞留部分土层，7M1 水土流失区位于采坑北边帮处有一定的地形坡度，大气降水的冲刷和风等自然外力作用加剧该处水土流失。

图 3.42　7M1 区和 7M2 区卫星影像

图 3.43　7M1 区水土流失现状

7M2 水土流失区（简称 7M2 区）位于采坑东北侧，长约 0.27km，宽约 0.07km，面积为 0.72hm²。主要成因为采矿活动剥离表层植被和部分土壤仍在原地滞留部分土层，大气降水的冲刷和风等自然外力作用加剧该处水土流失。

7M3 水土流失区（简称 7M3 区），位于采坑东北侧，长约 0.12km，宽约 0.16km，面积为 1.93hm²。主要成因为采矿活动破坏地下含水层，致使所在区域发生疏干现象，加以区域地势较高，坡度较大，导致植被覆盖率下降，发生水土流失现象。

3.8　边坡失稳

木里矿区露天煤矿边坡类型主要有采坑岩质边坡和渣土边坡，另外还有高原高寒地区特有的冻融边坡。渣土边坡主要分布在采坑周边的渣山和堆渣体；冻融边坡既有岩质边坡，也有土质边坡，与冻土冻岩的空间分布有很强的耦合性。

3.8.1　采坑岩质边坡

采坑岩质边坡主要分布在采矿挖掘区，岩质边坡基岩裸露，是由带有各种不规则层理、节理、断层的块体组成的岩石边坡。矿区挖掘主要揭露地层为中侏罗统木里组和江仓组底部碎屑岩，岩性以粉砂岩、泥岩为主，夹细-中粒砂岩。

岩质边坡的失稳破坏往往与滑动面和岩体节理发育有很大关系。岩质边坡破坏除了滑动型破坏外还有崩塌型破坏，这种破坏没有明显的破坏面，是应力超过岩体的强度造成的。因此以坡体的主要岩性与主控因素对岩质边坡类型进一步进行细化，具体分类如下。

1. 岩性边坡

根据边坡坡体岩性变化，按照岩层倾向与坡向的关系，可分为砂岩顺向型、砂岩反向型、泥岩顺向型、泥岩反向型、砂泥岩顺向型和砂泥岩反向型六类，见图 3.44。

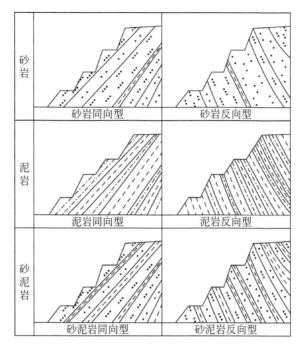

图 3.44 岩性边坡划分类型

1）砂岩型边坡

砂岩型边坡，顾名思义，边坡坡体岩性主要为砂岩，砂岩属于硬质岩石，力学性质较好，稳定性较好。砂岩型边坡在木里矿区最为常见，主要分布在聚乎更区三号井南北边帮、四号井东坑南坡、五号井南北边帮、七号井南边帮、八号井南北边帮、九号井南采坑等地区。

A. 砂岩顺向型——三号井北边帮砂岩边坡

三号井北边帮为典型的砂岩顺向型边坡，坡形呈台阶状，边坡整体高差为 130m，共 14 级台阶，整体坡度为 19°，边坡台阶高度为 5～15m，坡度为 34°～60°，平台马道宽 8～35m（图 3.45）。坡体岩性以粉砂岩、细-中粒砂岩为主，整体较为稳定。岩层倾向 35°、倾角 75°，与边坡坡向几乎相同，为顺向坡（亦称同向坡），且岩层倾角大于坡角。

该边坡一般无明显滑移面，破裂面通常为岩石层理面或节理面，其主要破坏形式一般为表现为沿岩石层理面或节理面发生破裂倾倒剥落，造成破裂的因素主要是冻胀作用和雨水侵蚀；其次是岩石表层受冻融风化作用脱离岩石母体而发生局部掉块落石的现象。两种破坏形式均主要发生在坡面表层，特别是边坡台阶顶部部位，常表现为上部岩层剥落、下部块石碎石堆积（图 3.46、图 3.47）。若顺向砂岩边坡的滑面或潜在滑面倾角小于边坡坡角，破坏形式则表现为蠕滑-拉裂形式或平面滑移。

B. 砂岩反向型——四号井南边帮砂岩边坡

四号井主采坑南边帮为典型的砂岩反向型边坡，阶梯状螺旋式露天开采形成 8 级台阶，

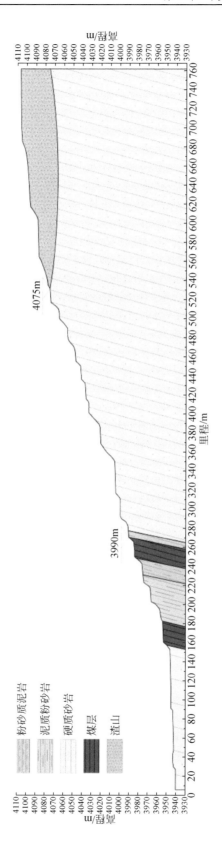

图3.45　三号井北边帮剖面示意图

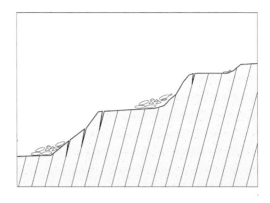

图 3.46 三号井北边帮砂岩型边坡破坏形式示意图

(a)远景图(镜向15°)

(b)顺层剥落(镜向324°)

图 3.47 三号井北边帮砂岩型边坡照片

边坡整体高差为 150~180m，整体坡度为 24°，边坡北侧为四号井主采坑，目前积水成高原湖泊；平台马道宽 8~35m，边坡台阶高度为 5~18m，坡度为 32°~50°，局部因崩塌达到 70°以上。坡体岩性以砂岩、粉砂岩为主，整体较为稳定。岩层倾向 20°、倾角 50°，岩层倾向与坡向相反，为逆向坡（亦称反向坡），边坡整体坡度小于岩层倾角，但局部台阶坡度大于岩层倾角。该边坡无明显滑移面，其主要破坏形式为倾倒崩塌，在冻融循环作用和雨水淋滤作用下，边坡浅部发生破碎倾倒、掉块落石；局部坡段存在泥岩夹层，因泥岩抗风化能力弱而形成陡坎或反倾岩块；坡面因差异风化而呈凹凸不平，坡面多存在松动岩块和浮石（图 3.48、图 3.49）。

(a)南边帮东段

(b)南边帮西段

图 3.48 四号井南边帮砂岩型边坡照片

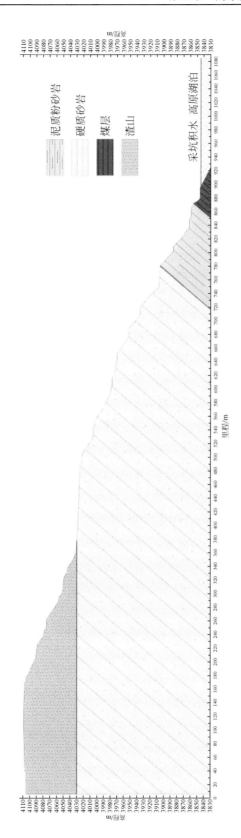

图3.49　四号井南边帮砂岩型边坡剖面示意图

2）砂泥岩边坡

砂泥岩边坡是指边坡岩性主要为泥岩和泥岩互层的边坡，常发育于煤层顶底板。该类型在木里矿区较为常见，主要分布在三号井采坑南侧和东西端、四号井采坑东西端、五号井采坑北边帮底部、七号井采坑北侧和坑底煤墙顶底板、八号井采坑北侧等地区，根据岩性构造和边坡的关系组合主要有三种情况。

A. 砂泥岩顺向型——聚乎更区三号井采坑南侧边坡

以聚乎更区三号井采坑南侧边坡为例，采坑长轴煤层顶底板的顺层剥离，常把泥岩层裸露于坡面，形成表层为薄层泥岩、底部为砂岩的顺层边坡，坡度为30°~35°。此类边坡下部砂岩较为稳定，上部泥岩易在受到冻融和雨水侵蚀等作用发生风化，局部已风化成碎石（图3.50）。边坡的变形滑移面主要为砂泥岩分界面，滑移面倾向与坡向一致，其破坏形式为表层风化泥岩沿砂泥岩界面滑移，主要表现为表层滑移，一般不会发生大规模滑坡（图3.51）。随时间推移，若风化剥蚀至砂岩处，则边坡逐渐趋于稳定。

图3.50　三号井南边帮顺层型砂泥岩边坡照片

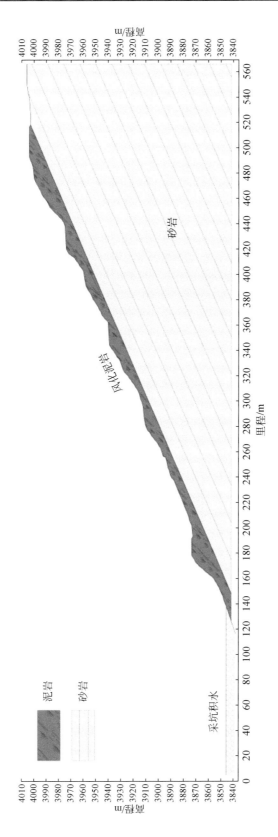

图3.51　三号井南边帮顺层型砂泥岩边坡剖面示意图

B. 砂泥岩反向型——聚乎更区四号井采坑东端边

以聚乎更区四号井采坑东端边坡为例，阶梯状盘山路螺旋式露天开采形成 5 级台阶，边坡整体高差为 92m，整体坡度为 26°，坡脚为四号井主采坑，目前积水成高原湖泊；平台马道宽 15～25m，边坡台阶高度为 10～25m，坡度为 35°～45°，局部因崩塌达到 65°以上（图 3.52）。边坡岩层倾向与坡向相反，为逆向坡（反向坡），坡体整体较稳定，不易产生大规模滑坡。边坡坡体主要岩性为砂泥岩互层和煤层，坡面凹凸不平，这是不同岩性的差异风化造成的。其中泥岩和煤层为软质岩，抗风化能力弱，易受冻融循环作用和雨水侵蚀在坡面形成碎石而崩落；砂岩为硬质岩，抗风化能力强，在冻融作用下裂隙节理发育，易形成陡坎或危岩（图 3.53）。

图 3.52   四号井采坑东端边坡逆坡型砂泥岩边坡照片

3）泥岩型边坡

泥岩型边坡是指边坡岩性主要为泥岩的边坡。泥岩是一种由泥土及黏土固化而成的沉积岩，层理或页理明显，泥岩属于软质岩石，受到风、雨、雪等作用，表层易剥离风化，稳定性一般。木里矿区的泥岩层厚度较薄，一般夹于厚层砂岩中，故纯泥岩型边坡在木里矿区发育较少。

2. 构造边坡

根据构造变化与边坡坡向的关系，可划分断层边坡、褶皱边坡、褶皱断层边坡，见图 3.54。

1）断层边坡

断层边坡是指断层作用形成的断层破碎带和变形影响带构成的边坡。按照岩性和边坡产状的变化，断层边坡可划分为砂岩同向断层型、砂岩反向断层型、泥岩同向断层型、泥岩反向断层型、砂泥岩同向断层型、砂泥岩反向断层型共六类，见图 3.54。由于断层本身又划分为正断层和逆断层，因此断层边坡可再具体细化成砂岩同向正断层型、砂岩反向逆断层型等共 12 类，此处不再详细列出。

典型特例为四号井采坑西北隅边帮滑坡（图 3.55、图 3.56）。采坑西北隅滑坡位于四号井采坑西北隅边帮转弯处，后缘宽 700m，纵向长度为 322m，滑坡高度为 157m，滑坡范围约为 25 万 m²，滑坡体积约为 125 万 m³，为大型滑坡。滑坡体向采坑方向滑动，坡面平

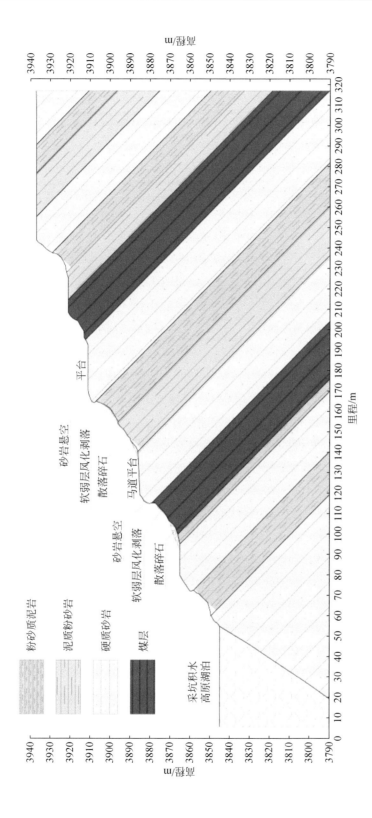

图3.53　四号井采坑东端边坡逆坡型砂泥岩边坡剖面示意图

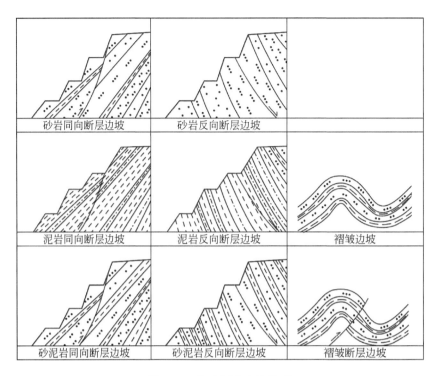

图 3.54   构造划分边坡类型

图 3.55   四号井采坑西北隅边帮滑坡影像图

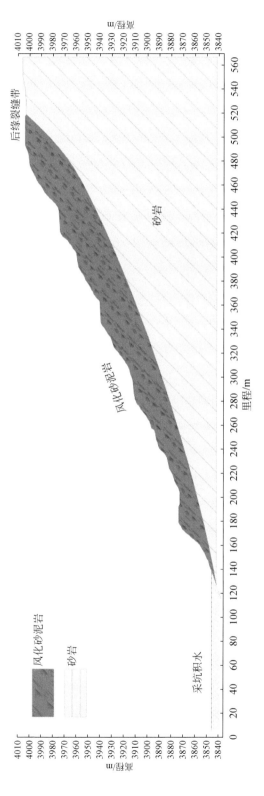

图3.56　四号井采坑西北隅边帮滑坡剖面示意图

均坡度为37°，局部由于滑塌形成陡坡。坡顶地形平坦，目前尚处于蠕滑变形过程。

该滑坡体主要由薄层状灰黑色粉砂岩组成为岩质边坡。岩石表层风化较严重，稳定性较差，受上多索曲影响，风化岩层向采坑蠕动下滑，在后缘形成七处裂缝带。滑坡体坡面风化淋滤强烈，受 F_6 平移断层影响，断层旁侧岩层变形强烈，地表水和冻结层上水沿断层导水裂隙带下渗，泥岩遇水软化，抗阻力下降，在重力作用下，导致边坡失稳，形成顺层滑坡。

2）褶皱与褶皱断层边坡

褶皱型边坡是指褶皱作用形成的岩层向上突出和向下弯曲部分暴露地表形成的边坡。当这种褶皱地层与断层同时出现时，则形成了褶皱断层型边坡。

以聚乎更区三号井采坑西侧边坡为例，开采形成阶梯状边坡，边帮基岩大面积出露，黑色泥岩层裸露于坡面，构造运动形成的褶皱和断层在边坡上清晰可见，如图3.57所示。

图3.57　三号井采坑西端褶皱断层型边坡照片

3.8.2　渣土边坡

渣土边坡主要分布在采坑周边的渣山和堆渣体。渣土层为采矿形成的弃渣山堆积体，主要由碎石土组成，具有孔隙率较大、黏性差和遇水易软化崩解的特性。雨季或冻土融化期间，坡体长时间受水浸泡将导致岩土层重度增大、抗剪强度降低，从而降低了边坡的稳定性。勘查区的新构造运动和活动性断层不发育，构造作用对渣土边坡影响小。根据堆积方式和坡面形态，渣土边坡可分为高陡滑坡型、低矮平缓坡型、台阶状规则型边坡。

1. 高陡滑坡型渣土边坡

高陡滑坡型渣土边坡是指坡形平滑、大致趋近于直线的边坡。该类型边坡高度较高、坡度一般不超过渣土的自然休止角，堆积速率较快，稳定性较差。典型例子为聚乎更区四号井东坑东坡，边坡高差为114m，坡度为35°，坡形为直线状（图3.58、图3.59），坡脚采坑积水。在降雨、季节性冻土融化以及坡脚积水坑的侵蚀下，边坡处于蠕滑拉裂状态，后缘发生多条拉裂缝，裂缝沿边坡走向展布，在坡顶线 20m 范围内极为发育。

(a)边坡正视照片

(b)后缘拉裂缝

图 3.58　四号井东坑东坡直线形渣土边坡照片

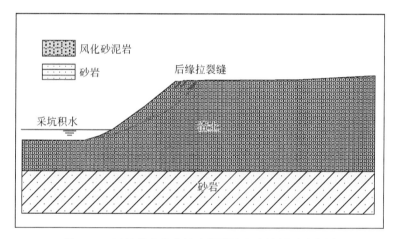

图 3.59　四号井东坑东坡直线形渣土边坡剖面示意图

2. 前端低矮平缓坡型渣土边坡

前端低矮平缓坡型渣土边坡是指大型渣山一侧坡面形态为较为低矮和平缓的边坡，有上缓下陡和上陡下缓两种。前者在渣山中较为常见，后者由于结构不稳定而十分少见，故本书主要研究上陡下缓型边坡，典型例子为聚乎更区四号井南渣山滑坡。

聚乎更区四号井南渣山滑坡以后缘高陡，拉张裂缝和两侧裂缝为界，由于渣山下部处于废弃河道之上，受河道渗水等影响，渣山前端形成滑坡。滑坡平面上呈圈椅状，东西宽 780~1520m，南北长 1000m，高差约为 173m，主滑方向为 32°，向采坑方向滑动。滑坡体厚度为 40~120m，往北逐渐变薄（图 3.60）。滑坡范围为 105 万 m²，滑坡由渣土（人工堆积物）组成，体积约为 3650 万 m³，属特大型土质滑坡［据《滑坡防治工程勘查规范》（GB/T 32864—2016）］。滑坡整体坡度为 25°，表面几乎无植被，呈上缓下陡的凸状斜坡。滑坡中后缘相对平缓，地形坡度为 10°~15°，发育多个东西延伸的拉裂缝带。前缘相对较陡，地形坡度为 40°~50°，变形强烈，已发生滑塌，局部鼓胀凸起，发育多条东西向贯穿性裂缝和多级错台，裂缝成群发育，宽度为 0.2~1.0m，形成东西展布的裂缝带；错台大多为 0.5~2m，局部高达 4.5m。

图 3.60　四号井南渣山影像图及剖面示意图（折线形边坡）

低矮平缓型边坡一般前缘临空条件好，易遭受地下水浸泡、冻融作用，在坡面防护措施不足时，常常发生蠕滑，稳定性一般。

3. 台阶状规则型渣土边坡

台阶状规则型渣土边坡是指由多个平台组成呈阶梯状上升的边坡，在木里矿区最常见，多数渣山皆为此坡型。聚乎更区三号井南渣山边坡整体高差为 101m，整体坡度为 15°，坡面呈规则 6 级台阶状，马道宽 10 ~ 20m，边坡台阶高度为 5 ~ 24m，坡度为 18° ~ 28°（图 3.61、图 3.62），坡面无裂缝；北渣山边坡整体高差为 118m，整体坡度为 10°，坡面呈规则 9 级台阶状，马道宽 10 ~ 25m，边坡台阶高度为 9 ~ 20m，坡度为 18° ~ 25°，坡面无裂缝（图 3.63、图 3.64）。

图 3.61　三号井南渣山影像图（台阶状渣山）

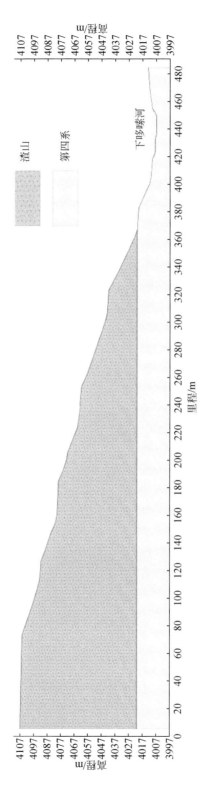

图3.62　三号井南渣山剖面示意图（台阶状渣山）

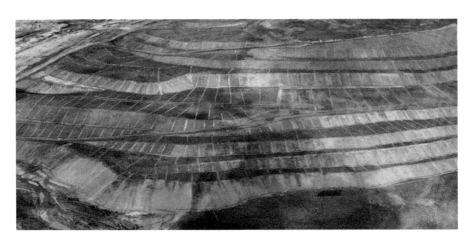

图 3.63　三号井北渣山影像图（台阶状渣山）

台阶状规则型边坡整体稳定性较好，控制好台阶高度和坡度、坡面植被恢复、截排水系统等是保证渣山稳定主要措施。

3.8.3　冻融边坡

按照地貌区域特征和含冰程度分，聚乎更区三号井、四号井、七号井、八号井井田范围主要处于山前缓坡多冰量冻土边坡；五号井井田中部处于基岩山区少冻土边坡，其东西部处于缓坡高含冰冻土区；九号井井田范围主要处于基岩山区少冻土边坡。由此可知，木里矿区的边坡多多少少都与冻融作用有关，本书重点研究冻土（岩）的工程特性和边坡冻融作用引起的地质灾害（王伟超等，2022）。

本区多年冻土区总体上正处于退化阶段。近十年来，在全球变暖的大背景下，木里矿区经历了更加明显的气候变暖过程，气温的升高必然导致地表温度的升高，从而导致多年冻土上限下降，甚至冻土融化，且今后仍将继续退化，其高温不稳定带和极不稳定带的高含冰多年冻土是冻土退化最为敏感的地带，由于冻土融化或上限下移引起的融沉破坏必将是冻土相关不良地质问题的最主要原因。季节活动层随季节变化反复冻融可引起其上构筑物产生病害。本区海拔高、年平均气温低，季节冻结深度大，冻胀作用强烈，对修筑于此的道路破坏作用较为强烈。另外，多年冻土区由于冻土上层滞水的存在，导致多年冻土路段大部分地区水草茂盛，地下水埋深浅，季节性冻胀作用强烈（符进，2011）。

通过本次遥感影像解译和现场调查，勘查区内发现的因矿山生产建设的工程活动诱发的冻土相关不良地质问题有冻胀融沉引起的局部道路沉降和热融滑塌引起的局部复绿区植被滑塌。

1. 冻胀融沉

在五号井西南部生活区建有混凝土的房屋，主要为矿山人员工作、生活的厂区。人员活动会产生不稳定的热源，导致地表和浅层热平衡条件改变，使地表季节性冻土和多年冻

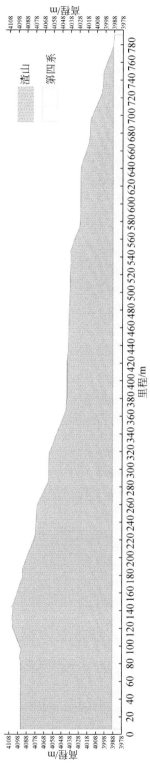

图3.64　三号井北渣山剖面示意图(台阶状渣山)

土的融化深度、地温等性质发生变化，由此导致生活区西北部住宿区和厨房餐食区地表有宽缓的热融沉陷，沉陷面积约为30000m²。热融沉陷进一步引起地表住宿楼、办公楼房屋出现角度约45°的不规则的细微裂缝，长为0.5~4m，裂缝宽度为3~5mm。随着热融沉陷不断加剧，其上房屋的裂缝会加剧，房屋的安全性受到威胁。同时在西部停车场、过道、草坪位置地面发生明显的不规则状椭圆区域范围内波浪状高低起伏的地面变形，面积约25400m²，影响正常车辆通行和地表景观。

由于地表反射率和蒸发条件的显著改变，沥青路面下的活动层厚度比天然状态下活动层厚度大1.5~2.0m（陈海莲和颜亮东，2020）。加之夏季融化层厚度的显著增加，冻胀融沉作用日益增大，最终加剧道路及两侧区域冻涨沉陷和热融沉陷增强。通过本次调查，在三号井矿区大门至矿部的约220m长的柏油路段和四号井露天采坑外北侧天木公路360m长的柏油路段均发现因冻涨融沉导致路面呈"波浪"起伏状，路面起伏高差在0.1~0.3m。

本次勘查在五号井矿部发现的冻涨融沉区面积共5.54万m²。其中，潜在影响较大的冻涨融沉区位于生活区西北部的住宿区和厨房餐食区，面积约为3万m²，其进一步引起相应区域房屋的轻微裂缝，对建筑的稳定性构成威胁。目前，五号井已关闭，仅对仍在矿区内部居住的3~5人有潜在的影响。另外，在三号井矿区大门至矿内部约220m长的沥青路段和四号井露天采坑外北侧天木公路360m长的沥青路段出现的因冻涨融沉导致"波浪"起伏状道路，对日常来往车辆的通行有轻微影响，但不足以构成明显生命或的财产威胁，在通行该路段是要减慢车速。

2. 热融滑塌

渣山大面积堆放的黑色矸石吸热，往往会导致地温上升，加剧多年冻土层浅部消融，土层含水量增加，岩土工程稳定性降低，尤其是抗剪力降低，加之地形坡度的存在增加表层覆土层重力沿坡面的分量，最终诱发冻融滑塌。基于其成因，冻融滑塌多靠近渣山边坡覆土复绿处发生，且多为缓慢蠕变变形或发生位移，故其危害性低，不存在危害对象。

通过勘查，分别在三号井、五号井的渣山边坡和七号井、八号井的采坑边坡发现两处、三处、两处和一处，共八处冻融滑塌。

1）三号井

三号井的渣山整体稳定性较好，在采坑西北侧3T1号渣山西侧边坡发现两处冻融滑塌（表3.5，图3.65、图3.66）。

表3.5 三号井冻融滑塌特征一览表

编号	中心坐标	规模(长×宽)/(m×m)	滑向/(°)	特征
3T1	99°10'8.366″ 38°7'26.776″	145×35	50	冻土层溜滑，后缘裂缝
3T2	99°10'13.300″ 38°7'35.274″	94×20	140	冻土层溜滑，后缘裂缝

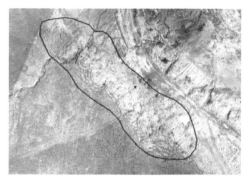
图 3.65　冻融滑塌（3T1 号）无人机遥感影像

图 3.66　冻融滑塌（3T2 号）无人机遥感影像

2）五号井

通过本次勘查，五号井南渣山南边坡共发现三处冻融滑坡（图 3.67～图 3.70）。三处冻融滑塌均位于渣山坡脚处，平行渣山边坡走向蠕变覆土土层及草植呈线状延展和"鱼鳞

图 3.67　南渣山南边坡冻融滑塌（5T1 号、5T2 号、5T3 号）无人机遥感影像图

图 3.68　南渣山南边坡 5T1 号热融滑塌

图 3.69　南渣山南边坡 5T2 号热融滑塌

图 3.70　南渣山南边坡 5T3 号热融滑塌

状"地貌，滑塌方向基本垂直坡向。

　　5T1 号冻融滑塌带长约 457m，宽约 37m，坡度角为 10°~22°，滑向为 210°，滑塌距离为 0.3~2.6m；5T2 号冻融滑塌带长约为 373m，宽约 62m，坡度角为 8°~16°，滑向为

155°，滑塌距离为 0.5 ~ 1.8m；5T3 号冻融滑塌带长约为 260m，宽约 14m，坡度角约为 31°，滑向为 225°，滑塌距离约为 0.5m（表 3.6）。

表 3.6　五号井冻融滑塌特征一览表

编号	中心坐标	规模（长×宽）/（m×m）	滑向/（°）	特征
5T1	99°7′59.272″ 38°6′16.139″	457×37	210	冻土层溜滑，后缘裂缝
5T2	99°8′19.739″ 38°6′14.235″	373×62	155	冻土层溜滑，后缘裂缝
5T3	99°7′42.307″ 38°6′24.837″	260×14	225	冻土层溜滑，后缘裂缝

3）七号井

七号井的渣山整体稳定性较好，在遥感调查的过程中，仅在东采坑北侧发现两处冻融滑塌 7T1 号和 7T2 号（图 3.71 ~ 图 3.74，表 3.7）。两处冻融滑塌点均位于采坑北侧，因冻融作用和采坑边帮地形影响，两处冻融滑塌滑向主体偏南，长 163 ~ 327m，宽30 ~ 35m。

图 3.71　七号井采坑北侧冻融滑塌（7T1 号）无人机遥感影像图

图 3.72　七号井采坑北侧冻土层溜滑（野外照片，镜向 300°）

图 3.73　七号井采坑北侧冻融滑塌（7T2 号）无人机遥感影像图

图 3.74　七号井采坑北侧冻融滑塌裂缝（野外照片，镜向 120°）

表 3.7 七号井冻融滑塌特征一览表

编号	中心坐标	规模(长×宽)/(m×m)	滑向/(°)	特征
7T1	99°6′42.505″ 38°9′.230″	327×35	150~200	冻土层溜滑，后缘裂缝
7T2	99°6′54.313″ 38°8′56.944″	163×30	230	冻土层溜滑，后缘裂缝

4) 八号井

在八号井采坑北部边帮顶部，发现由于冻融作用和边坡地形影响出现的一处冻土层溜滑 8T1 号，坐标为 99°6′4.341″、38°7′36.481″。该冻融滑塌点长约 136m，宽约 26m，滑向为 180°（图 3.75），地表可见较明显的草皮因冻融滑塌沿采坑方向被撕裂开。

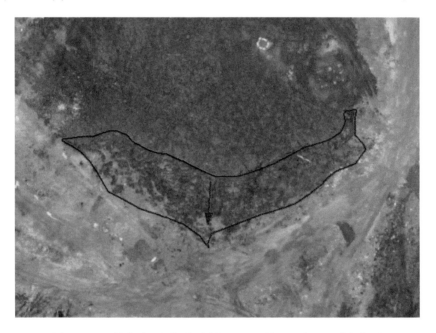

图 3.75 八号井采坑北侧冻融滑塌（8T1 号）无人机遥感影像图

3.9 煤炭资源破坏

在矿区露天开发过程中，煤面被大面积揭露，直接暴露在大气环境中，遭受风化作用或引发煤层自燃情形，造成煤炭资源的浪费。在矿区生态环境治理的过程中，如何兼顾资源保护工作、有效地保护好煤炭资源是一项十分紧迫而重要的任务。聚乎更区七号井、九号井采坑自 2014 年停采以来，尚存有大量煤层暴露遭受风化，十分可惜。通过资源储量核实工作（青海煤炭地质一〇五勘探队），暴露煤炭资源量约为 49.5 万 t，煤类以 1/2 中黏煤（1/2ZN）和气煤（QM）为主，为冶金炼焦用煤，属特优稀缺煤种。如不及时处置则会遭受风化，甚至可能引发自燃，不仅造成宝贵资源浪费，还可能会自燃造成严重的大气污染。因此，是木里矿区生态环境治理中亟待解决的问题。

3.9.1　聚乎更区七号井暴露煤层情况

聚乎更区七号井暴露煤层煤要遗留于东部采区，具体位于东区开采 2#-5# 剖面线间东西向 4095 至 4125 水平，煤带剥离形成整齐平盘，分别为 4095、4115、4125 平盘。《青海省天峻县聚乎更煤矿区七号井资源储量核实报告》（青海煤炭地质一〇五勘探队，2020 年 8 月）显示，聚乎更区七号井范围内截至累计查明煤炭资源量 17876 万 t，2009 年提交勘探报告后至 2014 年 8 月动用煤炭资源量 199.8 万 t，其中实际采出 164.9 万 t，已剥离、但未采出的暴露煤炭资源量 34.9 万 t。2014 年 8 月后区内资源量未动用（表 3.8），煤类以 1/2 中黏煤（1/2ZN）和气煤（QM）为主，为炼（配）焦煤，属优质稀缺煤种。

表 3.8　七号井动用煤炭资源量估算汇总表　　　　　（单位：万 t）

资源量	资源量类型			合计
	331	332	333	
动用	126.8	21.4	16.8	165
剥离、未采出	34.9	—	—	34.9
保有	5100.3	9668.6	2907.2	17676.1
合计	5262	9690	2924	17876

该处顶板和部分底板岩石剥离后的残存煤，形成两条煤带长为 520～1600m，宽度为 30～80m，高度为 5～18m。若继续暴露会遭受风化，成为新的污染源，并存在煤层自燃等安全风险。

3.9.2　聚乎更区九号井暴露煤层情况

聚乎更区九号井开发造成煤层暴露形成一定规模的煤层带，主要分布于北区，北区东侧，紧邻煤层带有一水塘。煤层带长度约为 500m，宽约 15m，煤炭资源量为 14.6 万 t。该处顶板和局部顶板岩石剥离后的煤层暴露。在煤带旁形成了一处水塘，少量煤层露头被水淹没，大部分仍继续暴露地表遭受风化，成为新的污染源，并存在煤层自燃等安全风险（图 3.76）。

上述采坑暴露煤层如果直接进行覆盖治理，显然是一种不科学的措施，而且如果治理措施不到位可能发生煤层自燃等灾害，造成稀缺焦煤资源浪费和新的环境问题。因此，针对暴露煤层保护问题研究煤炭资源保护关键技术和采用更为合理、经济的治理技术手段和方法制定切实可行的治理措施是本次生态环境治理与修复的一项重要任务。

2020年9月23日无人机数码航摄

0　　　150　　　300m

图 3.76　九号井北区暴露煤层带与正射影像图

第4章 生态治理修复与资源保护
关键技术研究

煤炭生态地质勘查治理是煤炭地质勘查理论在新时代的新发展，随着煤炭地质资源勘查工作的不断深入，煤炭开发引发的环境问题逐渐显现，对绿水青山造成了严重破坏，将煤炭地质学与生态学结合，建立煤炭生态地质勘查理论与技术体系，是新时代煤炭地质工作的一项重要任务。煤炭生态地质勘查治理坚持问题导向和目标导向，整体规划、综合治理、系统修复，人工修复与自然恢复相结合、人工修复为自然修复创造条件，科学性和经济性相统一，"三边"联动五个基本治理原则。在对采坑渣山规模及稳定程度、冻土发育及破坏程度、水文地质现状进行勘查和对矿区存在的生态环境问题进行调查评价的基础上，建立煤炭矿区生态治理修复技术体系。重点围绕着矿区生态修复与资源保护，从矿山开采对生态环境影响破坏机理研究出发，创新提出了用地质手段构建生态地质层的思想，建立了生态地质层理论和"空天地时"一体化的煤炭生态地质勘查理论，创新研发出采坑渣山地形地貌重塑技术、高原河湖水系连通技术及其生态截排水传输涵养技术、冻土层保护技术（包括人造冻土层与原始冻土层之间的搭接融合技术）、煤层顶板及其上覆岩层修复的稀缺煤炭资源保护技术、渣土构建土壤的土壤重构技术及其检测及质量评价技术的生态地质层构建技术、"空天地时"一体化的生态地质勘查与监测技术以及植被重建技术等矿山环境治理修复的系列关键技术，为煤矿区矿山生态环境治理与修复奠定了理论基础。

针对木里矿区煤矿开发产生的九大生态环境问题，汲取国内外矿山治理生态修复经验与教训，充分考虑木里矿区地处高原高寒特殊的地理环境和土壤植被发育破坏的状况，从矿山开采对生态环境影响破坏机理研究出发，创新提出了用地质手段构建生态地质层的思想，研发出了地貌重塑、土壤重构与植被重建、水系再造和水源涵养恢复、资源保护等生态地质层治理修复关键技术，建立了生态地质层理论与矿山生态环境综合治理技术体系，探索性完成了世界上首例高原高寒矿山生态环境治理与修复工程，为高原高寒矿区生态修复与资源保护提供了经验和借鉴。

4.1 煤炭生态地质勘查理论基础

新中国成立70多年来，随着煤炭地质理论研究和勘查技术的进步，"煤田地质勘查"逐步发展成为"煤炭地质勘查"，并建立了中国煤炭资源综合勘查理论与技术新体系，但仍然是针对煤炭资源的勘查。近年来，在综合勘查技术的基础上，针对煤系地层富集与煤呈共生或伴生的其他矿产资源的研究成为新的研究重点，煤系共（伴）生矿产资源种类多、分布广，随着对其研究的不断深入，逐步确立了煤炭与煤层气、煤铀兼探，煤铝铁共

探，煤与"三稀"矿产及煤水共探共采等多资源协同勘查的理念。协同勘查是综合勘查的
进一步发展，由单资源为主发展为多资源勘查，通过多种先进勘查技术手段的协同运用实
现对多目标的勘查。协同勘查既注重多种先进勘查技术的综合应用，更强调煤系地层中多
种能源与其他共（伴）生矿产资源的综合勘查、一体化评价与共同开发地质研究（图
4.1）。进入新时代，根据国家战略需求演变下的生态地质勘查发展需求，王佟等提出的煤
炭生态地质勘查，是在协同勘查理念的基础上又一次技术理念的提升，进一步考虑了环境
约束条件，特别是生态环境信息的问题，同时吸收大数据、人工智能等信息化技术，实现
勘查工作的精准化、综合化、绿色化以及信息的多维化（王佟等，2020）。

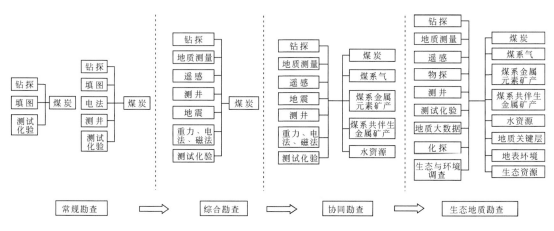

图 4.1   煤炭地质勘查发展脉络

4.1.1   概念与内涵

煤炭生态地质勘查是指以煤炭地质基础理论和生态学理论为指导，针对煤盆地呈固、
液、气、元素"四态"赋存的矿产资源、地表及地下空间关键层位、生态环境与其他自然
资源，采用"空天地时"一体化的多种勘查技术，涵盖资源勘查、开发地质保障、资源开
发与环境保护、资源综合利用、生态修复与生态系统重构并贯穿于煤炭资源勘查开发到矿
山闭坑全过程的相关地质与生态勘查工作。

"生态保护优先"是煤炭生态地质勘查的重要特征。应采用经济可行的技术方法手段，
以可控、可恢复的最低环境代价，查明煤与煤系共（伴）生矿产资源、地下水资源以及资
源开发相关的地质特征、影响开发的隐蔽地质致灾因素、勘查开发引起的生态环境变化信
息等地质问题，服务绿色矿山开发、资源科学利用及矿山采后生态修复，实现资源开发与
环境保护再造和谐。

4.1.2　目标与对象

煤炭生态地质勘查研究对象为煤盆地内资源本身属性和生态环境特征的地质信息要素等，涉及对煤炭资源-共（伴）生矿产资源-地下水资源-影响环境保护与影响资源科学开发的关键岩层-地表环境与生态资源等多目标的协同勘查，即所有地上和地下空间的地质资源与环境、生态系统协调。总体可以分为四类：①煤盆地中煤系矿产资源，主要包括煤炭、煤系气、固体矿产、金属元素矿产等矿产资源；②与煤炭开采和生态环境具有紧密联系的水资源及其他自然资源；③煤炭开发阶段煤系或煤上下地层对生态环境保护相关的重要生态地质层，如主要含（隔）水层、采煤覆岩关键层等及其他影响开发的地质隐蔽致灾因素；④生态环境保护、监测、生态修复或恢复相关的主要地理要素、地质信息等。

煤矿开发阶段矿山开采对原始地层系统产生扰动和破坏，导致应力重新分布，引起地层形变、位移、破裂、垮塌，对构造、水系、地表产生影响，造成地表上部或浅层岩层变化、土地资源被破坏和压占，进而阻断地表水系，破坏植被生长，进一步对浅部地层系统产生破坏，引起地下煤、气、水系统的赋存变化和生态环境扰动，影响生态系统乃至大气环境，最终影响地表植被、土壤、湿地、生态系统。这就需要从地质角度提出开展矿山生态环境治理的思路，据此提出了生态地质层的概念。生态地质层是对区域生态环境具有控制属性的地层或地层组合层段。矿山环境治理与修复的核心是修复破坏的生态地质层，首先需要划分不同属性的生态地质层，建立针对破坏的土壤层、地表层、冻土层、煤层顶板岩层等不同研究对象的生态地质层剖面，采用物理模拟人造原始地层的方法，自下而上建立不同物质、结构等属性分层和不同功能的生态地质层。修复阶段主要是采用模拟人造原始地层的方法，修复出一个与开采破坏前的原始地层成分、结构、功能作用相似的人造地层和相似生态地质环境。

4.1.3　煤炭生态地质勘查的基本架构

煤炭生态地质勘查基本架构以煤炭地质学、生态地质学为理论依据，基于煤炭资源"九宫分布"的特征，确定不同分区的重点勘查范围，将煤矿区划分为煤炭未勘查地区、煤炭勘查地区、煤炭开发地区和废弃/关闭矿山地区四个时区，根据不同时区煤系共（伴）生矿产资源的多样性特征以及资源开发与生态环境演变关系，选定不同目标因素协同勘查模式，优选绿色勘查工程技术，开展煤炭资源勘查、共（伴）生资源勘查、煤与水资源协同勘查、煤与关键层地质条件评价、环境与生态保护/修复与利用的地质保障，实现透明地质、生态地质、数字地质完美结合的勘查目标（图 4.2）。

煤矿采后阶段对矿区生态环境的修复工作也是地质勘查工作的一部分，基础仍然是对地层结构、构造特征等的研究。需要有目的地开展矿区生态环境地质的评估、调查、治理、修复和重塑生态地质环境，进而实现资源与生态环境的科学合理利用。相关内容主要包括矿山环境修复、边坡稳定与修复、固体废弃物污染修复、水体污染修复、土地复

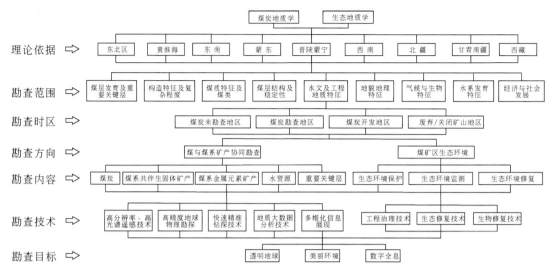

图 4.2 煤盆地多矿产资源生态地质勘查的基本架构

垦等。

生态地质修复技术可分为工程治理、生态修复、生物修复三大类。工程治理是针对矿山开采造成的环境安全隐患，采用工程技术手段加强或改变地质结构、水文条件、岩土体结构，消除、缓解或改善危险和影响程度，常用的有采空塌陷治理技术、回填整平技术、坡面加固排危技术、土方疏通技术等。生态修复是通过工程措施修复和生态系统自身修复两种方式，修复被破坏的土地、植被、景观、生物群落等。生态修复常采用物理性修复、化学修复、植物修复技术等。生物修复是使用微生物修复生态环境中遭受污染和破坏的土壤和水体等。可采用微生物修复技术、细菌修复技术等，以减少水土流失，修复土壤基质。在开展生态地质修复工程的同时，应注意工程本身对环境的二次影响和扰动。

4.2 生态治理修复技术体系

矿区生态环境治理修复工作必须遵循"山水林田湖草是一个生命共同体"理念，以研究建立的煤炭生态地质勘查理论为指导，采用系统思维统筹山水林田湖草沙冰综合治理，以"技术可靠、经济合理、景观融合、贴近自然"为出发点，基于矿区生态地质、水文地质、工程地质、环境地质特征等生态环境现状与煤炭资源开发的调查分析，采用地质、遥感、地球物理勘探、钻探、室内测试与现场试验等"空天地时"一体化的生态地质综合勘查方法，开展采矿引起的边坡稳定性、冻土层破坏、煤炭资源裸露风化、土壤与植被损毁及环境背景本底等生态地质环境全要素现状调查，按照"水源涵养、冻土保护、生态恢复、资源储备"的生态治理思路和"一井一策、分区管控、技术可靠、经济合理、创新支撑"的工程治理思路，将"地质+生态"领域的关键治理技术运用到"自然恢复+工程治理"之中，实现生态保护与节约优先，自然恢复与资源保护有机结合，遏制生态系统退化，尽最大可能恢复原有生态系统功能，打造高原高寒地区矿山生态环境修复示范工程（王佟等，2021）。

4.2.1　指导思想

针对木里矿区生态环境治理与修复"急、难、险"任务，用系统思维统筹矿区生态环境破坏的治理，以"技术可靠、经济合理、景观融合、贴近自然"为出发点，采用地质、遥感、地球物理勘探、钻探、室内测试与现场试验等"空天地时"一体化的生态地质综合勘查方法，开展采矿引起的边坡稳定性、冻土层破坏、煤炭资源裸露风化、土壤与植被损毁及环境背景本底等生态地质环境全要素现状调查，梳理总结出矿山开发引起的生态环境地质问题，按照"水源涵养、冻土保护、生态恢复、资源储备"的研究思路和"一井一策、分区管控、技术可靠、经济合理、创新支撑"的工程治理思路，将"生态地质层"概念和"地质+生态"运用于工程治理中，研究人工重构冻土层、土壤层、煤层顶板、地形地貌及地表水系等生态修复技术，通过人工修复助力自然恢复相结合，为木里矿区生态综合整治工程提供技术服务和支撑，为青藏高原及其他地区生态治理工程提供成功经验和技术借鉴。

4.2.2　治理基本原则

治理工程采用系统治理的思维，统筹考虑山水林田湖草沙冰生态系统，结合治理工程工作开展的急迫性和特殊性，治理中遵循以下五个方面的基本原则。

1. 坚持问题导向和目标导向基本原则

在巩固前期渣山治理、湿地保护、植被恢复综合整治取得成效的基础上，针对治理中力度减弱、管理放松等原因产生的渣山生态退化、采坑治理尚未全面开展等突出问题，通过新一轮的集中规模化全方位综合整治，着力实现木里矿区生态系统质量整体改善，生态服务功能显著提升，生态稳定性明显增强，实现矿区生态与周边自然生态环境有机融合，打造高原高寒地区矿山生态环境修复的样板和生态文明建设的高地。

2. 坚持整体规划、综合治理、系统修复基本原则

按照"山水林田湖草是一个生命共同体"的理念推动木里矿区生态环境综合整治。遵循生态系统的整体性、系统性、动态性及其内在规律，修复为主、治理为要，对采坑渣山治理、植被恢复、水环境和水资源以及冻土保护等统筹规划、综合治理，进行一体化修复。

3. 坚持自然恢复和人工修复相结合基本原则

把尊重自然、顺应自然、保护自然的理念贯穿于生态环境整治与修复规划、设计、施工和管护维护的全过程，因地制宜采取工程、技术、生物、管理等措施和自然恢复相结合的方式，增强生态修复效果，恢复生态系统的结构和功能。

4. 坚持科学性和经济性相统一基本原则

从技术、经济和环保等多方面综合考虑，选择多种治理模式，优化治理方案、工程设计，做到技术先进可靠、经济合理可行，科学谋划整治项目，合理使用整治资金，注重节约，确保整治工作高质量如期完成。

5. 坚持"三边"联动基本原则

坚持边施工、边评估、边完善的工作思路，在总结往期整治好经验、好做法的基础上，结合实际，进一步发展完善后，及时宣传推广成熟经验和模式，动态优化调整完善治理方案、设计方案和技术措施，实事求是解决突出环境问题，确保按时保质完成木里矿区生态环境综合整治各项任务。

4.2.3 煤炭矿区生态治理修复技术体系

木里矿区地处高寒高海拔地区，多年冻土发育，成壤时间短，植被抗干扰能力弱，生态修复难度大，且生态修复基础科学研究相对薄弱。诸如冻融作用下的边坡失稳问题、冻土扰动对水生态系统和植被生态系统影响、冻土保护与湿地退化问题、高寒土壤重构与植被修复、高寒冻土区施工技术和施工工艺等问题需要深入研究。在"山水林田湖草是一个生命共同体"的理念下，按照煤炭生态地质勘查理论，探索煤炭开采矿区生态系统的一体化修复、综合治理模式将是重大的科学问题（图4.3）。

煤炭生态地质勘查理论强调勘查中既要重视矿产资源协同勘查，还要加强开采中和开采后的生态地质修复工作，木里矿区生态治理修复工作是煤炭生态地质勘查理论的有效实践。在综合考虑各采坑渣山的规模及稳定程度、存在的生态环境问题等因素基础上提出来"一井一策"方案，按照总体规划、不同采坑和渣山分别设计、平行施工、分类因地因势差别化治理的总体思路，有针对性地综合运用采坑回填、边坡与渣山整治、土壤重构、植被复绿、水系统自然连通、煤炭资源保护等关键技术，形成一套完整的高原高寒煤矿区生态治理修复技术体系，实现采坑、渣山一体化治理与自然地貌景观相协调，达到生态修复和生态功能提升的目的，最终为区内生态系统自然恢复和自然正向演替提供条件（王佟等，2021）。

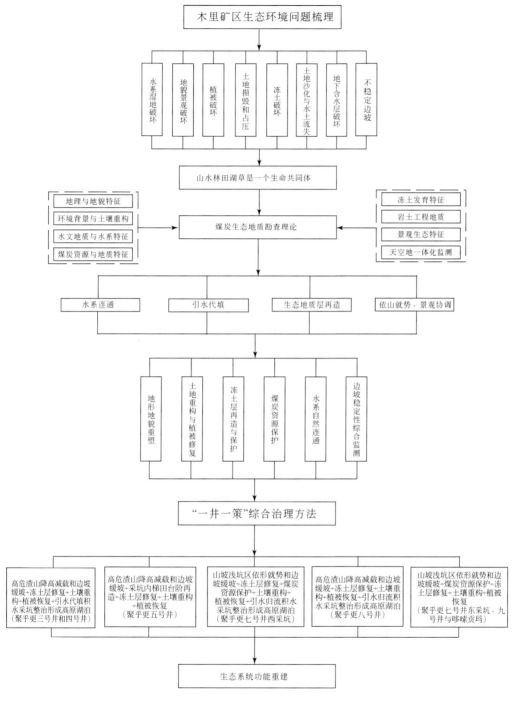

图 4.3　综合治理技术路线图

4.3 采坑、渣山地形地貌重塑技术

采坑、渣山的综合治理是地形重塑层构建的关键，是覆土复绿的前提和基础（赵欣等，2023），也是生态环境恢复治理的核心工程之一。稳定的地形地貌是土壤改良和植被复绿的基础，采坑、渣山地形地貌重塑技术包括：渣山削顶卸荷和降坡、梯田台阶再造、积水采坑整治形成高原湖泊以及山坡浅坑依形就势四种技术。

采坑、渣山不仅破坏了原始的生态环境，而且常常形成不稳定边坡，容易产生滑坡体，不稳定边坡主要位于采坑高陡边坡和渣山四周。开挖产生的渣石在采坑附近层叠堆放形成渣山，渣山压实度系数较低、排水设施不完善，加之区内特有的冻胀融沉作用等原因，大部分边坡存在失稳。例如，聚乎更区三号井、八号井北部及七号井南北部采坑边坡区域坡度较大，基岩节理裂隙发育，在物理风化以及冻融作用下，边坡岩石处于不稳定状态，易沿坡体形成危岩危坡。而渣山则是在重力作用下，坡体产生裂缝，容易产生滑坡体，其中聚乎更区四号井南渣山滑坡规模最大，渣山中部靠近采坑一侧已经已形成滑坡体，前端向坑内方向滑动。滑坡体东西长780~1520m，南北宽约1000m，高差约为173m，滑坡体积约为3650万m³。滑坡体坡度约为25°，滑动方向为北北东，垂直于采坑走向，向采坑方向滑动。滑坡体表面发育密集的横张裂缝，裂缝呈圈椅状，由滑体下部向上部横张裂缝发育程度逐渐减弱。说明该滑坡属于牵引式滑坡，滑坡是由下部向上部、由前缘向后缘逐步扩大，滑坡体东西两侧纵向剪-张裂缝已经贯通。

采坑、渣山占地对草甸等湿地产生了损毁，矿区主要土地类型为天然牧草地，2020年7月25日遥感解译结果显示，聚乎更区内矿山开发损毁土地共计3798.29万m²，其中三号井坑口面积为377.05万m²，渣山占地面积为107.75万m²；矿山生产生活建设占地约为61万m²；四号井坑口面积为304.64万m²，渣山占地面积为645.83万m²；七号井坑口面积为149.40万m²，渣山占地面积为160.47万m²；八号井坑口面积为101.32万m²，渣山占地面积为93.74万m²，损毁了大量的原始沼泽草甸。坑口占地面积共计1206.43万m²，渣山占地面积共计2105.96万m²，工业厂区包括办公区、生活区、矿区道路等，压占面积共计485.90万m²。土地损毁和压占导致天然草甸、湿地破坏，影响了原生态系统功能。

4.3.1 高危渣山降高减载和降坡技术

渣土大量堆放不仅占用大量的土地、破坏区域生态平衡，而且易产生污染，是亟须破解的环境保护难题，也是矿山环境治理中的重点之一。木里矿区渣山分布面积广且规模大，渣山主要由三叠系砂泥岩、侏罗系砂泥岩和煤矸石、第四系砾石、沙土和腐殖土等组成，结构松散，沿采坑周围分层堆放，渣山占地面积为35.5万~292.85万m²，高度为20~50m，平均高度为36m，坡度为33°~50°，平均坡度为42°。渣山堆放过程未做压实等工作，土质的孔洞率、孔隙度及渗透率较大，导致渣山长期处于饱水状态并且伴生土壤冻融作用，因此部分渣山在重力作用下产生坡体垮塌，加之物理风化作用及表面局部有松散堆积体，造成局部稳定性较差，形成不稳定边坡。

为保证采坑边坡和渣山稳定，为后期复绿创造良好的立地条件，需通过统一削坡减载的方法，使渣山边坡达到稳定状态。即通过对采坑上部台阶清坡、渣山削坡整形、重型机械碾压，将采坑边坡平台和渣山塑造为稳定的种植床，对采坑边坡进行清坡处理、消除浮石和崩塌等灾害，对渣山削坡减荷，总体高度控制在 30m 以下。坡体形成高度为 10m 左右的台阶，台阶坡面角为小于 26°。坡面上修筑跌水沟，台阶边缘修筑截水沟，避免造成水土流失。

聚乎更区三号井修复坑底地形，并对坑底裸露煤层露头进行回填封堵。平整后坑底整体形成一个由西向东逐渐抬高的阶梯地形。采坑南北两侧坑壁在采挖期间按 1∶1.5 分级放坡，每级设置 5~10m 不等宽度的平台，基本能满足种草复绿条件，对采坑边坡局部存在的不稳定岩块及散落的渣土自上而下逐级进行消除达到稳定。采坑在东南角引下多索曲水入坑形成水面，实现与周边环境相协调。

聚乎更区四号井南渣山高度约为 50m，渣山中部已经发生了滑坡，为保证渣山稳定，对南渣山滑坡后缘中部进行削顶减载，同时从东西两侧向中部削坡减载，中部形成马鞍状通道和由南向北倾斜的大缓坡，将滑坡后缘高程从 4040m 削减至 4010m，后缘削坡减载后，经过监测滑坡实时形变位移减小，滑坡基本趋于稳定 [图 4.4（a）]。对东端的两个小型采坑分别回填，具体为西侧小采坑回填至 3936m 高程后按 1∶3 坡率分级放坡回填至 3955m；东侧小采坑回填至 3955m 高程后，在东侧采坑东部和北部边坡按 1∶2.5 坡率回填至 3990m 高程，在 3975m 设置 5m 宽的平台，在 3990m 高程处设置 15m 宽的大平台，3990m 高程以上按 1∶3 坡率回填至 4005m 标高，在 4005m 标高设置 30m 宽的大平台，平台按 1∶1.5 的坡率前倾，再按约 1∶3 的坡率按现状地形回填整平至坡顶位置（坡顶标高为 4025m），与现在地形自然衔接，满足覆土复绿条件。

聚乎更区八号呈西北–东南–正东走向，近似长方形采坑，在底部，形成三个连续的水坑，坑内积水深度最深约为 28m，自西向东串珠状分布。北侧及西侧采坑边帮以强中风化白砂岩为主，南侧采坑边帮以强–中风化泥岩为主。采挖期间岩质边坡仅清理表层渣土及危岩，土质边坡按不大于 26° 分级放坡，分级高度为 2~10m，对北–西北侧–西侧边坡均为岩质边坡，清理不稳定岩块和开挖期间遗留的浮土；西南侧为边坡坡度较大，采用不大于 26° 坡率控制削高填低、随坡就势，对陡坎位置清挖平整，回填至坡脚凹坑处。渣山堆填期间分级放坡，现状总体坡率按 1∶3 控制，边坡进行平整压实处理，满足覆土复绿条件。

4.3.2　梯田台阶再造技术

由于矿区露天采场边坡岩体上部、渣山堆放处植被稀少，在受到水力冲蚀时，极易引起水土流失并伴随滑坡、坍塌等地质灾害，修建梯田台阶可以起到蓄水保土、维持边坡稳定的作用，有利于后期覆土复绿，为植物的生长提供基础条件。采用梯田台阶再造技术的具体措施是对于完整性好、稳定性好的岩质边坡保持原有坡型不变，将采坑、渣山边坡按照台阶式坡型整治，坡面坡度角小于 26°，平台宽度和台阶高度一般为 10m 左右。为保持排水通畅，避免产生下雨冲刷坡面和台阶地面产生积水，影响植物的生长，台阶平面及排

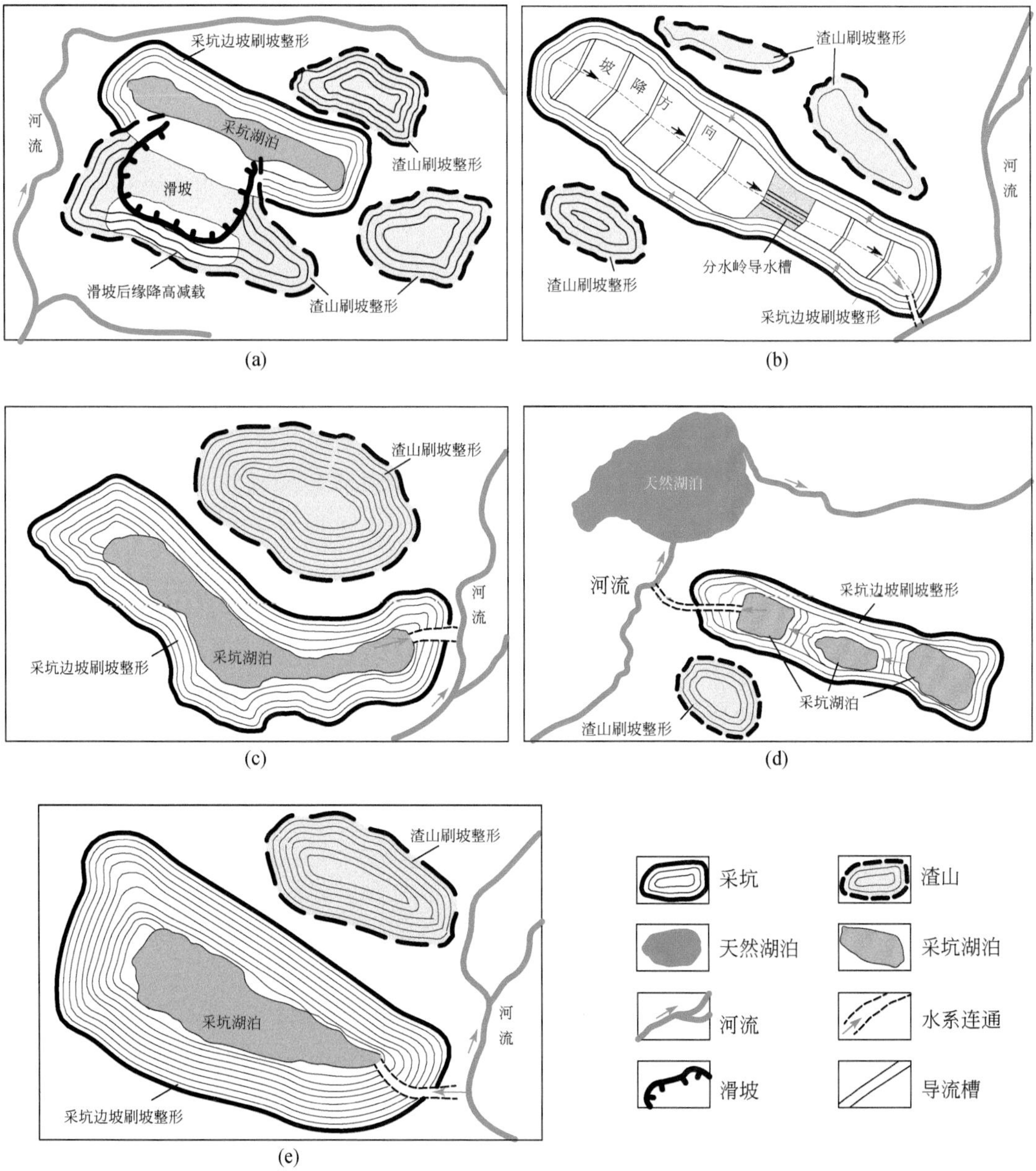

图 4.4 地貌重塑技术示意图

渣形成凹槽部位设置排水沟，沿坡顶线修建截水沟，以便于雨水排泄。对回填采坑，通过构建台阶地形，实现回填渣土稳定，避免发生整体滑动。以聚乎更区五号井为例，基于坑底具有西高东低的条件，对采坑底部进行部分回填，以采坑中东部分水岭为界，西坑回填区标高自最西端至分水岭依次降低，东坑回填区自分水岭向东呈台阶状下降，整体坑底形成西高东低依次降低的梯田状地形［图 4.4（b）］，为后期覆土复绿奠定了良好的基础。

4.3.3　山坡浅坑区依形就势技术

山坡浅坑区采用削高填低、随坡就势的方法，对陡坎位置清挖平整，回填至坡脚凹坑处，就近实现土方平衡。如聚乎更区九号井地处山麓地带，一般坡度为 10°~15°，开挖形成的采坑较浅，最浅处仅为 0.5m，一般不超过 5~10m，治理中按依形就势的原则，对杂乱无序、深浅不一的采坑及渣山随坡就势，削高填低，对坡面进行整形。针对个别深度较大的采坑，通过对周边渣山降高缓坡，搬运渣土回填采坑，达到随坡就势，保持斜坡坡度总体平顺，实现与周边原始地形地貌顺畅衔接，满足覆土复绿要求。

聚乎更区七号井西采坑治理阶段通过坑内整形，采坑边坡削陡放缓达到随坡就势，实现与周边地形平缓衔接。同时，保留不同标高采坑中形成的自然积水，使其形成一定规模的水面，当水面达到设定的高程时通过排水沟与下面采坑自然相连，实现引水归流，如最西端海拔最低的一个采坑，当积水达到西边坡 4142m 高程后自流汇入莫那措日湖（湖面标高 4096m）。

4.3.4　积水采坑整治形成高原湖泊技术

在聚乎更区三号井、四号井、七号井、八号井生态治理修复中，均采用了改造积水采坑为高原湖泊的技术。保留高原湖泊可以起到调节河川径流、涵养水源、繁衍水生生物、改善区域生态环境的作用。具体措施包括：①对积水坑周围的渣山降高减载，对采坑边坡进行削坡整形，消除滑塌隐患，与周边环境相协调［图 4.4（c）］；②将积水采坑与河流、湖泊连通，使之形成河湖交错，湿地发育一体的高原景观［图 4.4（d）］；③对规模大、积水量较小的采坑，如聚乎更区三号井，采用引水代填的治理模式，引地表水进入采坑形成高原湖泊［图 4.4（e）］，在注满之后与地表水体相连，据对聚乎更区八号井积水采坑整治形成高原湖泊技术，通过引水归流实现与上多索曲相连，采坑水样化验，目前水质达到Ⅱ（Ⅲ）类水质。相比渣土回填方案，积水采坑整治形成高原湖泊积水，一方面充分体现了经济高效的理念，另一方面更重要的是在保护煤炭资源的同时，修复后的湖泊水体景观更加协调，实现了新的山谷起伏与河湖辉映的有机结合。

4.4　水系连通及生态水涵养修复技术

4.4.1　水系连通技术

青海省木里矿区平均海拔为 4200m，其冰川、湖泊、河流、降水等地表水资源的平衡与转换对木里矿区及其周边地区的气候及其社会发展具有重要的影响。在聚乎更区三号井、四号井、七号井、八号井生态治理修复中，均遇到采坑积水与地表水流不畅的问题。通过引水代填将积水采坑形成高原湖泊并与河流形成连通，通过引水归流将受阻的河流与采坑连通，实现积水采坑和河流连通，达到调节区域径流、涵养水源、繁衍水生生物、改善区域生态环境的目的。

开采形成的采坑已形成负地形，地表水直排或通过下渗潜流、地下含水层被揭露，不同水源的水汇聚到采坑，在部分采坑内形成积水，积水直接影响采坑和渣山边坡的稳定性。例如，聚乎更区三号井、四号井、七号井西及八号井采坑积水坑较多，均存在大量积水，其积水坑中的水主要来自地表径流和地下潜流。因采坑积水的热融效应，对周边冻土层造成破坏（表4.1）。

表 4.1　矿区采坑积水情况

矿井	数量/个	排水量/万 m³	深度/m
三号井	2	100.0	—
四号井	1	803.3	42.63
七号井西	3	73.8	+10
八号井	3	509.4	28

木里矿区在露天开采过程中，致使地表形成人量采坑和渣山，地形、地貌条件被改变，天然河道被人为截断、改道，大通河源头区、上下多索曲上游段、江仓曲等多条支流径流条件被破坏，进一步导致地下潜水（冻结层上水）下降，湿地及植被退化，生态系统原有的水系连通被割断，水源流通能力和水源涵养功能下降。采坑积水对边坡和渣山的稳定性造成不良影响，并且不利于后期采坑、渣山的覆土复绿植被的恢复，因此，对河道阻塞和采坑溢水有必要建立新的水系连通，通过引水归流使各水体之间的物质、能量、生物得以传输。对于积水量较小的采坑，如聚乎更区三号井，采用引水代填的治理模式，引地表水进入采坑形成高原湖泊，在注满之后与地表水体相连。

木里矿区存在四种空间维度的水系连通，分别是宏观尺度的河流与河流、河流与湖泊之间的连通，中观尺度的河流、湖泊与湿地的连通，细观尺度湿地内部的连通以及微观尺度的空隙与植物根系之间的水系传输（图4.5）。但受采矿等人类活动的影响，四种空间维度的水系连通都不同程度受到了破坏，导致湿地萎缩，植被出现退化。

针对这种状况，项目创新性提出了集宏观、中观、细观、微观等四种空间维度于一体的水系连通技术，修复河流–湖泊–湿地–植被之间的水系连通，为木里矿区生态修复提供水源涵养地（图4.6）。

宏观尺度的水系自然连通采取依山就势保留高原湖泊，引入上多索曲地表水自流进入聚乎更区八号井湖泊，出湖泊后汇入上多索曲，沿途接纳支流后，通过人工河道，引流进入四号井形成湖泊，出四号井湖泊后流入上多索曲，最终形成宏观尺度自西向东的水系自然连通，恢复木里矿区原有的水源输送能力和水源涵养功能。

中观尺度的水系连通是木里矿区普遍存在的，在实际治理中，通过人工措施，对前期煤矿开采时截流、改道的河流与周边湿地重新连通，恢复采坑周边湿地的水源涵养功能。

因道路的修建，道路两侧湿地萎缩植被出现退化，临近河湖一侧的道路植被生长正常，与河湖相隔离的一侧湿地出现萎缩，植被出现退化，如本区七号井北部通往哆嗦贡玛

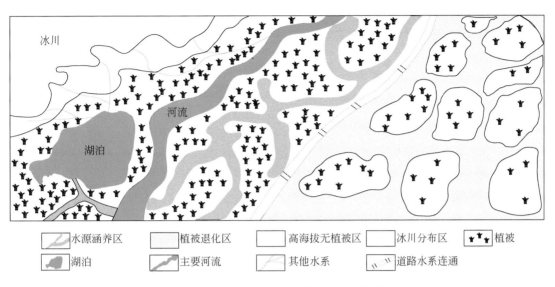

图 4.5　木里矿区水系连通技术图（修复前）

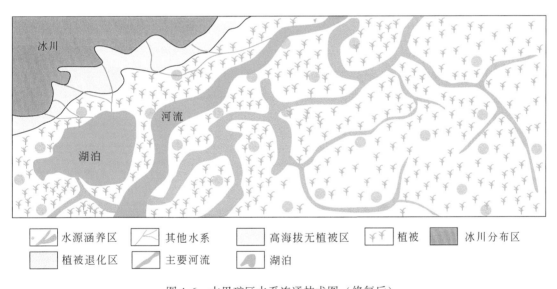

图 4.6　木里矿区水系连通技术图（修复后）

公路南北侧草甸明显退化。本区土壤类型以高山草甸土、沼泽草甸土为主，土壤母质为第四系冲积、洪积物，砂砾质和砂壤质为土壤主要质地。土壤层厚度随地形坡度的变化明显，在平缓区厚度变大，在边坡区厚度变小，厚度为 0 ~ 50cm，平均厚为 25cm，自上而下大致分为两层：腐殖层和母质层。土壤腐殖层厚度仅为 5 ~ 10cm，富含有机质，粉质黏土，呈灰黑色粉末状，级配较好，土质中等紧密，几乎不含砾石，道路修建之后压实破坏了上部的腐殖层。从微观上来看，阻隔了土壤内部水系的连通性，进而影响了湿地土壤水系的内在连通性，出现了湿地萎缩植被退化的现象。治理中因地制宜地对道路实施改道，或者在道路下方埋设导水管使湿地重新与河水、湖泊连通，逐步恢复湿地与植被生态系统。

4.4.2　自然生态集排水系统构建技术

矿山开发改变了矿产地的自然环境，产生了不良影响。露天开采对环境破坏主要表现在大量剥离物堆积、矿山建设当中修筑的道路及开采露天矿坑，使地表植被破坏，造成大量沙尘及粉尘。在高原高寒地区大面积开挖改变了多年冻土季节融化深度和季节性冻结层厚度，使冻融作用对岩石（土）层稳定性产生影响。

采矿形成的采坑高陡边坡和渣山四周存在的不稳定边坡，易形成边坡失稳直接导致地表植被破坏。坡度陡峻，基岩出露，加之物理风化作用和雨水冲刷产生裂隙，地表水下渗，易沿坡体形成危岩危坡，局部稳定性较差。开挖产生大量的废石、渣石等，在采坑附近层叠堆放，形成高达几十米的渣山，压实度较低、孔洞率、孔隙度较大、排水不及时等因素让渣山、坡体在重力作用下产生拉张裂缝和剪张裂隙，导致边坡失稳。

采坑周边地表水不断向坑内排泄漏失，潜水水位下降，导致植被退化，而地表植被一旦遭受破坏，植被复绿难度大，成活率小，植被退化；在风力侵蚀作用和工程设备碾压下，造成采坑周边土地沙化，不但造成土壤质量下降，还会造成水土流失，矿区水源涵养功能就会衰减。露天采场边坡岩体上部、排土场剥离物堆放受水力冲蚀，极易造成滑坡、坍塌等问题，引起并加剧水土流失。另外，露天剥采形成新的裸露地表，亦可增加水土流失量。同时，针对采坑、渣山等矿区进行覆土复绿植被的恢复，必须修筑建立完善的排水系统，应对安全行洪和水土保持具有重要的作用，为植被生长奠定重要的基础（熊涛等，2022）。

4.4.3　集排水系统研究与构建

1. 排水系统构建的重要性和防治措施

1）水对采坑、渣山边坡稳定性的影响

A. 地表水对边坡的影响

地表水的侵蚀和冲刷会对矿山边坡坡面造成严重的破坏。在夏季暴雨来临时期，河流的水位上涨，积水坑蓄水能力增大的时候，对矿山边坡会产生很大的影响。寒冷的冬季，还会在坡面上出现冰流，阻止边坡内地下水的渗出，使地下水位升高，水压上升，造成边坡失稳。夏季雨水的冲刷作用，雨水均匀地冲刷矿山边坡，使坡面下降，雨水形成的沟壑交错纵横，搬运了大量的岩土体，使岩体的裂隙增大，大大地减弱了边坡的稳定性，与此同时，地表水的渗入又增加了边坡岩体的自重，使边坡的稳定性大大降低。

B. 含水层水体对边坡的影响

含水层水包括孔隙水、裂隙水和岩溶水，是矿山涌水最直接、最常见的主要水源。特别是岩溶水，其水量大、水压高、来势猛、涌水量稳定、不易疏干，因此其危害极大。木里矿区受采矿影响，采坑边缘的冻土带受到破坏，高陡倾角范围的砂岩及其发育的裂隙、节理形成了砂岩裂隙含水层，对边坡的稳定影响明显。

C. 地下水对边坡的影响

（1）地下水赋存在岩体的孔隙中，会对孔隙的两壁产生静水压力。裂隙水的静水压力方向垂直于承压面，其值由水头决定。静水压力会对岩体产生一个向下的力，水头越高，水对边坡的压力就越大，下滑力也越大。对边坡岩体的稳定性影响就越大。

（2）边坡体的透水性和岩土体中存在水头差，导致水在岩土体中渗流而产生体力，这种体力称之为动水压力，又称渗透力，是一种体积力。渗透作用的存在，会使边坡体中的应力与变形发生变化，特别是在高边坡地下水大幅度下降或者持续暴雨和积水坑水回流，由于浮托力和地下水渗流运动作用，地下水下降部位的岩土体的有效重量增加，岩土体内产生渗透力，容易造成边坡失稳。

（3）对于遇水容易软化的岩石，地下水常可以使岩石内部的联系变弱，强度降低。水对边坡岩体的软化作用可以理解为岩石浸水后，水进入到岩石的微裂隙和孔隙中，在外部应力场的作用下，对岩石体产生力的作用，水对受力岩体产生力学效应。水的进入使得岩体软化，岩体的抗剪强度降低，同时上部的岩土体由于雨水浸入，导致自重增加，从而加剧了边坡岩体沿着软化岩层的弱面滑出的可能性，引起滑坡等地质灾害。

（4）地下水与周围岩体长期接触，水对岩体的化学作用，时时刻刻都在改变着岩石的结构。化学的相互作用包括：溶解、水合、氧化–还原、酸性腐蚀、化学沉淀、离子交换、硫酸盐还原等。边坡岩土体由于受到水的化学作用，导致岩体的内部结构发生了变化，岩石的粒间空隙、裂隙、矿物解理的增大。水的化学作用，使岩石分解出其他新的矿物，使原有的边坡土体的强度大大降低，产生新的矿物质，又会随着地下水的流动而被带走，这样就更加加大了原有岩石的孔隙度，使岩体变得松散破碎。由于岩体的裂隙增多，岩石的内摩擦角、黏聚力相应的都会降低，因此水的化学作用对边坡的稳定性产生较大的影响（王道临等，2013）。

2）水对采坑、渣山边坡影响的防治措施

A. 地表水的防治措施

根据矿山采坑、渣山边坡所处的地形，分别在坡顶和坡脚设置截水沟和排水沟、坡面设置跌水沟、每级平台上均设置截水沟。整个边坡中的水体通过坡顶截水沟、平台排水沟汇入竖向跌水沟，最后汇入坡底道路排水沟或坑中。通过坡顶截水沟、坡面跌水沟、坡底排水沟等建立边坡截排水网络系统，共同承担防水排洪任务。

（1）坡顶截水沟：主要利用主体结构排水系统，将坡顶以外水流截住，尽量减小坡面的冲刷作用。

（2）坡面跌水沟：一是将坡顶截留水引至坡底，根据汇水面积确定坡面设置间距，断面为阶梯形；二是依坡面起伏汇聚坡面面流，常在冲沟处设置，断面呈弧形。

（3）坡底排水沟：所有自坡顶、坡面汇集的雨水经坡底排水沟流至排水沟渠。

B. 地下水的防治措施

查明地下水源，做好水文观测工作和掌握水文地质资料是做好地下防水工作的前提。地下防水的措施归纳起来有以下几种：①防水墙和防水门；②探水钻孔；③防水矿柱；

④注浆防水帷幕；⑤地下连续墙；⑥疏干巷道的布置等（朱家宏，2021）。

C. 植被防治措施

植物对边坡可以起到很好的防护作用。裸露斜坡的表土在雨水的冲刷下，土壤结构遭到破坏，发生分离、破裂、位移、溅起。坡面上植物的茎叶或枯枝落叶能够拦截高速落下的雨滴，通过缓冲作用，消耗掉雨滴大量的动能，从而明显削弱甚至消除雨滴的溅蚀。若草本植物的覆盖度为100%，或者在低海拔地区的树木、草的枯枝落叶层达到一定厚度后，均可以完全消除雨滴的溅蚀作用。这样增加土体的抗剪强度，有利于坡体的稳定。

植被护坡是因为植物根系的锚固作用。植物的垂直根系穿过坡体浅层的松散风化层，锚固到深处较稳定的岩土层上，起到预应力锚杆的作用。草根可使土体强度提高，相对于松散的土层，植物根系具有较强的抗拉强度。在土层中，植物根系以加筋方式增强土体的强度与斜坡的稳定性。通过这种方式来使边坡达到稳定的状态（王道临等，2013）。

2. 排水系统的设置原则

按照矿山生态治理修复的需要，针对不同的影响问题，有的放矢地建立完善的排水系统，对达到安全行洪、水土保持具有重要的作用，并为覆土复绿植被生长提供坚强保障。因此，排水系统的设计建立需遵循以下主要原则（熊涛等，2022）。

（1）根据矿区的水文地质、地形地貌、土壤植被等情况，确定排水系统的任务与布置方案。

（2）尽量将排水沟布置在低洼地带，并充分利用天然沟道。

（3）排水设施的排洪导水能力要按照既定的标准进行校核演算。

（4）排水设施要实现有效顺接，形成系统，才能真正实现其排水功能。

（5）注意与蓄水利用工程有效结合，实现天然降水的综合利用。

（6）合理分流矿区地表径流，随着汇水流量的增加，逐级增大汇排水能力。

（7）尽量使沟道顺直，上下级互相垂直，便于汇流的顺利排导。

（8）排水沟的布置，应使构建物与土石方工程量最少，尽量保证基础的稳定。

（9）在有外水入侵处布置截流沟，将外水引入排水干沟或直接排至承泄区。

（10）对于矿区坡面的排水设施的布设在考虑客水的同时，对坡面自身的径流还需分级汇排。

（11）矿区地表水排水系统一般采用明排系统，但是过道路或是相关设施时可采用暗排。

（12）明排设施在基础条件好、压实程度高的区域一般采用刚性的排水沟，比如浆砌石、预制混凝土材料，在一些排水量不大的区域或表面覆土情况下可以采用柔性排水沟，比如生态袋、土工布等截排水沟。

3. 截排水沟类型及特点

截排水工程系统依据其设置的位置和作用可分为侧沟（边沟）、排水沟、截水沟、跌水沟等。其他地区还有连接承洪渠的倒洪和渡槽等工程。截排水沟加固类型可分为简易式加固、干砌式加固、浆砌式加固和生态型加固等类型。截排水沟的简易式加固通常采用水泥砂浆抹面、三合土抹面、铺黏土碎（砾）石等方式；干砌式加固通常采用铺干砌片石、干砌片石沙浆勾缝、干砌片石沙浆抹平等方式；浆砌式加固通常采用铺浆砌片石、混凝土预制块或用砖砌水槽等方式；生态型加固是近年来新发展起来的一种截排水沟加固方式，主要是通过在沟渠表面铺设草皮、生态植被毯、生态袋等方式，利用植物防护作用进行生态加固，该技术正逐渐应用于生产建设项目截排水沟加固施工设计中。

截排水沟在施工设计中通常根据沟底纵坡选择不同的加固方式：当沟底纵坡为 1% ~ 3% 时，通常采用简易式或生态型加固方式；当沟底纵坡为 3% ~5% 时，通常采用简易式、干砌式或生态型加固方式；当沟底纵坡为 5% ~7% 时，通常采用干砌式或浆砌式加固方式；当沟底纵坡>7% 时，通常改用跌水（赵永军，2007）。本次木里矿区模仿自然界中的沟渠，按一定间距开挖后用碎石铺垫形成排水沟渠。

本书通过梳理目前几种常用的截排水沟加固类型，将矿山地表截排水工程系统现有的截排水沟加固类型按照刚性和柔性进行了分类，具体分类见表 4.2。

表 4.2　截排水沟加固类型分类表

类别	加固方式	特点	备注
刚性	浆砌片石	取材简单，工艺较为简便，汇水和防渗水效果较好，但受施工边坡、平台地形影响，施工效率不高，后期整改维护难度大	
	混凝土预制构件	外观质量好，构件尺寸标准整齐，施工相较方便，汇水和防渗水效果较好，但受施工条件影响，施工效率不高，后期整改维护难度大	
柔性	土工布	铺设施工较为方便，单面或双面透水可增强土壤通气性和透水性，但铺设贴合度不高，易破损	
	生态袋	沟底及沟壁采用植物措施结合工程措施防护地面排水通道，与传统圬工排水沟相比，造价低、景观效果好，生态效益高，但其适用范围相比局限，安装工序相较要求高	
	自然	简单方便，易于施工，技术要求低，但未进行任何处理的自然水沟易被冲刷，预期效果较差	

1）浆砌片石截排水沟

浆砌片石截排水沟适用范围较广，用于排水沟、天然沟、引水沟、急流槽、涵洞出入口等。施工工艺为首先开挖沟槽，其次砌筑片石，砌筑分为基础砌筑和墙身体砌筑，最后进行勾缝及养护（图 4.7）。此种加固类型抗冲能力强，取材简单，工艺较为简便，汇水和防渗水效果较好，但受施工边坡、平台地形影响，施工效率不高，寒冷地区易受冻害，往往导致护砌破坏，存在后期整改维护难度大的特点和问题。

2）混凝土预制构件截排水沟

混凝土预制构件截排水沟一般在预制板下设置碎石垫层或反滤层，预制板厚度一般为

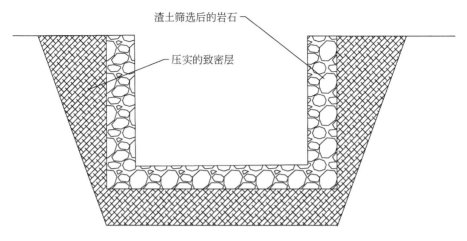

图4.7　浆砌片石截排水沟示意图

0.1~0.2m，混凝土标号不低于C20（图4.8、图4.9）。预制板平面尺寸可根据施工条件确定。混凝土预制板截排水沟抗冲能力强，整体稳定性好，外观质量好，构件尺寸标准整齐，施工相较方便，汇水和防渗水效果较好，但受施工条件影响，施工效率不高，存在后期整改维护难度大的特点和问题。

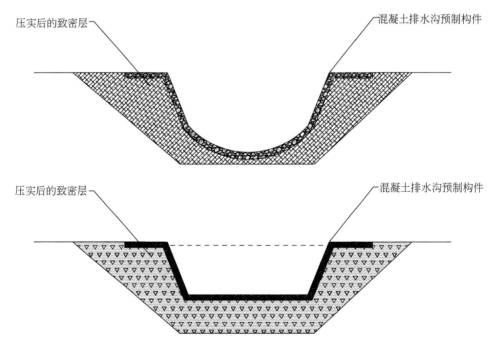

图4.8　弧形等混凝土预制构件截排水沟示意图

图 4.9 混凝土预制构件跌水沟现场图

3) 土工布截排水沟

土工布截排水沟铺设施工较为方便，单面或双面透水可增强土壤通气性和透水性，但铺设贴合度不高，易破损（图 4.10、图 4.11），观感差。

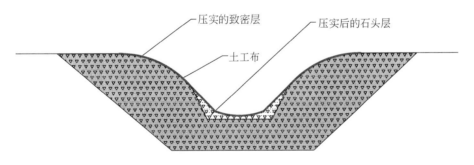

图 4.10 土工布截排水沟示意图

4) 生态袋截排水沟

生态袋截排水沟沟底及沟壁采用植物措施结合工程措施防护地面排水通道（图 4.12），与传统圬工排水沟相比，造价低、景观效果好，生态效益高，但其适用范围相比局限，安装工序相较要求高。

5) 自然截排水沟

自然截排水沟简单方便，易于施工，技术要求低，但未进行任何处理的自然水沟易被冲刷，预期效果较差（图 4.13）。

图 4.11　土工布截排水沟现场图

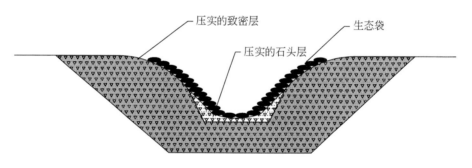

图 4.12　生态袋截排水沟示意图

4.4.4　集排水系统方案对比

　　木里矿区在本次治理前，已开展了部分采坑、渣山等的治理工作。不同程度的治理取得了一定效果。但仍存在和遗留部分问题，其中原有采坑、渣山边坡在治理时采用了不同加固方式的集排水系统，如聚乎更区五号井渣山采用的浆砌片石截排水沟、聚乎更区四号井南渣山采用的土工布截排水沟等，虽然取得了一定效果，但通过时间的检验仍存在一定程度的问题，本书现就两种截排水沟进行对比分析，为本次高原高寒矿区生态恢复治理提供有益的借鉴（熊涛等，2022）。

图 4.13　自然截排水沟现场图

1. 聚乎更区五号井渣山浆砌片石截排水沟

木里矿区聚乎更区五号井，经多年露天开采，带来了一系列矿山地质环境问题，致使水资源、土地资源、植被资源遭到扰动和破坏，水域涵养功能下降，加重沼泽草甸退化和水土流失，引起了社会高度关注。

以往年度聚乎更区五号井针对渣山开展了削坡整形、排水系统建立和种草复绿工作，取得了一定的治理效果。其中针对渣山采用浆砌片石截排水沟建立排水系统，起到了一定疏排水作用，但随着气候变化降雨降雪和冻土层冻融的影响，原有的排水系统存在以下问题。

（1）浆砌片石截排水沟属刚性加固方式的集排水系统，该类型截排水沟受地形条件的限制。

（2）浆砌片石截排水沟施工技术要求相对复杂，执行的技术标准较多，现场施工管理要求较高。

（3）受木里矿区高寒天气和冻土层冻融影响，易发生变形、破损和沉降。

（4）后期整改维护难度加大，且性价比不高。

2. 聚乎更区四号井南渣山土工布截排水沟

木里矿区聚乎更区四号井，经多年露天开采已造成较为严重的破坏和影响，包括不稳定边坡、采坑积水、渣石占地与草甸破坏、冻土破坏等一系列矿山生态地质问题。其中南侧渣山中部已经发生了滑坡（滑向采坑方向），以往年度开展了削顶减载、排水系统建立

图 4.14 聚乎更区五号井渣山浆砌片石排水沟

和种草复绿工作，取得了一定的治理效果。其中针对渣山采用土工布截排水沟建立排水系统，起到了一定疏排水作用，但随着南渣山北侧前缘滑坡体裂缝的变化，仍有较大的安全隐患，加之随着气候变化和冻土层冻融的影响，原有的排水系统存在以下问题（图 4.14、图 4.15）。

图 4.15 聚乎更区四号井南渣土工布排水沟

（1）土工布截排水沟属柔性加固方式的集排水系统，该类型截排水沟适用性较强，但对地形整形有一定要求。

（2）土工布截排水沟施工技术要求相对简单，但现有水工布通气性和透水性效果差异较大。

（3）受木里矿区高寒天气和冻土层冻融影响，排水沟基地未做处理，易发生破损和沉降变形。

（4）后期整改维护相关工序烦琐，且易造成环境污染。

4.4.5　特色自然生态集排水系统的构建

高寒矿区多年冻土存在季节活动层的寒季和暖季反复冻融作用，使得以往修建的集排水系统砌的结构集水沟在高寒矿区易发生变形、破损和沉降，土工布等柔性集排水沟虽起到了一定效果，但通透性不足、易破损且会造成二次白色污染，所以需要针对性采用一种抗冲刷的集排水系统，通过对现有国内排水系统的梳理，在木里矿区现场的对比实践形成了一种柔性自然生态集水沟，在高寒矿区应用优势非常明显。

1. 技术简介

高寒矿区自然生态集排水系统主要通过对开挖的渣土质集水沟整形后，沿整形后坡面和平台开挖排水沟槽，在沟壁表层夯实，在沟底面铺设碎石并再次进行压实，撒播配方草种，人工轻耱使草种与表层基质混合，覆盖无纺布（图 4.16）。

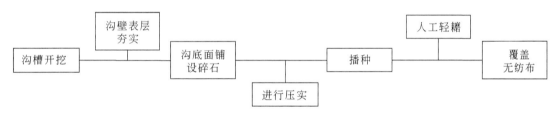

图 4.16　技术流程示意图

2. 主要技术指标

采坑边帮区域周边应完善截排水系统，可根据现场情况调整布设，布设原则为坡顶设置通长截水沟，坡面同一标高区的平台应设置通长平台排水沟，纵向水沟在混合质边坡区坡面布设，纵向水沟按 30m 间距布设。

截排水沟修筑主要依据地形及等高线，采用从高到低，根据实际情况分图斑进行。为防止羊板粪浪费，排水沟修筑应在摊铺羊板粪之前完成，并且坡面跌水沟和坡底截水沟应相连通，坑底主沟和支沟应连通，由主沟排至附近河流。

截水沟采用土沟方式，沟壁表层夯实，压实度不小于 0.85。

有机肥：颗粒有机肥用量为 3kg/m²。

草种：同德短芒披碱草、青海草地早熟禾、青海冷地早熟禾、青海中华羊茅的混播比例为 1∶1∶1∶1，用量为 6g/m²。

无纺布：每平方米重 20～22g。

坡顶截水沟规格为 800mm×500mm×500mm，坡脚排水沟规格为 1060mm×700mm×

500mm，平台排水沟规格为500mm×300mm×300mm，跌水沟坡率按照1∶1.12换算。局部区域截排水沟可根据现场情况适当加大规格。截排水沟工程大样图如图4.17所示。

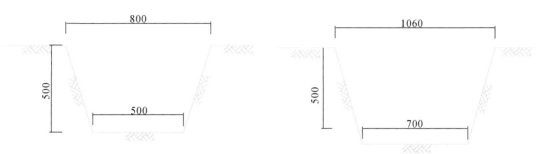

(a)坡顶截水沟结构图1∶10，适用于坡顶排水(土沟)　　(b)坡脚排水沟结构图1∶10，适用于坡脚排水(土沟)

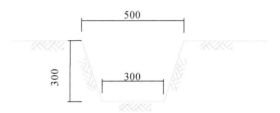

(c)平台及纵向排水沟结构图1∶10，适用于平台排水及坡面跌水(土沟)

图4.17　截排水沟工程大样图（单位：mm）

3. 技术路线和特点

高寒矿区自然生态集排水系统主要路线和特点包括五个方面：一是沟内坡面铺设夯实，增加土体的抗剪强度，提高边坡的稳定性和抗冲刷能力；二是沟底铺设碎石，并进行压实，防止水土流失，提升沟道抗暴雨冲刷和抗风蚀的能力；三是利用沟槽内的渣土和有机肥等渣土改良，提升坡面土壤养分条件，促进植被生长；四是沟内撒播配方草种，通过植物的生长活动达到根系加筋、茎叶防冲蚀和提高植被覆盖度的目的；五是施工工艺简单，工作效率高，且技术性价比较高，后期完善整改较为简便（图4.18、图4.19）。

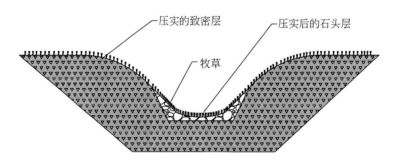

图4.18　自然生态集排水沟示意图

图 4.19　自然生态集排水沟现场图

1）沟槽夯实和碎石铺设

开挖的渣土质集水沟整形后，沟壁表层夯实，压实度不小于 0.85。在沟底面铺设碎石并再次进行压实，增加土体的抗剪强度，提高边坡的稳定性、抗暴雨抗冲刷能力和抗风蚀的能力。同时，截排水沟基地的正常自然沉降与底部铺垫的碎石仍易形成整体。现有的木里矿区圬工结构集水沟和土工布等柔性集排水沟均存在一定程度的共性问题，如经长期或较大瞬时降雨冲刷后，圬工结构和土工布与截排水沟基地分离，形成空隙未能形成整体，且排水沟基地未做针对性处理，存在冲刷破坏严重的情况。

同时，在沟槽内播撒了草种，沟底铺设的碎石覆盖可以提高土壤保水、保墒性能，同时起到调节被压覆层温度的作用，有利于草种生长成活。

2）边坡放缓和植被重建

对坡体过高或坡度过大的边坡，首先应进行人工削坡，通过放缓原坡体使边坡稳定性达到安全要求，坡度放缓后利用水土保持植被的生长。沟槽内有渣土和添加有机肥能够提升沟内土壤有机质含量，增强土壤肥力，改良土壤结构，能改善草本植物根系营养环境，提高渣土养分，利用草籽成长，保持复绿效果。

3）草种根茎固土

配方草种为同德短芒披碱草、青海冷地早熟禾、青海草地早熟禾、青海中华羊茅等。植物根系具有吸收、输送植物生长所必需的营养物质的功能及分泌、收缩的特性，同时兼具复杂的弹性和塑性力学性质，其对边坡稳定的防护有着植物地上茎叶部分无法替代的功效，根系之间相互交错，并与碎石、土形成混合的团块或团粒结构，增强了土体的强度。表层草皮可以为坡面提供良好的覆盖层，草的茎叶能够对降雨截留，削弱溅蚀，增大糙率并减缓坡面流速，草的表面根系形成了一层土根的复合护面层，增强了裸露基土的抗冲蚀能力，同时草的深根锚固了基土（图4.20）。

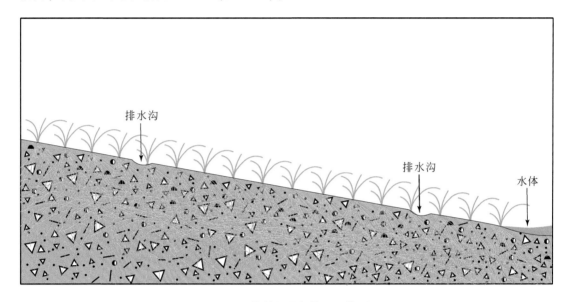

图4.20　植被根茎加筋固土作用

通过地表调查对治理区内露天采坑裸露基岩陡坎、露天采坑底面、匝道、渣山坡面、渣山顶面、积水坑、自燃烧变岩、河床、建筑物区、湿地等十余种微地貌类别的识别，结合航空摄影影像、DEM高程模型对整个治理区治理前的微地貌进行面上识别梳理，对原地形地貌微景观分区，在此基础上进一步分析出在露天采坑边界、渣山脊线、河流分水岭控制下地表径流场的运移特征和地表水补径排汇空间展布规律。研发出生态截排水传输涵养技术，如五号井西部沼泽湿地–湖塘、南部下多索曲、北部渣沟和露天东、西采坑五个汇水区划分出该井田相对独立的五个分区。

综合考虑井田在露天矿山生产建设活动下形成的地表水补径排汇分区新格局、地貌景观再造、地形重塑和井田周边地表水系分布，按照强化构建以井田附近沼泽湿地为重要的水源涵养地、水源涵养区和河流地表水系径排连通的新的地表水传输涵养思路，在新构建的生态截排水系统对地表水补径排汇空间分布重新调整分配后，形成新的地表水传输涵养系统。

在新的地表水传输涵养格局中，通过简单坡面、简单缓坡面、近平面、较陡坡面和宽缓陡坡面五种截排水沟组合样式强化水源涵养区内大气降水对土壤、植被的储蓄补给，通过整个井田生态截排水沟系统一级沟的连通主要起到地表水的过水传输，通过与井田外自然河流连通强化地表水的径流输排作用，通过向沼泽湿地–湖塘的连通导水，形成局部小的水汇区，有助于维系局部湖泊–湿地生态环境。在整个生态截排水系统中，截排水沟道为裸露设挖而成，或者进行不同程度复绿。裸露截排水沟除了起到截水、导水和排水主要作用，还能根据水源涵养的目的需要，在裸露或不同程度复绿沟道面过水时起到下渗补给邻近土壤层和更好满足植被生长需要的作用。同时，在未使用任何水泥等构筑材料的前提下，最大限度保护原生态自然环境和削弱人工治理的痕迹。

木里矿区的降水量呈增加趋势，短时的降水容易使覆土复绿成果付之东流，因此地面排水系统的主要任务是预防汇集到坑内的大气降水。通过对刚性和柔性等多种排水沟比较试验和改进，形成了一种经济实用的自然生态排水系统。在渣台、坑底排水沟、坡面跌水沟、坡脚排水沟等修筑排水沟，使其除部分自然挥发、渗透和平盘截留外，还有绝大部分汇水经矿山边坡的分水岭进入矿坑底部，通过形成通畅完善的排水系统确保矿山边坡不容易被冲垮，对水土保持具有重要的作用，为植被生长奠定基础。

4.5　冻土层保护技术

在祁连山乃至整个青藏高原等中低纬度区域的高海拔多年冻土区，冻土的变化影响着水文地质条件、水源涵养能力、水土保持、植被再生修复能力的整体联动变化，对祁连山生态环境的演化具有重要作用。对冻土的修复不仅仅是对冻土自身的修复，更重要的是对冻土生态地质功能的修复。

采用遥感、钻探等"空天地时"一体化勘查技术对矿山破坏区冻土的地质条件等进行勘查认识，分别针对冻融特性、水文作用和生态功能差异显著的多年冻土层和季节性冻土层，通过物理模拟、工程措施等，以实现重构冻土层物质结构、地下含隔水层结构及水力联系、水源涵养能力等相似并与原始冻土及其功能搭接融合的修复技术。

4.5.1　冻土层剖面重建原理

基于对冻土垂向上具有季节性冻融和多年冻土的显著差异，两者是区域冻结层上水和冻结层下水的一般地下水文层的划分参照。季节性冻土层是冻土区浅部地下水主要水文过程带区，直接决定了冻结层上水、浅层水的活化、径流、迁移和保持，其季节性融化引起土层不均匀沉降是导致各类建筑物变形和破坏的重要原因，对工程影响重大。其从相对微观的尺度上决定着浅层土壤中水分的空间部分，进而影响地表植被的生长和土壤沙化等。季节性冻土对环境温度、降水、能量传递等反应敏感，对区域地下水资源平衡、冻土相关地质灾害、植被系统、生态系统的稳定性和支撑意义重大，甚至对深部多年冻土的稳定和保护同样显得不可或缺。

综合考虑以上冻土在结构、冻融变化特性和生态环境支撑作用等方面的显著差异，提出了仿季节性冻土层和多年冻土层剖面的"二元"构架（图4.21）。其中，回填层是参照邻近原地层岩层组合结构通过机械手段分层回填和压实，并施以注水等措施，有利于多年冻土的快速恢复。再造层则以有利于增加水源涵养为目的，以季节性冻土底界埋深为起点向上通过分层回填和一次性压实的工程措施，人工引导构建科学合理的地下水径流场，并一定程度抑制冻胀融沉作用。在季节性冻土层上通过覆土复绿构建保护层，并配合地表微地貌的塑造合理引导地表径流，为植被生长奠定良好基础，同时以新形成的人工覆土复绿层对下伏冻土起到保护作用。由此，通过从冻土、地下水文、地表微流域、土壤、植被的综合分析考虑，可以构建更加稳定的生态环境系统。

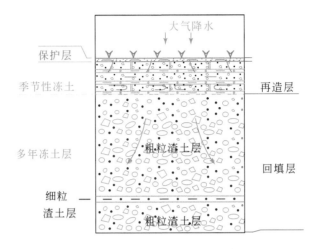

图 4.21 冻土层剖面的"二元"构架

1. 多年冻土层分层回填

研究区多年冻土的厚度从几十米到上百米不等，露天采坑主要在垂向上对其造成挖损破坏，甚至在局部造成多年冻土层被挖穿，如三号井采坑中部、四号井采坑中西部和五号井采坑中部。通过采坑回填既要实现对多年冻土层的直接恢复，同时回填后的采坑还不能再次形成明显积水。在回填过程中，按每 5~10m 进行分层并在顶部回填厚约 1.0m 的细粒渣土后进行简易压实，压实系数一般为 0.80~0.90。

2. 季节性冻土再造

活动层是沟通、平衡太阳热辐射等外界能量与下覆多年冻土能量场的重要过渡层。其蕴含地质、物理、生物等诸多联动作用，如垂向和侧向地下水径流、热能交换、生物作用等，是生态地质功能维持的重要载体。此外，活动层要反复经历冻结、融化交替变化过程，由此在地形、温度、降水等适宜条件下，容易诱发热融沉陷、热融滑塌、冻胀丘等冻土相关地质灾害。在多年冻土分层回填的基础上，原则上参照活动层底界一般深度在加深 1m 的垂高范围内进行活动层再造。再造层回填分层产状近似水平，细粒层厚度一般控制在 0.3~0.5m，活动层底层铺设细粒的相对隔水层。通过细粒和相对粗粒渣土按 1：2 厚度比例分层回填和细粒层压实（压实系数为 0.8~0.85）再造活动层相对隔水层和透水层主体层状结构，以增强活动层的储水能力。并在最上部相对透水层用细粒渣土设置 0.3~0.5m 厚的垂直侧流方向的相对隔水"拦挡墙"，针对性增强浅部储蓄水能力，为上部土壤基质层植被生长提供水的保障。在活动层层状结构层再造过程中，要注意再造相对透水层中不同粒级渣土要混合均匀，避免局部明显积水，降低冻土相关地质灾害发生的可能性。

4.5.2　季节性冻土层修复技术

主要是利用修复区以往气象、植被特征、微地貌、季节性冻土深度等已知相关资料及槽探、浅钻、地温测量等必要手段，在地表已挖损区周边季节性冻土层深度及垂向物质组成、含水性变化等认识的基础上，根据原状季节性冻土的深度、周边植被及其根系深度、垂向含水性、相对低孔渗泥岩/黏土层等信息设计构建冻土活动层剖面，随后通过分层回填、压实、覆土复绿等施工措施实现物质结构、地下含水层结构、水源涵养能力等相似并与原状季节性冻土及其功能搭接融合（图4.22）。

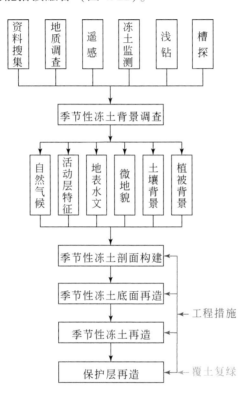

图4.22　季节性冻土层修复技术路线

根据季节性冻土层的底深、相对低渗黏土层层位、土壤层底界、植被根系层底界等典型特征信息设计构建人工再造的季节性冻土层剖面（图4.23），由此指导工程施工。

在地表以人工或工程机械在覆土表面按照波状或其他形貌，重塑于不同的地表微地貌，不同目的引导地表面流、径流，配合截排水沟，达到水源涵养并抑制地表积水，为植物生长提供有利条件。

在以上针对性的冻土层层状结构构建思路中，重点体现了强化冻土层储水、蓄水的能力。尤其是基于活动层上部蓄水能力提升和底部水侧流抑制思路设计的再造结构，其次是在土壤基质层重构中对基质层内渣土粒级和土质含量在垂向自下向上的递变等设计，更有

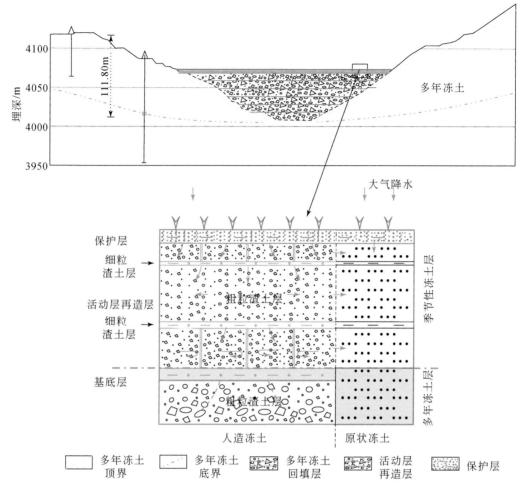

图 4.23　季节性冻土重构剖面

利于雨水下渗和保持（图 4.24）。

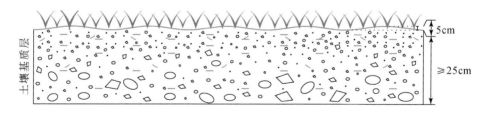

图 4.24　土壤母质层的顶面蓄水设计

该重构技术包括如下步骤。

步骤 1：通过以往季节性冻土、气象、植被等资料搜集分析并结合地表地质调查、遥感和浅钻、槽探、冻土监测等方法调查认识季节性冻土层背景条件信息，为季节性冻土层修复材料的配制和地层剖面结构设计提供地质依据。

步骤 2：根据季节性冻土层的底深、含水层和隔水层的相对层位、土壤层底界、植被根系层底界等典型特征信息，划分季节性冻土层剖面的主要分层及位置。

步骤 3：重点根据季节性冻土层中相对含水层和隔水层的岩性和孔渗大小特征、土壤层植物生长所需的土壤和肥料等，设计季节性冻土层中不同地层的修复材料配制方法。对于粗粒渣土层，选用泥岩直径小于 10cm 且体积占比小于 50%，砂岩直径小于 10cm 且体积占比大于 50%，层厚为 0.5～1m；对于细粒渣土层，选用有机质黏土或羊板粪 + 细沙土占比 5%，泥岩直径小于 5cm 且体积占比大于 50%，砂岩直径小于 10cm 且体积占比小于 45%，施水量体积占比不超过 5%，层厚为 0.3～0.5m；对于土壤层，选用一定配比的细粒渣土 + 羊板粪（20m³/亩①）+ 商品有机肥（1500kg/亩）+ 牧草专用肥，构建适合植物生长的土壤。

步骤 4：在季节性冻土底面下 1m 深度内回填粒径小于 5cm 的粉砂岩–泥岩占比大于70%，直径不大于 10cm 的砂岩含量不低于 25%，施水量体积百分比为 5%，并控制压实系数在 0.80～0.85。

步骤 5：采用机械工程措施分层回填、压实再造季节性冻土层。按照季节性冻土结构设计，在划分出的相对隔水层位置对应细粒渣土并与相对粗粒渣土交替回填；在划分出的含水层位置对应一定粒度的粗粒渣土进行回填；在划分出的土壤层位置对应一定配比的细粒渣土、有机质黏土、羊板粪、有机肥和牧草专用肥进行回填。当回填层厚度小于 5m 时，采取一次压实的方式控制每项压实系数在 0.85 左右；当回填层厚度大于 5m 时，采取大致每 5m 后压实一次的方式控制每次压实系数在 0.80～0.85。

步骤 6：按照小于修复区土壤层厚度且大于最小厚度（0.25m）进行覆土；以能合理均匀保水保墒为目的，按照设计挖设施工裸露的截排水沟，浅耕塑造表层土壤文脉，合理分宜分化地表径流至截排水沟，抑制地表积水。

步骤 7：尽可能选取当地种属的草籽，能够适应当地特殊气候，人工或机械播种。

4.5.3　多年冻土层修复

在利用以往资料、采坑边帮地质测量及必要钻探、测温等方式研究已挖损破坏的多年冻土层原岩层结构和多年冻土垂深界线认识的基础上，根据原始多年冻土的高孔渗砂岩层和低孔渗泥岩层等交互结构设计露天采坑多年冻土人工重构方案，随后通过分层回填、压实及注水的施工措施实现物质组成、功能等相似并与原状多年冻土及其功能搭接融合。该工程修复方法从物质组成基础和水文地质单元中的透水层、隔水层的人工重构，辅以注水、洒水等措施，在结构和水文地质作用上实现了对已经破坏的原生多年冻土最大程度的搭接融合，可大大加快多年冻土层的恢复速率和隔水功能的恢复（图 4.25）。

根据钻孔和露天采坑边坡裸露岩层信息可以了解露天采坑剥离开挖前的岩层信息，指

---

① 1 亩 ≈ 666.67m²。

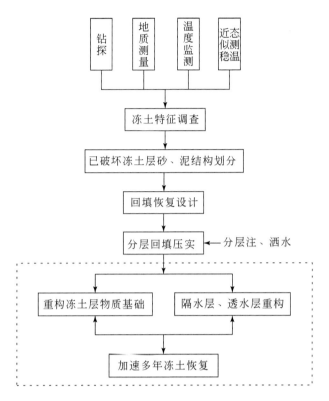

图 4.25 多年冻土修复技术路线

导划分待重构回填的多年冻土的内部隔水层和透水层结构，由此指导工程措施实施对露天采坑多年冻土的修复（图 4.26）。

该重构技术包括如下步骤。

步骤 1：搜集以往资料，了解修复区及周边原始多年冻土的顶底界深度、冻土的分布和露天采坑剥离区域以往的地层岩性序列及水文地质条件等地质背景；在已有认识基础上，可根据情况采取钻探、测温、地质调查等勘查方法补充完善其他必要的冻土特征相关的信息，为露天采坑多年冻土的结构设计提供地质依据。

步骤 2：设计人工重构露天采坑多年冻土层的底部界面层位、顶部界面层位、厚度及修复材料配制。根据原始多年冻土的高孔渗砂岩层和低孔渗泥岩层等交互结构，设计底层用细粒渣土填平补齐，然后铺设粗粒渣土层，其上覆细粒渣土并反复压实，压实系数为0.80~0.85，人工施水或大气降雪，施水量体积占比不超过 5%。再按粗粒渣土层、细粒渣土层和黏土交替铺设并压实，反复循环，直到设计界面结束。粗粒渣土层厚度不大于5m，细粒渣土层不小于 1m。施水后表面不能有明显积水，如因积水产生明显冻结冰层，应采取工程手段予以清除后继续向上逐层分层回填，水质 pH 为 7.0~7.5。

步骤 3：重点根据多年冻土层的岩性特征，设计相似岩性修复多年冻土层的材料配制方法。对于粗粒渣土层，选用泥岩体积占比小于 25%，砂岩直径小于 10cm 且体积占比为50%~75%；对于细粒渣土层，选用泥岩直径小于 5~10cm 且体积占比大于 50%，砂岩直径小于 5cm 且体积占比小于 40%，粉砂土为 5% 左右，施水量体积占比不超过 5%。

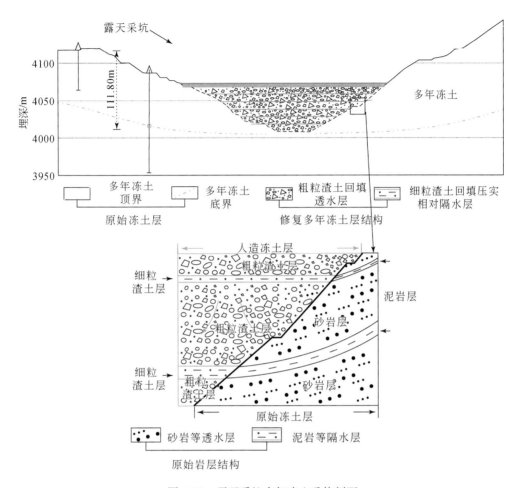

图 4.26　露天采坑多年冻土重构剖面

步骤 4：按照设计的单个透水层和隔水层的界面标高，以及翻斗车回填松散粗粒渣土−翻斗车回填细粒渣土和黏土−工程车压实−压实度检测−洒水（注水）的工序逐步进行人工重构多年冻土的回填施工；依靠冻土的自然恢复能力和以上措施，促进露天采坑回填区的多年冻土更快恢复再生。

4.5.4　冻土保护适应性管理

高寒冻土区矿山的冻土保护工作贯穿了开发前、开发中和开发后的全过程（图 4.27）。只有通过矿山全周期有规划、有准备、有步骤、有目标地开展冻土保护工作，才能在开发前通过制定冻土保护简易方案提前建立冻土保护的整体思路，并在矿山基建期做好植被、土地的保护准备工作，随后在矿山开发过程中结合矿山生产对冻土的扰动影响间歇性地开展冻土监测工作和阶段性防治保护工作，最终在矿山开发终期围绕冻土开展系统性全面修复工作，在实现对冻土地质灾害治理基础上，既实现对冻土层的重构修复，同时更重要的

是又实现对冻土生态地质功能的修复、完善，为水土保持和植被再生提供良好的基础
保障。

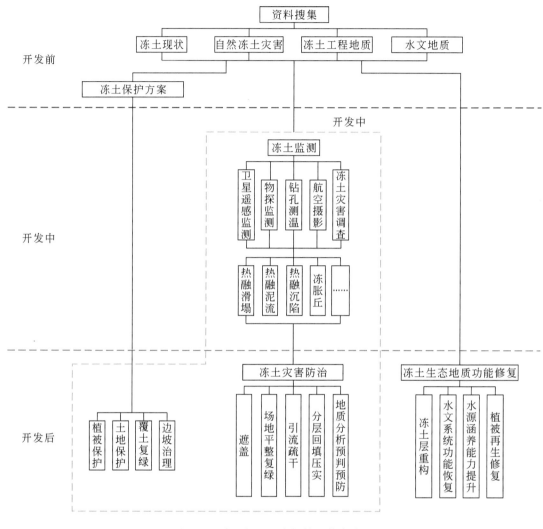

图 4.27　冻土保护适应性管理技术路线

1. 开发前

在矿山开发前，首先要系统地搜集冻土类型、发育程度、埋深、冻土相关地质灾害、
冻土工程地质等与冻土相关的信息资料，其次还要搜集与冻土相关的气温、降雨、日照
量、地表水系、水文地质等相关背景信息，为后续冻土保护方案的编制提供信息支撑。必
要时，需要开展针对性抑制冻土问题和现状的地质调查。

基于矿山冻土保护方案，在矿山开发前，尤其是基建期，重点要从植被保护、土壤保
护等方面做好预保护规划，才能更好应用到后续冻土保护治理中。如在矿区开采前各项准

备基本建设及矿区开采过程中不得随意铲除草皮；在施工前要事先划定工作区域，移植草皮；工作区特别是生活区应尽量选择建在无植被的裸露区；工作区临时建筑物应采用架空结构；道路铺设混凝土预制板；选择融区、融化深度大的河滩地、探露山坡等地集中取料；施工结束后将保存好的草皮移植于原处或用于边坡护理。

2. 开发中

矿山开发过程中势必会对冻土造成破坏扰动，最直接的表现为在前期矿山露天基建时，会剥离大面积的地表植被、土层，对浅层的季节性冻土、活动层造成直接破坏。随着露天开挖向下推进，动用大量的石方工程后，对多年冻土层也会造成直接的开挖破坏。另外，露天开采过程中剥离的渣石集中堆放出形成的渣山会对原地表造成压占，主要会对下伏季节性冻土造成扰动、破坏。此外，露天采坑的边帮和渣山侧面都会形成新的边坡斜面，这些边坡斜面在矿山生产时会进行不同程度的覆土复绿。矿山采坑、渣山、矿山基础设施建设、阶段性的覆土复绿等新的变化会对冻土造成挖损、压占，影响冻土的热能交换平衡和冻融交替过程，诱发地下水疏干、冻土融化、冻胀融沉、冻土相关地质灾害等一系列冻土相关生态地质问题。由此，在矿山开发过程中，需要开展必要的冻土监测工作。除了通过开展传统常规的冻土地质灾害调查、冻土钻孔地温监测外，还可以适应性选择卫星遥感、物探和航空摄影测量等高效的监测方法，重点围绕冻土相关地质灾害进行排查和调查，并在前期资料搜集和整理分析基础上对冻土的现状开展针对性的调查和认识。同时除了实施冻土保护方案的必要措施手段外，还应对矿山开发过程中调查发现的冻土相关地质灾害制定针对性的治理措施方案并逐一进行防治工作，抑制或消除冻土相关地质灾害。

3. 开发后

在矿山开发后的闭坑阶段，本着"谁破坏，谁治理"的原则，矿山企业要编制相应的矿山恢复治理方案。地处高寒冻土区矿山在恢复治理方案中还要在冻土保护方案中保护措施和冻土灾害治理基础上，通过多年冻土层回填、活动层再造和冻土保护层重构三个层面对冻土层结构进行直接恢复治理。最终以完善、恢复冻土的水源涵养、水文系统功能和表层植被再生能力为目的开展冻土生态地质功能的修复与保护。

4.6　稀缺煤炭资源保护技术

在矿区生态环境治理的过程中，如何统筹资源保护工作，有效地保护好宝贵的煤炭资源，是一项十分紧迫而重要的任务。治理中采取的煤炭资源保护技术主要为人造冻土层恢复资源原始赋存状态，针对人工开挖剥露的煤层、煤层露头、煤层露头自燃三种情况开展煤炭资源的保护。对暴露煤层自地表向下开挖 80～100cm；对自燃煤层则采用包括煤层燃烧和烧变围岩全部剥离，然后在煤层开挖面上用细渣土或泥土覆盖压实，加入水冻结，反复多次形成人造冻土层，人造冻土层形成后覆土整平实现与周围地形相协调（图 4.28）。

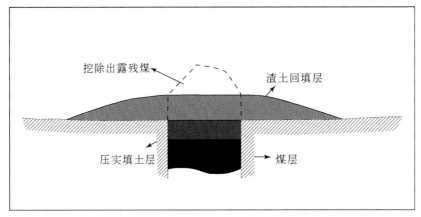

(a)人工开挖剥露煤层回填示意图

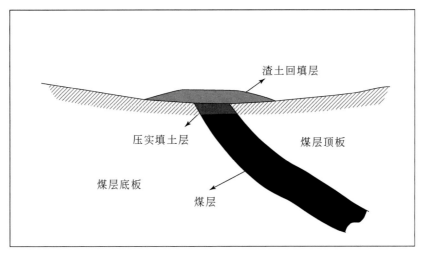

(b)煤层露头回填示意图

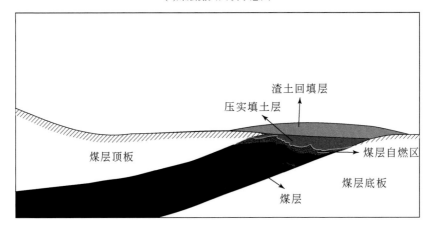

(c)煤层露头自燃区回填示意图

图4.28　煤层自燃区回填保护示意图

4.6.1　煤层保护技术

1. 边帮煤层保护技术

边帮煤层保护技术的目的在于保护出露煤层防治煤层自燃保护煤炭资源，利用坡面积水汇流达到封填煤层防治煤层自燃的施工方法，为出露煤层预防自燃提供了一个新的处理思路（图 4.29）。

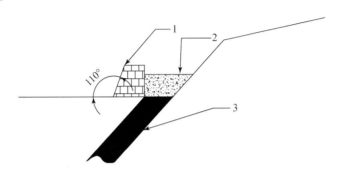

图 4.29　边帮煤层保护技术示意图
1. 挡土隔水墙；2. 细粒渣土层；3. 裸露煤柱

将煤层开挖至下与地表齐平，侧面漏出煤层底板，在煤层侧面砌筑 0.5m 高的挡土隔水墙，利用砂土或粉碎的粒径不大于 0.2cm 的矿渣对煤层露头进行回填封堵，碾压密实。利用煤层隔水特性及坡面汇集的积水封填煤层确保煤层不被氧化，最终达到保护煤层预防自燃的目的。

此方法经济、高效、适应性强，填补了封填煤层防治自燃的空白，为矿山环境恢复治理提供了更加便捷、经济的方案，由于施工方法简单，可以做到易于实施、安全可靠、便于操作，可以有效地解决露天煤矿治理需要，实用性较广，对于高原冻土地区尤其适用（表层冻土融化及高原坡面降雨可提供充足稳定的水源）。

2. 中部煤层保护技术

露天煤矿预防煤层自燃一般采用密闭填充、避免与大气接触而发生氧化的方法，然而在高海拔高寒冻土地区的处理方法还是空白，单纯以密闭填充的方式难以达到设计效果，且会破坏永久冻土层，对生态环境造成新的破坏。本方法为高原冻土地区出露煤层预防自燃提供了一个新的处理思路。

针对高原冻土出露煤层封填防止自燃且保护周边冻土层，设计出一种保护冻土且达到封填煤层目的的施工方法（图 4.30）。

将煤层开挖至地下 0.5~0.8m，对煤层露头进行回填封堵。①在煤层露头上覆 50cm 厚黏土或砂质黏土，并多次碾压密实；②傍晚灌水 3~5cm，夜间冻实；③在压实填土层上部覆盖 5m 厚渣土，按每 1m 先压实后灌水冻结一次，多次碾压，形成人造冻土层，并

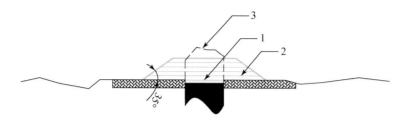

图 4.30 中部煤层保护技术示意图
1. 封填煤层黏土；2. 细粒渣土层；3. 裸露煤柱

且对压实层进行采样检测，确保煤层不被氧化，最终达到保护冻土层且封填煤层预防自燃的目的。

通过工程实践，此方法可以有效防止高原高寒冻土地区封填煤层自燃，为高原地区矿山环境恢复治理提供了更加便捷、经济的方案，由于施工方法简单可以做到易于实施、安全可靠、便于操作，可以有效地解决高原冻土地区尤其是露天煤矿治理需要。

4.6.2 治理方法

本着保护资源、保护环境的原则，拟对聚乎更区七号井已剥露的残煤进行剥离转运至指定储煤场。同时将煤层露头开挖至地下 0.5 ~ 0.8m，对煤层露头进行回填封堵。

具体封堵方法为在煤层开挖面上分两层进行细渣土或泥土覆盖压实保护，下部厚50cm，上部厚 5m。每层回填压实后浇水冻结，形成人造冻土。回填后新地形为起伏的"W"形沟谷，煤层顶部南北两侧按照 1:3 的坡率回填形成梯形，防止煤层氧化，与周围地形相协调。确保煤层不被氧化，有效保护煤炭资源。

煤层上部覆盖保护层具体施工方案如下。

（1）下部压实填土层。在煤层露头上覆 50cm 厚细渣土（压实后厚度），并碾压密实，该层压实度不小于 0.87，该层分两层回填压实，先松填第一层 30 ~ 50cm 厚细渣土，压实后进行压实度检测，压实度满足要求后再松填第二层细渣土，进行压实，并进行压实度检测。两次回填压实后，该填土层总厚度不低于 50cm，傍晚灌水 3 ~ 5cm，夜间冻实。

（2）上部渣土回填层。在压实填土层上部覆盖 5m 厚渣土，分层压实，按每 1m 厚压实一次，压实度不低于 0.85，对压实层进行采样检测，并灌水冻结一次，共分五次分层压实、冻结。回填后，形成人造冻土层，按照该区季节性最大融冻深度 3.5m 计算，确保人造冻土层不会完全消融，达到保护煤层作用（图 4.31、图 4.32）。

通过实际施工过程中对煤层的清运、封填压实、浇水重塑冻土层等技术方法，达到了避免资源浪费、保存战略储备资源、保护生态环境的治理目的。

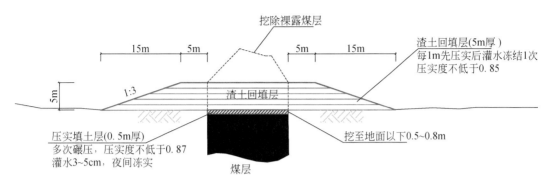

图 4.31　矿井煤层回填示意图

(a)治理前照片影像

(b)治理过程中影像(煤层剥采清运)

(c)治理过程中影像(煤层封填-浇水冻实-碾压)

(d)治理后影像(煤层封填重塑人造动土层复绿后)

图 4.32　聚乎更区七号井暴露煤层顶板人工重构保护修复过程

4.7 土壤重构与种草复绿技术

4.7.1 土壤重构技术

1. 木里矿区土壤修复前情况和存在问题

1）土壤修复前情况

木里矿区原始土壤以高山草甸土、沼泽草甸土为主，沼泽土次之，其母质为湖积、冲洪积物、残坡物及风积等。土壤 pH 为 7.5，有机质含量为 21.99%，碳酸钙为 4.5%，全氮为 1.13%，全磷为 0.11%，全钾为 2.16%，碳氮比为 12.4。此外，木里矿区位于高山严寒地带，有长达半年的冰冻期（10 月～次年 4 月），区域内广泛发育冻土，下部土壤为常年不透水冻土层，冻土厚度为 50～120m，最大融化深度小于 3m。上部土壤因降水或冰川融雪补给致长期过湿而发育成沼泽、在高山带的中部地区主要分布有高山草甸土。介于沼泽土与高山草甸土之间分布有草甸沼泽土，因地表不积水或仅临时性积水，无明显的泥炭积聚。

因气候严寒，化学风化与成土作用弱，土壤剖面层次分异程度较差，土层发育薄，矿区山地自然土壤土层厚度为 30～50cm，草甸生长层厚度仅为 5～10cm，土层较薄，土壤肥力低。

一段时间以来，矿区无序开采造成了矿区沼泽湿地退化、土地沙化和草甸植物枯萎和死亡，进而影响区域湿地草甸自然植被和土地资源遭受了破坏，原本仅满足所在区域植被生长的一般要求的原始土壤一旦遭受损毁破坏，场内就无可供调节和调度的多余土量。

经大量的野外调查和监测发现，天然沼泽湿地生态系统转变为采矿废弃地（渣土）后，土壤有机质的损失较为明显，土壤肥力急剧下降，水土流失程度越来越严重，根据对矿区渣土取样化验后的结果显示，天然沼泽湿地生态系统破坏成采矿废地（渣土）后，有机质含量（1.37～5.36mg/kg）、全氮含量（760～1500mg/kg）、速效钾含量（77～239mg/kg）、有效磷含量（0～4.8mg/kg）等土壤营养有效成分明显低于原始土壤，渣土 pH 增加，整体呈弱碱性–碱性（pH 为 7.3～8.6），局部 pH 大于 9 以上，土壤有机质损失较为明显，矿区开采后土壤肥效明显降低，但其中重金属元素均在种植土允许值范围内，整体污染风险较低，这就为利用渣土进行土壤重构提供了可能。木里矿区西藏嵩草草甸和嵩草草甸破坏为采矿废弃地，地表涵养水源的能力显著下降。砷（As）、铬（Cr）、铅（Pb）等土壤重金属元素及含量均有所增加，含量由高到低依次为铬>砷>铅。但聚乎更区 2020 年土壤监测数据显示，区域内土壤环境质量较好，各项指标均能满足《土壤环境质量建设用地土壤污染风险管控标准（试行）》（GB 36600—2018）和《土壤环境质量农用地土壤污染风险管控标准（试行）》（GB 15618—2018）土壤污染风险筛选值，有一定的环境容量。在矿区停产的情况下，木里矿区整体环境质量较好，但受矿区开采活动影响，矿区土壤 Hg 浓度高于周边地区。2020 年各类介质中仅部分地区的地下水中细菌数量存在一定的超标现象，但超标程度都不严重。综合来看，木里矿区现状总体环境质量较好，并未发现显著环境质量问题。

在煤矿大量开采的背景下，土壤侵蚀、水土流失等现象较为明显。采矿对土壤清除数量巨大，对矿区表层土壤的剥离和扰动尤为剧烈，除永久占地对表层土壤的占用和覆盖外，其余部分直接把土壤作为弃土堆放或遗弃，形成了大量的采坑和渣山，使其失去原有功能。土壤结构与质地方面，土壤结构需经过较长时间才能形成，工程开挖和回填将破坏土壤结构，尤其是土壤中的团粒状结构破坏后短时间内难以恢复（贺亮，2010）。

2）存在问题

良好的土壤是植被生长的物质基础和必要的立地条件。区内露天开采导致地表原始土壤破坏殆尽，在不采用客土情况下，需利用场内渣土材料采用一系列工艺改良，但仍然存在一些问题。

A. 土壤贫瘠

木里地区采坑及渣山均为渣土构成，渣土主要来源于含有机质较高的泥岩、碳质泥岩风化产物，块石含量大，泥土含量低。区内渣土养分含量极低，全氮含量、全钾含量、全磷含量、碱解氮、速效钾低于标准值，有机质含量虽然高于标准值，但是明显低于原生草甸土，植物生长所需的土壤母质严重缺乏，不能满足植物生长需要，必须对渣土进行改良，才能保证种草复绿植被生长。

B. 土壤 pH 偏向碱性问题

合格土壤的 pH 为 6.5～8.5。区内土壤材料化验测试结果表明，渣土越新鲜，碱性越强的特征，渣土暴露大气时间越长，风化程度越高，pH 越趋于中性的特征。区内土壤基础材料 pH 总体偏碱性，特别是四号井 pH 普遍大于 9，不利于种草复绿设计中四种草（同德短芒披碱草、青海草地早熟禾、青海冷地早熟禾、青海中华羊茅）的生长，给人工草种的出苗和生长带来一定的风险。

C. 羊板粪质量与发酵问题

羊板粪一方面通过缓释为土壤提供有机质和营养成分，更重要的是通过羊板粪和土壤材料的拌和，改善土壤的团粒结构，起到通气保水保肥的作用。而施工工艺参数要求羊板粪为未发酵的生羊板粪，如果羊板粪堆放时间过长而发酵，与土壤材料拌和后，快速释放有效氮，再加上有机肥的施入，就有可能产生烧苗情形，导致土壤改良效果不佳，严重影响出苗率和草的正常生长。

D. 土壤改良物质材料拌和问题

已知通过添加土壤改良剂可以有效改善土壤的结构，提高土壤肥力，但是目前关于木里矿区土壤改良物质材料的拌和问题未有成熟的经验可借鉴。若土壤改良物质尤其是羊板粪和有机肥施入量过大，会存在有效氮释放过多而导致烧苗风险。若遇上高温极端气候，烧苗风险会进一步加大。因此，需要指定科学合理的拌和量和拌和工艺。

E. 边坡稳定性问题

稳定的边坡是土壤重构和种子立地的前提和基础。木里矿区内仍然有局部地段出现沉降滑移，产生拉涨裂缝的现象，加上冻融作用的影响，会进一步加快边坡失稳速度和程度，因此需要对（潜在）沉陷滑移失稳地段充分利用 INSAR+高分多光谱+高分高光谱综合遥感技术，结合地面专业滑移监测，开展高频次高精度长时序滑移失稳监测；在此基础上，对第一阶段出现（潜在）滑移沉降失稳地段进行工程加固和整改，确保边坡稳定，最大限度地降低草种立地风险。

2. 土壤层构建的思路与方法

此前对于矿区植被重建的研究大多数集中在低海拔平原地区，在高海拔高寒地区开展生态修复的研究较少。木里矿区也曾有个别矿区在施工前期进行草皮剥离和临时存放，待竣工后将剥离的草皮移植到项目区进行植被恢复，工程实践结果表明上述措施对于改善项目区的生态环境、缩短植被恢复时间、防止水土流失是直接有效的，在斜坡地带即便是小面积移植也容易产生溜滑失稳情形。然而，研究区内更多的是自然草甸在长时间的采矿活动中被大面积损毁，没有将原有草皮进行大面积移植，造成了生态环境的大范围破坏。2014 年以来，聚乎更区三号井采取了 10cm 客土+表面施撒适量羊板粪的土壤重构技术进行植被重建与生态修复，取得了一定的修复成效，但因矿区外长距离客土与当地风化带土壤层矿物成分、酸碱度等理化性质存在差异，加之未构建土壤基底层形成相对的防渗层，羊板粪又仅施撒在表面，未能够与土壤充分拌和，表层部分土壤和羊板粪中的营养成分经雨水作用淋滤和冲刷被带走，造成土层减少和土壤肥力在一两年短时间内快速降低，导致植被逐年衰退死亡，需要后期不断投入大量的人力物力和资金持续开展追肥补植和养护，但仍然难以维持植被现状长势，当地有人这样评价："一年绿，二年黄，三年退化光"。此外，木里矿区恢复区面积大、周边均无可用土源，异地客土困难，最近的客土源距矿区240km 以上，采用客土法通过外部运输成本太高。高投入下有限的生态回报，只能在小范围内小规模开展，难以大面积推广应用。木里矿区露天开采区段破坏了本来很薄的以基岩风化带为主要成分的土壤层，区内土壤分布有限，其附近又无可调配的土壤用于修复。木里矿区大规模生态修复工程开展初期，有人提出从山下异地调用客土方案，按覆土平均厚20cm 进行粗略计算，2 万多亩复绿面积，客土运输工作量极其大，且客土成分与当地原始草甸土的差异问题很可能水土不服，造成土源区和治理区新的生态问题，客土方案现实中很难实现。利用煤矿区开采后形成的大量废弃渣土作为表土替代材料，并进行大面积人造土壤层构建，是木里矿区生态修复与国内其他地区矿山修复的不同之处和困难之处。因此，如何仿造风化带土壤层也就是采用地质手段修复破坏的草甸生长层是木里矿区能否实现复绿的关键。

1）理论依据

土地复垦指的是对各种人为因素或自然原因导致破坏的土地，采取因地制宜的整治措施，使其恢复到可供利用状态的一系列的行动和过程。土壤重构（soil reconstruction）又称重构土壤，土地复垦涵盖土壤重构，土壤重构是土地复垦的核心且贯穿土地复垦全过程（刘春雷，2011）。

土壤重构的目的是对工矿区遭受破坏的土地进行土壤恢复或重建，通过采取适当的采矿工艺和重构技术，应用工程措施及物理、化学、生物、生态等治理措施，重新构造一个适宜的土壤剖面、土壤肥力条件以及稳定的地貌景观格局，通过人工再造，在短时间内恢复和提高重构土壤的生产力，并改善重构土壤的环境质量。在土壤重构的前期和中期，最重要的任务是重构、改良与培肥。

王佟等在"青海木里矿区高原高寒生态地质层构建与修复关键技术及应用（2021 年 9 月）"研究中提出了生态地质层的概念、研究思路，认为采矿等人类活动引起矿山生态与环境变化，造成区域地表土壤破坏、地层破裂塌陷、构造变形等地质条件的变化和地形地貌破坏，其根本原因是破坏了原始的生态地质层。从地质形变角度出发开展生态环境治理修复，其核心就是修复破坏的生态地质层。土壤层（草甸生长层）是地表生态治理与修复的主要生态地质层，对能否实现复绿至关重要。因此，在高原高寒木里矿区土壤奇缺的情况下通过改良渣土，形成人造土壤是实现生态修复的唯一路径。

2）构建思路

目前适宜高原高寒地区露天煤矿生态修复的土壤重构技术主要包括客土法和改良渣土技术。客土法采用外运土壤用于矿区土壤重构，是通过移取外地熟土替代原生土的土壤改良方法，是最常见的土壤重构方式。移取的外来土壤（即客土）一般是壤土、砂壤土或是土壤营养基质含量高、质地较好、有害物质较低、保水保墒能力强、有利于植被生长的人工土。改良渣土技术是指就地取材，利用矿渣、添加有机肥和羊板粪等措施进行土壤重构。

矿区内土壤条件差，局部酸碱度大于 9，不具备种草条件，渣土渣山土壤贫瘠、团聚体不发育、砾石含量高、缺乏植物生长所需的营养基质、保温保墒能力差。因此木里矿区采用了土壤重构技术结合采坑回填与边坡治理等工程措施进行土壤重构，将改良渣土覆盖整个矿区各井田。2021 年 2 月，木里项目研究团队对木里矿区聚乎更区和哆嗦贡玛区土壤基质分布现状、土壤基质类型、土源及工程量等进行了现场调查、论证和评价，指出木里矿区采坑和渣山均为渣土构成，必须对渣土进行改良，才能保证草种绿植被的生长。

渣土土壤改良的目的在于增加渣土中有机质含量和孔隙度，改良渣土土壤酸碱度等，使其具备基本的种植条件和生长条件。在无土地区如果能实现对采矿形成的渣土，通过添加一定比例的有机质等添加物和物理破碎筛分改良等手段构建出与未破坏地段草甸土壤结构相似、成分相近的土壤生态地质层，就可以修复破坏的草甸生长层。

3）构建方法

通过大量野外调查发现，木里矿区草甸生长层基本都是由煤系碎屑岩风化形成的不同粒度的颗粒物和有机质构成，厚度为 5～10cm，在河道地带局部达 50cm。而当地的羊板粪则是由羊粪和当地风化成熟度相对较高的表层土互层堆放形成，含有土壤微生物群落的天然腐殖质资源，与土壤有机质组成和性质非常类似。因此通过对渣土和羊板粪按一定比例搅拌、混合可大幅度缩短土壤熟化的培育周期，形成与当地尚不熟化土壤层物理结构相近、化学成分相似且土壤肥力明显提高的人造土壤层。

有研究表明羊板粪中的重金属含量很低，作为有机肥原料，能有效地减少有机肥中重金属的含量，降低其对植物和动物的危害。羊板粪通过缓释可以为土壤提供有机质和营养成分，更为重要的是通过羊板粪和土壤材料的拌和，可以改善土壤的团粒结构，起到透气、保湿、保肥的作用。鉴于区内没有充足且质量较好的土壤供种草复绿区进行土壤重构，且矿区内含有大量开采后形成岩性以泥岩和粉砂岩为主的渣土，所以本次一是尝试采用将牲畜粪与渣山风化的泥岩和粉砂粉末混合形成人工土壤，探索重构土壤的改良效果。另外，加入适量以羊粪为基质制造的商品有机肥可以提高土壤肥力（王佟等，2022a）。

3. 土壤重构实验室试验

1）试验方案设计

针对土壤重构中可能会出现的土壤贫瘠、pH 偏高、羊板粪质量与发酵问题、土壤改良材料拌和等问题，以矿区内不同类型的土壤材料（渣土）作为种植土，羊板粪、有机肥和牧草专用肥作为土壤改良剂，分析不同方案的土壤改良效果，分两批试验进行。设置纯渣土（不采用任何改良措施的盐碱地）、原始草甸土对照方案。每组渣土样根据羊板粪、有机肥和牧草专用肥等土壤改良剂的不同配比和施用方式，细化成 73 种对比试验方案，共计 1781 个试验样品。

其中，土壤重构实验室试验主要包括土壤层构建和人造土壤肥力提升两部分。第一步，通过花盆实验，对比不同用量羊板粪与渣土构建的土壤与原始草甸土在出苗率和土壤成分等方面的差异性，筛选最优的土壤层构建方案。第二步，通过在人造土壤中加入不同比例配方的有机肥料，提高人造土壤与原始草甸土化学成分的相似性，以增加土壤肥力，促进植物生长。

A. 土壤层构建

由于木里矿区富含有机质的草甸生长层厚度仅为 5～10cm，为模拟和接近木里原始土壤剖面，在进行盆栽土壤剖面重构实验时，将构建土壤层分为下部的基底层和上部的表土层两部分。

a. 下部基底层

花盆下部的基底层由粒径较大的渣石经过人工压实后形成，紧实度较高且有机质含量少，能起到涵养水分和水土保湿的作用，厚度约为 5cm。

b. 上部表土层

首先，将采集的渣土样中大于 5cm 的石块进行人工破碎和筛选后装进花盆内形成压实度较小的颗粒支撑层，与下部基底层共同组成土壤重构骨架，确保每盆纯渣土厚度为 25～30cm。

其次，将由不同用量的羊板粪和经过人工破碎筛选后的细渣土拌和后装入花盆，使羊板粪充分填充颗粒支撑层中的孔隙，以达到使表土层的物理结构更加接近于木里矿区原始土壤风化层及改善土壤结构的目的。基于此，设计纯渣土+羊板粪（Y）组合方案，根据羊板粪不同用量细化成多种配比方案。

最后，通过现场出苗情况、板结程度和土壤成分变化三方面探讨羊板粪与渣土混合后的土壤层构建效果，评价出最适合的羊板粪与渣土混合比例。

B. 人造土壤肥力提升

人造土壤肥力提升方案主要在利用羊板粪与纯渣土拌和所构建的表土层的基础上，根据羊板粪、有机肥、牧草专用肥、硫酸亚铁不同组合方案和使用方式设计成混合方案和分层方案两大类。

混合方案主要探讨不同用量的商品有机肥、牧草专用肥的人造土壤肥力提升能力及硫酸亚铁在渣土中的酸碱度改良程度。保持羊板粪、有机肥和牧草专用肥施用方式一致，即渣土筛选→羊板粪破碎→羊板粪与纯渣土充分拌和20cm→施加有机肥，浅拌5cm→施加牧草专用肥或硫酸亚铁→撒播草种，浅拌2cm。根据羊板粪、有机肥和牧草专用肥的不同类型组合进行划分为以下五类组合对比方案：

组合1：纯渣土+羊板粪（Y）+有机肥（YJ）；

组合2：纯渣土+羊板粪（Y）+有机肥（YJ）+牧草专用肥（M）；

组合3：纯渣土+有机肥（YJ）；

组合4：纯渣土+牧草专用肥（M）；

组合5：纯渣土+羊板粪（Y）+有机肥（YJ）+牧草专用肥（M）+硫酸亚铁（$FeSO_4 \cdot 7H_2O$）（pH对比试验方案）。

该五类组合对比方案再根据羊板粪、有机肥、牧草专用肥的不同用量细化成多种对比试验方案。

分层方案中羊板粪和牧草专用肥的施用方式与混合方案一致，通过改变有机肥的施用方式，划分为以下四类对比方案：

（1）全部有机肥撒在重构土壤表面；

（2）有机肥与纯渣土进行充分拌和均匀5cm；

（3）全部有机肥与纯渣土进行充分拌和均匀20cm；

（4）有机肥一半撒表层，另一半与纯渣土充分拌和20cm。

上述四类分层方案中，再根据羊板粪、有机肥和牧草专用肥的不同类型组合和配比划分细分为多种对比方案。

2）结论与认识

（1）羊板粪可以作为较为优质的渣土改良剂，通过将羊板粪和矿区内经过人工破碎筛选后的细纯渣土进行深度拌和，可以有效构建具备较好植被立地条件和基本生长条件的人造土壤，实现就地渣土改良形成人造土壤。以羊粪为基质的羊板粪能够提高土壤肥力，保证种植草的出苗率和构建后土壤的保肥能力。

（2）羊板粪和商品有机肥等土壤改良剂的组合和不同的比例都会起到不同程度的土壤改良效果。利用主成分分析法，在人造土壤加入不同材料和配比后，对土壤肥力提升的综合效果进行分析研究，得出渣土+羊板粪+商品有机肥+牧草专用肥的土壤层构建方案最优，牧草长势好，与原始草甸土壤成分最相近。

4. 木里矿区土壤重构技术应用

在土壤重构技术中，土壤剖面重构技术配合土地平整技术在土地整理中应用较为广泛。根据室内试验结果，确定采用羊板粪、有机肥作为木里矿区主要的土壤改良材料，现场大面积土壤层构建种草复绿时，根据室内种草试验确定了最佳的配比方案，制定了羊板粪用量为30m³/亩左右、商品有机肥用量为1500～2000kg/亩、牧草专用肥为15kg/亩的土壤层构建和肥力改良方案。在生态治理过程中，在渣土回填和边坡整治等工程技术的基础上，采取覆土工程和就地翻耕工程土壤重构技术、土壤培肥技术相结合的方法对木里矿区待复绿区域进行土壤重构，使其达到种草复绿条件。

1）覆土和就地翻耕工程土壤重构技术

在矿山开采和复垦工程过程中，常会改变原生土壤剖面的特征，使历经数百年甚至是上万年的土壤遭到人为的破坏，因此土壤重构的重点通常集中在土壤剖面的重构和肥力的提升。其中，土壤剖面重构指的是采用合理的开采和复垦工艺，构造一个与原土壤一致或更加适宜植被生长的土壤剖面，提高复垦土地的生产力。对于一般土地的复垦，土壤剖面重构的最主要任务是保持土层顺序不变，其中表土的剥离、贮存及回填是最为必要的。复垦后土地利用若对土壤肥力要求不严，其主要任务是选择合适的表土替代材料，如剥离物中的砂岩、黏土岩及页岩，并回填在复垦土地的表层（胡振琪，1997）。

覆土工程和就地翻耕工程土壤重构技术属于工程重构技术范畴，是在地貌景观重塑和地质剖面重构的基础上，根据治理区的土地条件，以整治后的土地利用方向，对区域内被破坏的土地进行挖、铲、垫、平、捡等处理，也就是剥离、回填、覆土和平整的技术过程，主要目的是构造土壤重构剖面。

覆土工程土壤重构技术指的是对复绿表面（深度为25.00cm）块石粒度小于5cm的占比大于50%以上，且泥岩（土）占比大于50%以上的地段（覆土区），从矿区内土石比例较大、有机质含量较高且符合覆土要求的渣山等土源点运输渣土覆盖至覆土区形成覆土层，并对覆土进行筛分、摊铺、晾晒、捡石、平整等一系列改良形成土壤基质层，且厚度控制在25~30cm，使之达到通过施肥进行土壤改良的条件。木里矿区砾石直径5cm以上且含量大于40%的地段一般缺乏团粒结构，植物生长所需的母质严重缺乏，往往不具备种草复绿条件。因覆土区缺乏足够的可种植土壤材料，所以需要在适宜进行渣土改良的土源存放点中，将渣土中大于20cm的块石用挖掘机进行粗分分离，之后将小于20cm渣土用翻斗车转运至各需要覆土区，摊铺晾晒后将大于5cm的块石通过机械或人工捡拾，平整形成厚度为25~30cm土壤基质层。

就地翻耕工程土壤重构技术指的是对于复绿表面（深度为25~30cm）泥岩（土）占比大于50%以上，块石粒度小于5cm且占比大于50%以上的地段（就地翻耕区），进行就地翻耕后，采取筛分、摊铺、晾晒、捡石、平整等一系列措施对就地翻耕土进行改良，形成厚度为25~30cm的土壤基质层，使之达到通过施肥进行土壤改良的条件。就地翻耕区内有足够的可供复绿的土壤材料，翻耕后进行摊铺晾晒，再将大于5cm的块石通过机械或人工捡拾，平整形成厚度为25~30cm土壤基质层（魏宝国，2022）。

覆土和就地翻耕完成后，采取人工或机械的方式将捡拾以后的覆土和翻耕土整平，通过机械筛分，将大颗粒砾石用于矿坑回填或摆放至截排水沟内。

覆土工程和就地翻耕工程过程中产生的碎石，采用以下方法处理：第一，在产生的碎石中选用尺寸及硬度合适的片岩用于排水系统的修筑；第二，选用粒径相对较小的块石对第一阶段地形重塑工作进行巩固提升，局部平整度达不到要求的区域采用粒径较小的块石回填平整；第三，对块石粒径较大的块石采用就地填埋的方式处理。

2）土壤培肥技术

土壤培肥技术指的是为了加速重构土壤剖面的形成、土壤肥力的恢复和土壤生产力的提高，在工程重构过程中或者结束后，对重构土壤进行改良培植的技术，土壤培肥包括生物菌肥和土壤改良剂（郭建一，2009）。

本矿区为高原高寒特殊性的矿区，不宜引进外来微生物菌落。土壤改良剂技术是指由于覆土和就地翻耕土砾石养分含量低，保水保墒能力差，采用有机肥、羊板粪等土壤改良剂对渣土进行改良，增加土壤有机质和孔隙度，改良土壤酸碱度，提高土壤含水量，增加土壤湿度、保墒、保苗能力，改善土壤条件。

木里矿区的土壤添加剂技术主要采用颗粒有机肥、羊板粪作为土壤添加剂，在坡度大于 10° 的渣土区同时设置排水沟、构建微湿地地形，防止水土流失，提高保水保墒能力，确保植被恢复率。羊板类有机质含量大于 40% 以上，用量为 33m³/亩，将渣土与肥料混合均匀后覆盖治理地段表面。颗粒有机肥有机质需大于等于 45%，含氮+五氧化二磷+氧化钾大于等于 5%、水分小于 30%，用量为 1500 ~ 2000kg/亩（平地 1500kg/亩、坡地 2000kg/亩，其中 50% 有机肥与羊板粪一起同纯渣土充分拌和 20cm，另外 50% 撒至重构土表面），牧草专用肥 15kg/亩。

由于木里矿区改良渣土极易退化，保水和保肥能力差，为提高土壤肥力和水分的保持，在渣土改良过程中使用羊板粪和颗粒有机肥土壤改良剂，一方面提高渣土保水保墒能力，另一方面肥力缓慢释放提高土壤肥料的利用率和肥效。

3）土壤重构的特点

木里矿区土壤重构技术的特点可以概括为人工干预是土壤重构的核心，技术环节复杂、涉及面广、风险大，以及短期效应和长期目标并重三方面内容。

（1）人工干预是土壤重构的核心：土壤重构的实质是以土壤学为理论基础，在人工干预下构造和培育土壤。在木里矿区土壤重构过程中，人工干预是一个综合的而最具影响力的成土因素，需投入大量的人力物力，涉及工程、物理、化学、生物等各方面技术措施，使土壤肥力各项特性短时间内迅速恢复，有效减轻甚至消除土壤污染，从而全面改善土壤环境质量。同时人工干预能够解决土壤在长期发育过程中产生的一些土壤发育障碍问题，并针对存在问题加以解决，使土壤的肥力迅速提高。

（2）技术环节复杂、涉及面广、风险大：木里矿区土壤重构是一项包含众多技术环节、涉及面十分广泛的综合土地复垦治理措施。从矿区开采、表土剥覆、地貌重塑、土壤改良、植物生长等各个环节都涉及了土壤重构，这些技术环节虽然有一定的时序规律，但其本质上却又相互交叉、相互作用；此外，木里矿区土壤重构运用了包括地质学、生态学、农学、土壤学等多种基础理论，在技术的运用上包括了覆土和就地翻耕等工程措施，以及物理、化学、生物、生态等多项措施。

木里矿区气候寒冷、冻土发育、空气稀薄、常年寒风肆虐、雨雪天气多，面临着风蚀、水蚀、春旱、高寒、土壤基质状况差等多重自然环境风险；局部施工区域坡度大、无土壤层、砾石含量大，需要经过大面积的土壤处理以达到种草复绿的基本要求，需要投入大量的施工设备，施工设备对复绿区域进行二次碾压容易造成复绿效果差，存在施工条件风险；木里矿区各矿井都需要大量的羊板粪、商品有机肥等物资，如果在土壤重构过程中遇上市场供应短缺，尤其是羊板粪短缺，可能会导致错过种草窗口期，因此存在较高的采购风险；项目区多为牧民，以放牧为生，人畜活动频繁，尤其是在天气较寒冷的季节，牛羊在放牧过程中会啃食草皮，会直接导致成活率与覆盖率降低，甚至被完全破坏，人畜活动风险大。

（3）短期效应和长期目标并重：木里矿区土壤重构的直接目的是在短期内利用工程措施快速消除地质灾害等环境隐患，同时采用有机肥、羊板粪对开采过程中遭受破坏的矿区渣土进行改良形成重构种植土，以达到快速培肥土壤、增加土壤生物活性、消除土壤污染的效果，避免矿区大量水土流失和环境恶化，为植物生长和植被演替奠定基础。长期性目标主要是恢复和提高重构土壤的生产力，重建高原高寒地区草原–草甸土壤生态系统，提高水源涵养能力，增加生物多样性，提高区域生态资源环境承载力，实现人与自然相互依存、和谐共生、协调发展。在土壤重构实施过程中既要在短期内消除矿区的环境隐患，还要考虑到长期的土壤恢复、植被生长以及生态系统的构建，需要及时进行补植补播。创造良好的生态效益和社会经济效益（刘春雷，2011）。

4）土壤重构技术的应用

通过种草试验结果进一步研究制定出木里矿区大面积土壤重构和种草复绿技术方案，确定了羊板粪、有机肥、牧草专用肥的用量和作业播种流程，其中羊板粪为 $30m^3$/亩左右、坡地有机肥为2000kg/亩、平地有机肥为1500kg/亩、牧草专用肥为15kg/亩。

本次土壤层构建试验成果不但在木里矿区聚乎更区的七个矿井生态环境治理中得到了很好应用，而且还推广到海拔更高的雪霍立区生态环境治理。木里矿区生态治理土壤层构建过程中，将羊板粪按 $30m^3$/亩左右的用量与覆土或就地翻耕土进行充分拌和20cm左右，然后将40%的颗粒有机肥再进行充分拌和20cm后，再将剩余的60%的颗粒有机肥连同实验研究中的四种草种和星星草共五种混播牧草、15kg/亩牧草专用肥混合均匀撒入重构土层表面并拌和5cm，以达到在6、7月种草窗口期内快速提升人造土壤肥力的目的。

已有研究分析表明，2001年木里矿区在大规模开采前高寒草甸景观植被覆盖率为77.43%，因煤炭开采矿区植被覆盖度呈现出整体下降的趋势，在2013年、2017年、2020年分别下降至70.91%、70.90%和70.88%。截止到2021年9月15日，木里矿区各矿井草种生长情况较为理想（图4.33），平均出苗数皆大于10000株/亩，平均株高大于10cm，平均覆盖度皆大于70%，其中八号井覆盖率更是高达92%（表4.3），这是由于八号井渣土的土石比例大且有机质含量高，也进一步验证了不同的土壤矿基材料、不同的土壤添加剂改良组合采用同种方案时土壤改良效果存在不同程度的差异，且利用羊板粪、有机肥等土壤改良材料可以在短时间内改善矿区纯渣土的土壤结构，达到土壤层改良的效果，实现了高原高寒矿区生态地质层修复中的土壤层构建和大面积应用（王佟等，2022a）。

(a)重构前　　　　　　　　　　　　　　(b)重构后

图4.33　木里矿区大面积土壤层构建前后的复绿效果对比

表 4.3　各矿区实际种草复绿效果一览表

矿区		面积/亩	出苗数/(株·m²)	平均株高/cm	平均覆盖度/%
聚乎更区	三号井	2681340	13840	15.00	86.00
	四号井	2921460	13897	14.00	73.00
	五号井	3412372	14401	12.90	83.22
	七号井	2810738	27507	15.61	87.40
	八号井	909121	17313	25.00	92.00
	九号井	1720860	11247	18.00	78.00
哆嗦贡玛区		922461	11939	11.10	78.00

由此可见，在高原高寒木里矿区生态修复过程中，当地渣土通过物理、化学措施的改良能够实现土壤层构建的目的。种草试验取得的土壤层构建配方和施工工艺在后续的大面积治理工程中得到很好的应用，证明推广应用了试验取得的土壤层构建方法，不但有效治理了矿区的生态环境，解决了当地无土的难题，还节省高昂的治理费用，具有极大的实践意义，也为同类矿区大面积生态地质层修复提供参考和借鉴。

为确保能够产生持久的生态效益和社会效益，防止重构土壤和人工植被出现严重退化，后期仍需要严格按照管护长效机制，对复绿区域进行长期监管，严禁牲畜和人为破坏，同时积极开展植被生长长期动态监测工作，及时准确掌握矿区植被多样性、覆盖度、生物量、非栽培植物入侵及土壤养分情况，对植被覆盖度较低的区域及时进行补植补播，为高原高寒矿区生态地质层修复提供科学的参考。

5）土壤重构技术的进一步探索

"渣土+羊板粪+有机肥"的土壤重构模式通过了多名权威专家的审查，具有很强的科学性，但是木里矿区生态修复工程是全国乃至世界上首次在高寒区大规模进行生态修复的尝试，以往无成熟的经验，是否有更经济又可行的重构方案值得进一步探索。

A. 羊板粪的优缺点

羊板粪具有长时间缓释供肥、改善土壤养分和团粒结构、保温保墒等优点。虽然通过多次科学研究试验和专家审查，将羊板粪用量已经减少至 $33m^3$/亩，大大节省了修复投资，但大规模使用羊板粪的成本仍然较高。

B. 问题的思考

实验室种植试验中不添加羊板粪的配比方案（"渣土+有机肥"和"渣土+有机肥+牧草专用肥"）出苗和长势良好，因此在木里矿区探讨不添加羊板粪的重构方案，进一步降低土壤重构的成本。

C. 探索更经济且可行的重构方案

"渣土+羊板粪+有机肥"既能改善土壤营养成分，又能改善土壤团粒结构。据研究，牧草扎根后其根系也能一定程度上使土壤形成团粒结构。因此，应在木里矿区探索一种通过人工利用当地资源改善土壤营养成分，靠牧草和渣土本身自然改良土壤团粒结构的土壤重构技术方案。先在西宁选取一定比例的渣土、羊板粪和不同品牌的有机肥进行简单实验后，在不同海拔标高的四号井和八号井分别建立实验场地，开展了千余种不同配方的实验，并在哆嗦贡玛区（海拔4200m）、聚乎更区四号井东坑南坡、五号坑底开展采用"渣土+有机肥"的模式进行土壤重构验证。其中哆嗦贡玛区海拔4100～4300m，是木里矿区中气温最低、风力最大的地区，接近甚至超过雪线，风蚀和水蚀作用最强，气候条件最差，种植环境最恶劣；聚乎更区四号井海拔3950～4100m，风力较强，气候条件较差，种植环境较为恶劣；江仓区海拔3750～3950m，风蚀作用相对较弱，气候条件和种植环境相对良好。

首先通过翻耕捡石或筛选覆土形成15cm土壤基质层（覆土层），之后实施土壤重构工程。第一步，将颗粒有机肥（每亩用量750kg）、牧草专用肥（每亩用量12kg）摊铺在土壤基质层上，通过机械和人工方式将有机肥均匀拌入基质层中，深度为15cm。第二步，将颗粒有机肥（每亩用量750kg）通过机械和人工方式撒施在种草基质层表面，将土壤基质层（覆土层）改良成为适合种草的土壤。

D. 技术风险分析

"渣土+有机肥"的土壤重构模式符合坚持自然恢复和人工修复相结合、坚持科学性和经济性相统一、坚持"三边"联动的原则，理论上具有科学性和可行性。一方面，实验室种植试验取得成功；另一方面，颗粒有机肥能解决木里矿区肥力贫乏这个最棘手的问题。但同时具有一定的技术风险性，主要体现在以下几个方面。

（1）牧草对土壤团粒结构的改善能力不明确，在高海拔高寒地区能否改良土壤团粒结构有待研究。

（2）颗粒有机肥也能长时间缓释供肥，能改善土壤营养成分，但不具备羊板粪的保温保墒能力，牧草生长和越冬具有一定的风险。

因此，本次研究在哆嗦贡玛区、聚乎更区四号井东坑南坡、江仓区局部区域三处不同海拔的试验区进行土壤重构取得了较好的效果，建议可进行适当推广。

4.7.2　覆土复绿检测关键技术

木里地区高寒草甸、高寒湿地腐殖质层形成的时间以数千年计算，一旦受到破坏，恢复非常困难，故需要采用人工复绿方式加快恢复矿区生态环境。木里矿区土壤厚度薄，2014年以来，该地区的三号井在局部地段小范围内采用客土进行土壤重构，虽取得了一些效果，但采用这种模式将会大大增加工程投资，经济上很不合理，被称为"豪华治理"。国内针对生态脆弱区露天煤矿生态修复土壤重构做了一定的研究，在表土替代的选择上，利用粉煤灰、煤矸石、Ⅲ层亚黏土等材料制作表土，以这样的思路进行了土壤重构。在木里矿区，研究人员对不同人工恢复措施下矿区煤矸石山植被和土壤恢复效果，以及对土壤重构的覆土厚度等进行了实验研究。考虑因高寒高海拔地区无充足的客土资源可供客土覆盖、复绿，结合本区地层中含有大量泥岩和粉砂岩，以及牧区充足的牲畜粪便，在本次木里矿区生态环境治理修复实践中，采用渣山风化的泥岩和粉砂粉末混合羊板粪等有机肥代替土壤，同时对修复效果做了系列跟踪检测研究（王佟等，2021）（图4.34）。

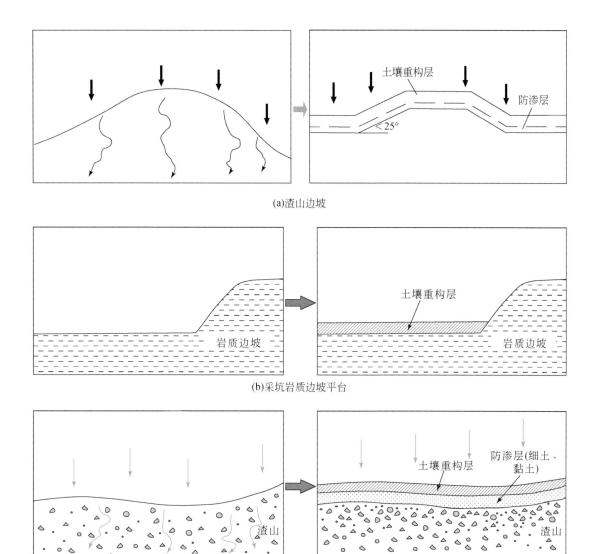

图 4.34 土壤重构剖面示意图

1. 检测目的意义

在覆土复绿治理过程中，检验检测的目的和意义在于以提供数据支撑的手段，了解矿区背景土壤和渣山渣土的成分情况，跟踪掌握矿区治理的成效，同时为建立土壤重构方案的拟定提供理论依据。这是高原高寒地区的生态修复领域的关键技术。

2. 主要检测内容

在实践中，通过资料的收集整理分析、实地考察、现场采样、化验分析等检验检测系列手段，对矿区地质环境现状进行持续评估。

（1）研究采集不同配比重构土壤，对其进行养分指标进行测定，参照全国第二次土壤普查养分分级标准进行分级，挑选部分指标对土壤肥力质量进行评价。根据《土壤质量指标与评价》提出的主导性、生产性和稳定性的肥力指标选取原则，结合矿区特定的环境状况，选取土壤养分和肥力等指标作为肥力评价因子，并分析各指标的分布特征。

（2）由于之前不合理的开发利用，矿区的水资源等生态环境质量受到了影响。因此，为了研究覆土复绿前后水资源各检测指标数值的变化，需在矿区进行合理的水质布点、采样、检测并进行分析评价。这也是高原高寒地区生态修复的重要环节。

（3）在矿区治理修复过程中，需加入羊板粪和有机肥进行改善土壤的肥力和养分。为施工提供有力的物资保障，为确保覆土复绿工作高效、顺利地进行，在矿区施工阶段应同时对羊板粪、有机肥和牧草专用肥进行检测。该工作也是后期评价矿山地质环境治理措施及效果的依据。

3. 检测技术方法

1）土壤环境检测技术

根据矿山地质环境保护与治理方案中监测方案所确定的项目进行监测，主要参照以下标准进行：《土壤环境质量农用地土壤污染风险管控标准（试行）》（GB 15618—2018）、《土壤环境监测技术规范》（HJ/T 166—2004）、《矿山地质环境监测技术规程》（DZ/T 0287—2015）、《土工试验方法标准》（GB/T 50123—2019）。

根据各矿井和渣山面积分布情况，采样点分布如图 4.35 所示。每个采样点的样品为表层土壤 0～20cm 的混合样，在现场采用四分法缩分出重约 1kg 的土壤样品（王佟等，2021）。

矿区生态修复的治理成效和治理前后土壤成分的变化应用数据来证明。土壤测试指标包括：土壤 pH、有机质、全氮、全钾、全磷、水解氮、速效钾、速效磷、水溶性盐总量、阳离子交换量，以及铅、镉、砷、铜、汞、铬等重金属指标。检测数据再运用 Origin、SPSS 软件进行数据的统计分析，分析各指标的分布特征，采用因子分析法、潜在生态危害指数法对矿区土壤肥力、土壤环境质量进行全面的评价。

现场施工结束后，为了持续监测生态环境治理的成效，应要继续采集土样进行检验检测，频率为每年 1～2 次。

2）水质环境监测

A. 水质监测点位布设原则

水质监测点位在总体和宏观上须能反映水系或所在区域的水环境质量状况，反映污染特征，布点应能以最少的点位获取足够的有代表性的环境信息，同时须考虑实际采样的可行性和方便性。

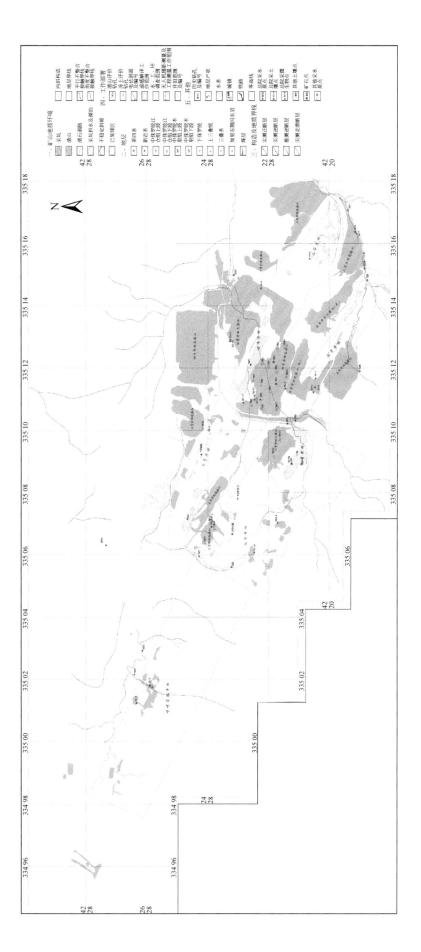

图4.35　木里矿区土壤样品采样点分布图

B. 地表水及地下水监测项目

在矿区治理过程中，矿区水资源的影响及变化情应及时掌握。依据《地表水环境质量监测技术规范》（HJ/T 91.2—2022）、《地表水环境质量标准》（GB 3838—2002）、《水质采样方案设计技术规定》（HJ 495—2009）、《水质采样技术指导》（HJ 494—2009）和《水质采样样品的保存和管理技术条件》（HJ 493—2009）的相关要求，根据矿山地质环境保护与治理方案中监测方案要求，水质监测指标包括：pH、氨氮、硝酸盐、亚硝酸盐、挥发性酚类、氰化物、砷、汞、铬（六价）、总硬度、溶解性总固体、高锰酸盐指数、硫酸盐、氯化物、铅、氟、镉、铁、锰、微生物等。

3）羊板粪和有机肥检测

现场取样过程中，根据羊板粪、有机肥现场堆垛及实际情况随机选用以下三种采样技术方案中的一种进行工作。

A. 采样布点方法

（1）五点采样法按照有机肥 80t 为一个批次，按照五点采样法进行采样。分别对堆垛的四个角及对角中心线交叉点进行采样。采样过程中要求要从堆垛的表面到地面的全部包装袋进行样品采集。

收集好各点的样品后，在现场进行混合均匀，用四分法将已经采集好的样品进行缩分，分别制成 1kg/袋的样品两份，加贴四方签字的采样封条。其中一份由建设单位、质量抽检监督管理单位、监理单位和施工单位共同保存，现场移交。另一份由检测部门带回实验室进行相关的检测工作（图 4.36）。

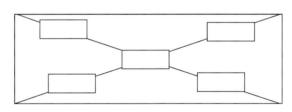

图 4.36   五点采样法示意图

（2）等距采样法按照有机肥 80t 为一个批次进行采样。现场先测量堆垛的长度或者宽度，按照长度或者宽度每 2～3m 一个点位进行等分，设置采样点。

样品在现场进行四分法混匀缩分，保存和移交。具体步骤同五点采样法（图 4.37）。

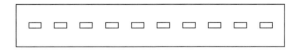

图 4.37   等距采样法示意图

（3）"S"形采样法按照 80t 为一个批次进行采样。在堆垛的上方某个角点为起点，每 2～3m 为一个折点距离，偏角约为 45°，直至最后一个点在预采样堆垛上的对角点处，以这样的线路，每点按照从上到下的顺序进行采样。

样品在现场进行四分法混匀缩分，保存和移交。具体步骤同五点采样法（图 4.38）。

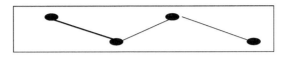

图 4.38　"S" 形采样法示意图

B. 羊板粪采样要求

羊板粪采样：羊板粪以 3000m³ 为一个批次进行采样。羊板粪按照梯形方式进行堆垛，梯形的每个侧面按照距离分别采用等距采样法或 "S" 形采样法进行布点，每个侧面挖掘深度不得少于 1m，布点数不得少于八个。梯形的顶面可以按照五点采样法、等距采样法、"S" 形采样法随机进行，各堆垛的布点数不得少于八个，挖掘深度不少于 0.5m。

C. 检测方法要求

羊板粪测试项目：羊板粪主要测试项目包括有机质、水分、杂质、有无较大石块等内容，并满足合同规定及相关检验标准规程。

有机肥测试项目：有机肥和牧草专用肥按《有机肥料》（NY 525—2021）标准规定检测有机质、含氮+五氧化二磷+氧化钾、水分的含量等项目。

4.7.3　覆土复绿质量评价关键技术

覆土复绿质量评价从矿区土壤重构和重构后质量评价两个方面入手，以矿区土壤为研究对象，分析土壤肥力和重金属含量的分布特征及变化规律。运用因子分析法和潜在生态危害指数法分别对土壤肥力质量和重金属生态风险进行评价，为矿区生态环境综合整治、各矿井采坑、渣山一体化治理工程设计提供科学的依据，因地制宜地提出切实可行治理措施和建议（图 4.39）。

1. 重构土壤养分评价方法

为了更全面地对重构后的土壤进行质量评价，选取土壤全氮、全磷、全钾、水解氮、速效磷、速效钾、有机质，共计七个养分指标，参照全国第二次土壤普查养分分级标准（表 4.4），将各养分指标进行分级。

由图 4.40（a）~（c）可知，重构后的土壤中全氮、全磷、全钾的含量均较为丰富，其中，土壤样品中全氮含量达三级及以上养分标准接近 90%、全钾含量均达三级标准及以上、全磷含量均达四级标准。由图 4.40（d）~（f）可知，水解氮含量范围 30.9~4914mg/kg，说明其在土壤中分布不均，土壤样品中三级标准以下的约占 30%；土壤中 S1~S17 有效磷含量均在四级标准以下，含量较低，土壤样品中二级标准及以上占 33.3%；速效钾含量几乎都达到三级标准以上，说明重构后的土壤中速效钾能供植物直接吸收的潜力最强，

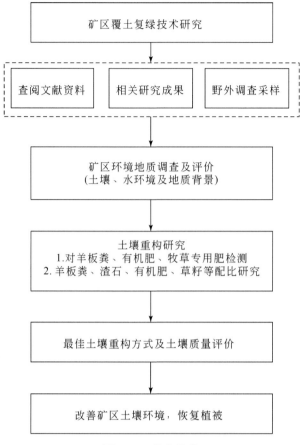

图 4.39 技术路线

表 4.4 全国第二次土壤普查养分分级标准

项目	级别	土壤
有机质 /(g/kg)	一级	>40
	二级	30~40
	三级	20~30
	四级	10~20
	五级	6~10
	六级	<6
全氮 /(g/kg)	一级	>2
	二级	1.5~2
	三级	1~1.5
	四级	0.75~1
	五级	0.5~0.75
	六级	<0.5

续表

项目	级别	土壤
全磷 /（g/kg）	一级	>1
	二级	0.8 ~ 1
	三级	0.6 ~ 0.8
	四级	0.4 ~ 0.6
	五级	0.2 ~ 0.4
	六级	<0.2
全钾 /（g/kg）	一级（很高）	>25
	二级（高）	20 ~ 25
	三级（中上）	15 ~ 20
	四级（中下）	10 ~ 15
	五级（低）	5 ~ 10
	六级（很低）	<5
水解氮 /（mg/kg）	一级	>150
	二级	120 ~ 150
	三级	90 ~ 120
	四级	60 ~ 90
	五级	30 ~ 60
	六级	<30
速效磷 /（mg/kg）	一级	>40
	二级	20 ~ 40
	三级	10 ~ 20
	四级	5 ~ 10
	五级	3 ~ 5
	六级	<3
速效钾 /（mg/kg）	一级（极高）	>200
	二级（很高）	150 ~ 200
	三级（高）	100 ~ 150
	四级（中）	50 ~ 100
	五级（低）	30 ~ 50
	六级（很低）	<30

而速效磷的潜力相对较差。由图 4.40 可知，土壤中有机质含量达一级养分标准的占比为84.8%，达三级及以上标准的占比为93.9%，说明重构后土壤中有机质含量丰富，个别点位有机质含量较低可能是因为机械混合羊板粪、渣土、有机肥时未能充分搅拌均匀。

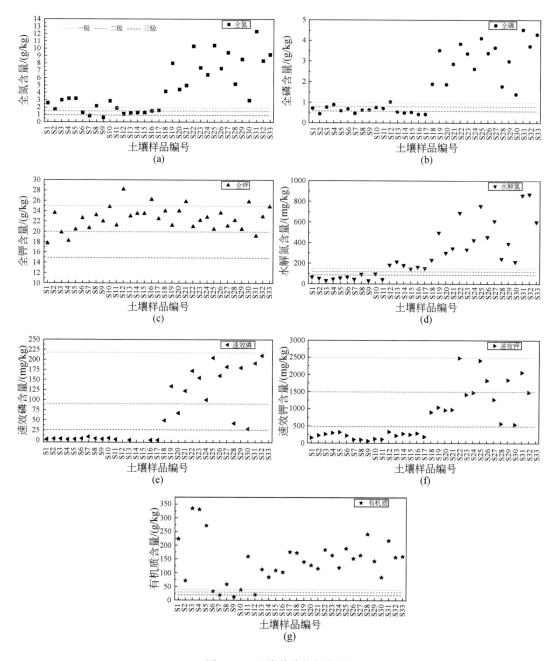

图 4.40　土壤养分指标状况

2. 重构土壤肥力质量评价方法

重构土壤肥力质量评价选择内梅罗指数法，以土壤 pH、阳离子交换量、全氮、全磷、全钾、有机质、水解氮、速效磷和速效钾作为评价指标。各评价指标拥有不同的数量级和量纲，需进行标准化处理。土壤养分和性质指标都具有连续性和模糊性的特点，在标准化处理中不能人为划分等级界限，应借用模糊数学中的隶属度和隶属函数的概念。根据前人所做成果（王建国等，2001），并结合研究区实际情况，采用两种隶属函数："S" 形隶属度函数和抛物线型隶属度函数。全氮、全磷、全钾、有机质、水解氮、速效磷和速效钾这类养分指标在一定范围内增大时，其对肥力的贡献增大；低于和高于一定范围，其贡献率维持在低水平和高水平，符合 "S" 形曲线的特征，故对这类评价指标标准化时应使用 "S" 形隶属度函数（周王子等，2016）：

$$f(x) = \begin{cases} 0.1 & x < x_1 \\ 0.9(x-x_1)(x-x_1)/(x_2-x_1)+0.1 & x_1 \leq x < x_2 \\ 1.0 & x \geq x_2 \end{cases} \quad (4.1)$$

土壤 pH 过大和过小，都不利于作物的生长，故采用抛物线型隶属度函数：

$$f(x) = \begin{cases} 0.1 & x < x_1, x > x_4 \\ 0.9(x-x_1)/(x_2-x_1) & x_1 \leq x < x_2 \\ 1.0 & x_2 < x \leq x_3 \\ 1.0-0.9(x-x_3)/(x_4-x_3) & x_3 \leq x < x_4 \end{cases} \quad (4.2)$$

式中，x 为各指标实测值。根据研究区的实际情况，参考全国第二次土壤普查养分分级标准和前人研究结果（孙波等，1995），确定各指标拐点如表 4.5 所示。

表 4.5　隶属度函数曲线中转折点的取值

转折点	pH	阳离子交换量 cmol(+)/kg	全氮 /(g/kg)	全磷 /(g/kg)	全钾 /(g/kg)	有机质 /(g/kg)	水解氮 /(mg/kg)	速效磷 /(mg/kg)	速效钾 /(mg/kg)
x_1	4.5	10	0.5	0.2	5	6	30	3	30
x_2	6.5	25	2	1	25	40	150	40	200
x_3	8.0								
x_4	8.5								

内梅罗指数是一种兼顾极值或突出最大值的计权型多因子环境质量指数，是目前仍然应用较多的一种环境质量指数。其基本计算公式为

$$P_{综} = \sqrt{(P_{imax}^2 + \bar{P_i}^2)/2} \quad (4.3)$$

式中，$\bar{P_i}$ 为各单因子环境质量指数的平均值；P_{imax} 为各单因子环境质量指数中最大值。根据 "木桶理论"，土壤整体肥力取决于含量最低的养分指标，结合内梅罗指数兼顾极值、避免权系数主观影响等特点，将内梅罗指数公式变形为

$$IFI = \sqrt{(F_{imin}^2 + \bar{F_i}^2)/2 \cdot (n-1)/n} \quad (4.4)$$

式中，$\bar{F_i}$ 为各单因子养分隶属度的平均值；F_{imin} 为各单因子养分隶属度中最小值。n 为评价指标个数，加上修正项 $(n-1)/n$ 后，可使评价结果的可信度增加。采用变形内梅罗指数 [式 (4.4)] 计算土壤综合肥力指数，以达到更多地考虑养分隶属度最小（含量最低）指标的影响。计算得到所有样品评价指标的隶属度结果表 4.6 所示。

表 4.6 矿区重构土壤各肥力指标隶属度

样品编号	pH	全氮	全磷	全钾	有机质	水解氮	速效磷	速效钾
S1	1.00	1.00	0.69	0.67	1.00	0.38	0.10	0.76
S2	0.88	0.88	0.38	0.94	1.00	0.27	0.13	1.00
S3	1.00	1.00	0.75	0.77	0.76	0.11	0.12	1.00
S4	1.00	1.00	0.88	0.69	1.00	0.24	0.10	1.00
S5	1.00	1.00	0.54	0.79	1.00	0.31	0.10	1.00
S6	0.58	0.58	0.65	0.89	1.00	0.38	0.13	1.00
S7	0.30	0.30	0.39	0.81	1.00	0.22	0.24	0.50
S8	1.00	1.00	0.58	0.92	1.00	0.57	0.14	0.48
S9	0.17	0.17	0.59	0.87	0.76	0.11	0.11	0.27
S10	1.00	1.00	0.73	0.99	1.00	0.60	0.16	0.58
S11	0.94	0.94	0.68	0.83	1.00	0.20	0.10	0.54
S12	0.46	0.46	1.00	1.00	1.00	1.00	0.00	1.00
S13	0.52	0.52	0.49	0.91	1.00	1.00	0.10	1.00
S14	0.58	0.58	0.43	0.93	1.00	1.00	0.00	1.00
S15	0.58	0.58	0.47	0.93	1.00	0.98	0.00	1.00
S16	0.70	0.70	0.35	1.00	1.00	1.00	0.10	1.00
S17	0.76	0.76	0.35	0.89	1.00	1.00	0.10	0.93
S18	0.42	1.00	1.00	0.95	1.00	1.00	1.00	1.00
S19	0.89	1.00	1.00	0.83	1.00	1.00	1.00	1.00
S20	0.60	1.00	1.00	0.95	1.00	1.00	1.00	1.00
S21	0.78	1.00	1.00	1.00	1.00	1.00	1.00	1.00
S22	0.96	1.00	1.00	0.82	1.00	1.00	1.00	1.00
S23	0.73	1.00	1.00	0.87	1.00	1.00	1.00	1.00
S24	0.93	1.00	1.00	0.90	1.00	1.00	1.00	1.00
S25	0.98	1.00	1.00	0.80	1.00	1.00	1.00	1.00
S26	0.42	1.00	1.00	0.94	1.00	1.00	1.00	1.00
S27	1.00	1.00	1.00	0.82	1.00	1.00	1.00	1.00
S28	0.19	1.00	1.00	0.87	1.00	1.00	1.00	1.00
S29	0.78	1.00	1.00	0.80	1.00	1.00	1.00	1.00
S30	0.10	1.00	1.00	1.00	1.00	0.72	1.00	1.00

续表

样品编号	pH	全氮	全磷	全钾	有机质	水解氮	速效磷	速效钾
S31	1.00	1.00	1.00	0.74	1.00	1.00	1.00	1.00
S32	1.00	1.00	1.00	0.91	1.00	1.00	1.00	1.00
S33	1.00	1.00	1.00	0.99	1.00	1.00	1.00	1.00

　　根据式（4.4），结合表4.6各肥力指标的隶属度，计算得出各土壤点综合肥力值（内梅罗指数），其结果如图4.41所示。由表4.6可知，S1~S17土壤样品的内梅罗指数值主要集中在0.5~0.7，仅有个别点位内梅罗数值低于0.5，而S18~S33土壤样品其内梅罗指数值主要集中在0.7~1.0，根据内梅罗指数越接近1，代表土壤肥力水平越好的标准可知，矿区重构土壤的肥力整体水平较高，能够满足草籽的正常生长。该结果优于室内重构土壤方案（羊板粪含量为33m³/亩）中的肥力质量，说明木里矿区覆土复绿方案是科学可行的。

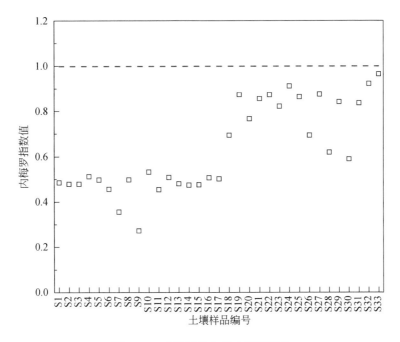

图 4.41　矿区重构土壤内梅罗指数

　　重构土壤重金属风险评价方法：木里矿区土壤中重金属含量主要受周边堆存的矿渣和人为采煤活动的影响（段新伟等，2020）。土壤中各矿井重金属统计特征见表4.7，可以看出，Hg含量在三号矿井最低，在五号矿井含量最高，其标准差小于1，离散程度较小，但是受平均值的影响，Hg的变异系数较大，属于中等变异；木里矿区中Cd平均值为0.22mg/kg，在八号井最低；As含量在不同矿井土壤中的变化范围较大，为3.54~16.4mg/kg，平均值为8.64mg/kg，变异系数较大；Pb、Cr、Cu含量平均值分别为

25.01mg/kg、28.91mg/kg、72.01mg/kg。综合上述分析并参照《土壤环境质量农用地土壤污染风险管控标准（试行）》（GB 15618—2018）（农用地土壤污染风险管控标准）。可知，各矿井土壤中重金属含量的最大值均未超过标准中的筛选值，处于属于低风险状态，但 Cd、As 含量最大值接近筛选值，需要重点关注并采取有效措施。

表 4.7　木里矿区各矿井土壤重金属统计特征

矿井编号	Hg /（mg/kg）	Cd /（mg/kg）	As /（mg/kg）	Pb /（mg/kg）	Cu /（mg/kg）	Cr /（mg/kg）
#0	0.07	0.25	7.32	27.61	35.21	86.42
#9	0.15	0.25	8.81	27.30	30.68	78.71
#8	0.07	0.14	8.06	23.22	28.70	69.41
#5	0.12	0.23	10.09	25.87	29.64	73.69
#4	0.11	0.23	7.46	24.48	27.65	72.55
#3	0.06	0.18	9.93	21.38	21.78	50.44
最小值	0.039	0.14	3.54	15.6	16.5	32.8
最大值	0.29	0.38	16.4	31.5	38.1	98.9
平均值	0.10	0.22	8.64	25.01	28.91	72.01
标准差	0.06	0.06	3.35	3.90	6.07	17.28
变异系数/%	61.16	26.05	38.73	15.56	20.99	23.96

目前最常用的评价重金属污染程度的方法之一为瑞典科学家 Hakanson 基于沉积学角度构想的潜在生态危害指数法，其结果能反映土壤多种重金属的浓度、协同和毒性效应，计算方法如下所示：

$$\text{RI} = \sum E_i = \sum T_i \left(\frac{C_s^i}{C_n^i} \right) \tag{4.5}$$

式中，E_i 为重金属 i 的生态危害系数；T_i 为重金属 i 的毒性系数，其值参照徐争启等的研究；C_s^i 为重金属 i 的实测值；C_n^i 为重金属 i 参比值，参照《土壤环境质量农用地土壤污染风险管控标准（试行）》（GB 15618—2018）中风险筛选值确定参比值。

从表 4.8 可知，Hg、Cd、As、Pb、Cu、Cr 的 E_i 值均小于 40，表明这六种重金属存在轻微污染，六种重金属的生态危害强度由弱到强的顺序为 Cr<Pb<Cu<Hg<As<Cd，其中，在九号矿井中六种重金属的 E_i 值均高于其他矿井，说明该区域的生态危害强度高于其他区域。结合根据 E_i 与 RI 值可判断，矿区土壤重金属对生态危害程度较低。

4.7.4　高原植被重建技术流程

在前文提到的测土配方和排水系统构建的基础上，进行高原植被重建，高原植被重建技术包括施肥整地、草种选择、拌种、播种、耙糖镇压、铺设无纺布、围栏封育等技术。其施工作业流程可以概括为：第一步测土配方，第二步排水系统构建，第三步土壤重构，

表 4.8 木里矿区土壤重金属生态危害评价指数结果

元素	C_n^i	T_i	E_i	点位	RI	生态危害程度
Hg	1.0	40	#0 (2.8)	#0	18.67	轻微
			#9 (6.0)			
			#8 (2.8)			
			#5 (4.8)			
			#4 (4.4)			
			#3 (2.4)			
Cd	0.8	30	#0 (9.38)	#9	22.34	轻微
			#9 (9.38)			
			#8 (5.25)			
			#5 (8.63)			
			#4 (7.5)			
			#3 (6.75)			
As	20	10	#0 (3.66)	#8	14.4	轻微
			#9 (4.41)			
			#8 (4.03)			
			#5 (5.0)			
			#4 (3.73)			
			#3 (4.97)			
Pb	240	5	#0 (0.58)	#5	20.87	轻微
			#9 (0.57)			
			#8 (0.48)			
			#5 (0.54)			
			#4 (0.51)			
			#3 (0.45)			
Cu	100	5	#0 (1.76)	#4	17.93	轻微
			#9 (1.53)			
			#8 (1.44)			
			#5 (1.48)			
			#4 (1.38)			
			#3 (1.01)			

续表

元素	C_n^i	T_i	E_i	点位	RI	生态危害程度
Cr	350	2	#0（0.49）	#3	15.87	轻微
			#9（0.45）			
			#8（0.40）			
			#5（0.42）			
			#4（0.41）			
			#3（0.29）			

注：$E_i<40$、$RI<150$ 表示轻微生态危害；$40 \leqslant E_i<80$、$150 \leqslant RI<300$ 表示中等生态危害；$80 \leqslant E_i<160$、$300 \leqslant RI<600$ 表示强生态危害；$160 \leqslant E_i<320$、$RI \geqslant 600$ 表示很强生态危害；$E_i \geqslant 320$ 表示极强生态危害。

第四步施肥作业，第五步播种，第六步耙磨镇压，第七步覆盖保温层，即"七步法"作业流程（李永红等，2021），另外还有苗情抚育与管理。

整体可分为平地高原植被重建技术与坡地高原植被重建技术两种。

1. 平地高原植被重建技术

对于面积较大平台（坑底、储煤场、生活区、渣山平台），主要施工步骤为：撒施有机肥→旋耕→机械播种→耙耱镇压→覆盖无纺布。

1）第一步：撒施有机肥

A. 设备选型

在一些面积较大、地面平整且规整的平台，如坑底、储煤场、生活区、渣山平台，选用大型播撒机利于施工，但大平台局部及边角位置地形、地质情况复杂，面积较小，用大型撒播机难以控制有机肥用量，选用小型撒播机进行有机肥的撒播。故结合现场施工情况，平地有机肥撒播选用大型撒播机（5t），小型撒播机（1t）两种撒播机配合撒播有机肥（图4.42）。

(a)大型撒播机(5t)　　　　　　　　(b)小型撒播机(1t)

图4.42　撒播机照片

B. 播撒有机肥

平地有机肥用量为1500kg/亩，考虑到平地边角地形不平的情况，用机械撒播方式可能撒播不到或者撒播不均匀，故先用撒播机按照 25 袋/每亩（1250kg/亩）的标准进行撒播，每亩留 3 袋进行人工边角补撒有机肥，每亩留 2 袋，播种时与草种拌和播撒。

C. 图斑划分

坑底、储煤场、渣山平台等面积较大的图斑有机肥用量大，为了将有机肥撒播均匀且保证有机肥用量基本准确，同时也为了方便记录、后期核对有机肥用量，通过测量人员测量，将面积较大的图斑划分成面积相等或不等的几个小块，一般依据特殊地形或者排水沟作为划分依据做好相应的标志，根据小块面积确定有机肥用量，将有机肥拉运至对应的小块位置，既能确定有机肥用量，同时方便施工（图4.43）。

(a)依据排水沟划分小区块　　　　　　　　(b)区块有机肥定量

图4.43　图斑划分照片

D. 撒施有机肥

为了提高撒肥机器使用效率，改进机械施工工艺，使用铲车+挖掘机+人工+撒播机的方式，即挖掘机破除包装袋，人工除去小而碎的包装袋（避免撒播机堵塞），铲车装载至撒播机中；从撒播方式上先用大型撒播机进行有机肥的播撒，检查是否撒播均匀，不均匀的地方用小型撒播机进行播撒，最后用人工对边角进行有机肥的播撒（图4.44）。

(a)装载机挂钩倒有机肥　　　　　　　　(b)有机肥均匀撒施

图4.44　撒施有机肥照片

2）第二步：旋耕

A. 重耙翻耕

撒播有机肥之后的土壤，是经过改良后的土壤基质层，要让有机肥与土壤充分拌和，旋耕不宜过深，故选用圆盘耙进行二次耙地。

B. 轻耙翻耕

播施肥料后，拖拉机带动圆盘耙二次耙地，整地方向与第一次整地垂直交叉，耕翻深度为 5~7cm，耙地三遍，使肥料充分拌入土壤（图 4.45）。

(a)圆盘耙耙地(重耙翻耕)　　　　　　　(b)圆盘耙后连接工字钢抹地(轻耙翻耕)

图 4.45　旋耕照片

3）第三步：机械播种

A. 草种每亩定量

平地牧草种子用量设计为 12kg/亩，选用同德短芒披碱草 3kg、青海草地早熟禾 3kg、青海冷地早熟禾 3kg、青海中华羊茅 3kg 进行混播，混播比例为 1∶1∶1∶1（李永红等，2021）。

B. 拌种

四种草种质量较轻，在拌种时要选择室内或者晴朗无风的天气在室外进行。为了防止种子在播撒时对撒播机造成堵塞，又称为"噎耧"，在拌种时加入适量牧草专用肥和有机肥，能够大大提高撒播效率及均匀度（图 4.46）。

(a)草种与有机肥、牧草专用肥拌和　　　　　　　(b)撒播草种

图 4.46　拌种照片

C. 机械播种

机械播种方式采用机械撒播，严格按照机械说明和安全操作指南均速作业两遍。播种机后安排固定人员检查，有撒播不均匀情况及时补撒、撒播机堵塞及时疏通。

4）第四步：耙耱镇压

先用圆盘耙对播种的地面进行耙耱，再用镇压器对播种区镇压并磨平 1~2 遍，达到压实平整效果（图 4.47）。

(a)耙耱　　　　　　　　　　　(b)镇压器镇压

图 4.47　耙耱镇压照片

5）第五步：覆盖无纺布

耙耱镇压完成后，无纺布铺设依据地形条件铺设，与地面贴实，条与条之间重叠 5cm 左右，用土或石块间隔压紧压实，防止吹胀或雨水冲毁（图 4.48）。

(a)镇压效果　　　　　　　　　　(b)人工铺设无纺布

图 4.48　铺设照片

2. 坡地高原植被重建技术

对于面积较小、地形较陡的坡地，主要施工步骤为：撒施有机肥→机械、人工整地→人工播种→人工耙耱→覆盖无纺布。

1) 第一步：撒施有机肥

A. 有机肥每亩定量

坡地有机肥用量设计为2000kg/亩，1900kg/亩的标准进行人工撒播，100kg/亩的标准播种时与草种拌和播撒。

B. 图斑划分

根据地形特征及排水沟的设置，将图斑划分成面积相等或不等的几个小块，根据小块面积配备相应的种子、有机肥等物资，且将有机肥拉运至对应的小块位置，既能确定有机肥用量，同时方便施工。

C. 机械摊铺有机肥和人工撒施有机肥

撒施有机肥照片如图4.49所示。

(a)人工撒施有机肥　　　　　　　　　　　　(b)人工耙地

图4.49　撒施有机肥照片

2) 第二步：机械、人工整地

坡地采用人工方式耙地。播施肥料后，人工进行耙地，耙地深度为5~7cm，耙地三遍，使肥料充分拌入土壤。

3) 第三步：人工播种

A. 草种每亩定量

平地牧草种子用量设计为16kg/亩，选用同德短芒披碱草4kg、青海草地早熟禾4kg、青海冷地早熟禾4kg、青海中华羊茅4kg进行混播，混播比例为1∶1∶1∶1。

B. 拌种

四种草种质量较轻，在拌种时要选择室内或者晴朗无风的天气在室外进行。在拌种时加入适量牧草专用肥和有机肥，能够大大提高撒播效率及均匀度（图4.50）。

C. 播种

将拌好的种子装袋倒入容器内，人工进行播种。安排固定人员检查，有撒播不均匀情况及时补撒（图4.51）。

4) 第四步：人工耙糖

对播种的地块，采用人工耙糖。工人从坡顶一字排开，顺着往坡底耙糖，主要是用齿

图 4.50　人工拌种照片

图 4.51　人工撒播草种照片

耙背将种子耱进土里 1~2cm（图 4.52）。

图 4.52　人工耙耱照片

5）第五步：覆盖无纺布

人工耙耱完成后，铺设无纺布。无纺布边缘重叠处用石块压紧压实。无纺布铺设依据地形条件铺设，一般从坡顶往坡底铺，与地面贴实，条与条之间重叠 5cm 左右，用土或石块间隔压紧压实，防止吹胀或雨水冲毁（图 4.53）。

图 4.53　人工铺设无纺布照片

4.8 "空天地时"一体化的生态地质层勘查与监测技术

4.8.1　生态环境治理动态监测技术

随着科学技术的快速发展，近年来在大数据时代的背景下，信息获取、数字进程与成果转换基于"4S"技术建立了"天上看、地上查、网上管"的多层次空间信息监管技术体系，为矿区生态地质环境治理修复长时序全生命周期监测提供了高效经济的解决途径。

遥感技术不仅能够执行大范围的矿山地质环境宏观监测，而且能够突破传统地面调查的死角和阻碍，获取不同尺度的矿山地质环境现状。利用遥感技术的重复对地观测可获取一定时间序列的地表波谱变化特征，获取其开发现状及其地质环境的动态变化，为违法矿山和矿区环境整治提供客观的基础数据（李学渊，2015）。

以先进的"空天地时"一体化综合遥感技术为手段，以大数据为支撑，结合地面微观监测，辅以现场常规巡查，建立矿区生态场景监测模型，共建共享矿区生态环境监测系统平台。用多平台、多传感器、多时相数据，并用计算机对图像信息加工处理。建立高分辨率成像、夜间热红外探测及微波穿透云雾和全天候工作的航空遥感业务化的生态监测运行系统，全系统在设计和最优化组合方面具有突出的特点，是集成了遥感、遥控、遥测技术与计算机技术的新型应用技术，为构建矿区生态场景监测模型提供实时更新数据（武创举，2020）。

根据监测广度与监测精度的不同，可选择的生态环境监测手段包括：航空摄影测量的低空照片判读、外层空间的卫星资料解译技术、地面实地现场调查。用遥感影像、航空照片与现场勘察相结合，将有效监测矿区土地损毁程度和治理效果。

1. 多源卫星遥感监测

利用遥感技术进行区域矿山环境地质调查的数据处理与解译工作，利用不同时相的卫星影像资料进行对比分析研究，解译当前矿山生态环境情况，提供对矿山环境地质综合调查和评估具有宏观指导意义的研究报告和图集。

卫星遥感技术在矿区生态环境问题监测方面发挥了重要作用。其中多光谱卫星遥感主要应用于解决地貌景观与植被覆盖度变化、冻土演化等方面监测的问题，雷达卫星遥感主要用于地表形变监测，掌握不稳定边坡变化速率，指导地形地貌治理修复工程的安全开展。同时还可以采用多光谱遥感，如 Landsat 8 ETM、MODIS 等进行土壤有机质含量评估，采用高光谱遥感进行高寒草地牧草关键营养成分和重要生长参数的估测，为后续大范围的土壤重构和复绿工作提供决策支持（李聪聪等，2021）。

1）植被覆盖度监测方法

选取聚乎更区 2001 年 7 月 Landsat 8 卫星遥感数据，2013 年 8 月、2017 年 8 月和 2020 年 7 月的 Landsat 8 影像数据，分别对不同时相影像进行校正、融合处理，形成七波段多光谱影像。采用归一化植被指数 NDVI 法，对区内植被覆盖程度和动态变化进行调查评估，NDVI 是植被生长状态及植被覆盖度的最佳指示因子，NDVI 计算公式为 NDVI =（NIR−Red）/（NIR+Red），公式中 Red 为可见光红色波段反射值，NIR 为近红外波段反射值。在 Landsat 8 卫星遥感数据中，Red 为第四波段，NIR 为第五波段，根据植被光谱信息，结合波段间的比值运算，生成植被指数变化图。

2）冻土监测方法

聚乎更区处于祁连山高寒山地多年冻土区，多年冻土层是区域生态功能的重要调节因素。冻土分布厚度与年平均陆地表面温度间呈负相关关系，而年平均陆地表面温度又与陆地表面温度之间存在着内在的联系。因此，利用卫星遥感热红外波段进行温度信息的反演是进行冻土厚度计算的基础。选取 2018 年 11 月 28 日 Landsat 8 数据，在 ENVI 5.3 软件平台上使用 IDL 编程功能，利用工作区 30m 精度的 DEM 数据，进行程序编写，完成了基于纬度、经度和海拔高度模型的年平均陆地表面温度提取工作。选取利用 Landsat 8 数据反演的陆地表面温度与由 DEM 求得的对应位置之间的年平均陆地表面温度进行拟合，在稳定状态下，多年冻土厚度 H_f 与年平均地表温度 t_ε 间的关系可近似表示为

$$H_f = -t_\varepsilon q/\lambda + hq + h \tag{4.6}$$

式中，λ 为土的导热系数；q 为地中热流（$q = g\lambda$，g 为地温梯度）；h 为地温年变化深度。对匀质地层，可认为 λ 不变，多年冻土厚度只与年平均地表温度、地温梯度，地温年变化深度有关。在自然条件下，因地表温度受气候、人为活动等干扰因素的影响较大，遥感冻土厚度反演需要考虑的综合因素较多，解释结果不确定性较高，需要利用矿区以往煤田钻孔资料对反演的冻土厚度进行验证，该方法适用范围较为局限。

3）形变监测方法

收集 2017 年 10 月至 2020 年 4 月 73 景 Sentinel-1A 卫星升轨 SAR 影像，分辨率为 5m×20m，数据时相间隔 12 天，数据重访周期较短，确保了干涉相位的相干性。DEM 数据为 AW3D DEM 数据，格网间隔为 30m，精密轨道数据采用成像 21 天之后发布的 POD 精密轨道数据，定位精度可以达到 5cm，然后进行格式转化，联合 DEM 数据进行数据配准，其中距离向配准采用强度互相关配准方法，配准精度均优于 0.1 个像元。采用基于光谱属性

的配准方法，在方位向配准精度均优于 0.001 个像元，满足干涉的要求。对获取的雷达影像数据，在数据预处理基础上，采用小基线集（SBAS）技术手段，进行时间序列干涉分析，干涉对时间基线阈值为 120 天，空间基线阈值为 200m，共计组合 210 个干涉对。选取线性形变速率模型进行反演，依据形变信息提取，获取矿区地面沉降速率和时序累计形变量等信息，结合野外调查验证对矿区沉降机理进行分析，准确反映矿区地表形变情况。

2. 无人机低空高分辨率遥感监测

利用倾斜摄影技术，获取多度重叠、高分辨率的地表影像，进行矿区范围的精细化三维重建，通过地面精度验证，对构建模型进行精度评估；并通过与以往采用传统方法的比对，证明本系统可快速获取低成本、高精度的矿山生态修复基础信息，为矿山废弃生态治理和生态修复建设快速提供可靠的技术和数据支持。

在木里矿区生态环境治理修复中，充分发挥无人机遥感技术，采用正射飞行、倾斜摄影飞行和热红外飞行等手段，高效全面地解决了基础地形测量、残煤高温异常区圈定、生态治理效果的可视化评价、工程监管和方量计算等方面的问题，取得了良好的应用效果，具有较高的推广意义。

1）基础底图数据获取方法

高精度的基础底图数据是开展矿区生态环境治理修复的关键，相比常规的测绘，无人机航空摄影测量可快速高效地获取矿区的现状地形和高分辨率的遥感影像，为矿区生态环境问题的诊断调查、治理方案设计等提供了详细的资料。

聚乎更区治理工程无人机飞行测量经航空线路设计、地面像控点布设与测量、低空航摄成像等流程的控制，选取晴天无云的天气，风力 4 级以下，飞行高度为 550m，航向重叠率设置为 75%，旁向重叠率设置为 60%，单景照片像元数为 7360×4192，地面分辨率为 0.08m，满足 1:1000 航测精度要求。通过无人机飞行测量获取原始地形数据，经过数据预处理和修正、利用 GIS 软件生成地表高程模型（DSM）、正射影像（DOM）、和数字线划图（DLG）等基础地形产品，上述数据能够准确反映治理区的全貌，可作为治理工作的基础底图（图 4.54）。

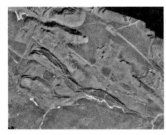  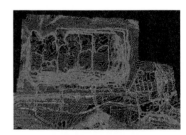

(a)正射影像(DOM) (b)地表高程模型(DSM) (c)数字线划图(DLG)

图 4.54 聚乎更区基础底图系列数据

2）三维立体可视化监测方法

聚乎更区治理范围大，因采矿造成的地形条件和施工条件复杂，常规的调查受地形条件限制大且效率低。在治理中利用无人机搭载五镜头相机可快速高效获取治理区三维实景数据，经空三加密、实景模型自动生成、修饰与质量检查等处理，得到治理区三维实景模型，相比正射影像能全面真实反映治理区地形地貌现状，实现真实三维地表的重现。

通过三维实景模型可以反映读取矿区地质灾害、水系、坡度和坡向、采坑和渣山分布等现状，结合地质资料，能够为矿山生态环境问题调查和工程治理设计等提供翔实的参考信息，也可作为治理方案部署的关键参考，同时在治理工程中可直观展示矿山环境治理状况和治理设计方案执行情况，实现矿山生态恢复治理效果的精准可视化评价。

3）地表温度异常监测方法

利用大疆 M210 多旋翼无人机搭载禅思 XT2 热像仪，配备 RTK 同步记录飞行参数，选取上午 10 点以前或者下午 6 点以后，避开太阳直射的时间，飞行高度为 400m，航向重叠率设置为 75%，旁向重叠率设置为 65%，单景照片像元数为 640×512，地面分辨率为 0.4m。获取地面现时的热红外影像，通过高分辨率的热红外影像进行地表温度的反演工作，精准确定温度异常分布区的范围。同时，获取工作区内热红外影像同一 POS 点位置的真彩色相片，经过 Pix4D 软件生成矿区的正射影像图，通过比对完成对反演的火区温度及位置进行查证。并结合同步地表测温的标定，能准确地反映地面高温异常区的温度，利用图像分割功能对温度图像进行数值分割，把高温区间以红色显示，把低温区间从深绿到浅绿显示，形成地表温度异常监测图。

4）工程监管和方量计算方法

传统的施工方量计算主要是在常规测量的基础上，运用方格网、三角网和断面法等进行计算，存在受地形影响大、作业效率低等缺点，聚乎更区治理修复工程方量计算采用无人机倾斜摄影测量技术，获取治理前后的地形数据，通过地理信息系统（geographic information system，GIS）软件分析，对变化前后的三维地形和影像数据叠加计算，根据点云网格模型差值区域的体积求得变化的工程量（图 4.55）。

3. 实地现场调查

开展矿区生态修复野外查证工作，并完成实地调查。核查人员根据实地核查情况，填写实地核查记录表，按照相应评价办法的要求，对矿区人员所填报数据进行评价，经负责人签字确认后，将核查记录表报送并存档。实地现场调查将进一步提高项目监测成果质

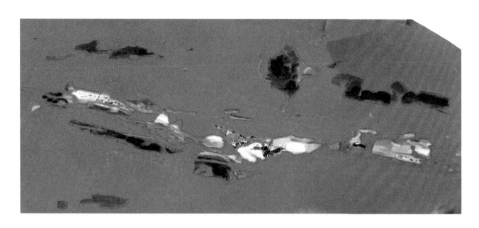

图 4.55　工程方量 GIS 计算

量，为成果数据入库、成果图数据编制等后续工作的开展奠定了基础。并且根据野外调查结果结合室内解译成果进行整理与修改，共同完成检测工作。

在青海省木里矿区生态环境综合整治中，遵循"山水林田湖草是一个生命共同体"的理念，基于木里矿区各个井存在的主要生态环境问题的研究，结合各采坑和渣山的稳定程度的分析，制定"一井一策"的治理方案，明确治理修复监测的目标和重点。利用卫星遥感、低空无人机遥感和信息化相结合的技术，面向矿山生态环境恢复治理全过程，构建了"空天地时"一体化探测监测技术体系，卫星遥感技术基于多平台、多种类、多尺度的遥感数据，对矿区生态环境（露天采矿场、开采塌陷地、矿山固体废弃物排弃场、矿区地质环境（崩塌、泥石流、滑坡、地表沉降、地裂缝）进行中等比例尺度的调查和监测。低空无人机遥感基于固定翼、多旋翼飞行平台，搭载可见光、多光谱、高光谱、热红外、LIDAR 等传感器，对矿区治理修复工程进行大比例尺高分辨率的监测。通过 GIS、物联网、云计算等信息化技术，结合"空天地时"一体化数据构建生态环境监测系统平台，为长效持续监测监管提供支持（图 4.56）。

纵观整个矿山生态治理修复的全过程，本次木里矿区生态环境综合整治，可划分为勘察设计、地形地貌整治、覆土复绿和后期管护四个阶段，不同阶段监测的目标和重点各有不同。

勘察设计阶段主要是针对治理修复工程前地质环境现状的调查分析，查明区内的地质环境现状和存在主要问题，为治理工程设计提供科学、充分的地质依据。首先调查区内因采矿造成的地质灾害情况，确保下一步治理施工的安全，其次对区内存在的其他地质环境问题进行调查分析，初步查明区内地质环境现状，存在的生态环境问题即为下一步地形地貌整治阶段的重点，本阶段主要是针对治理修复的不同问题，有选择性地采用不同监测技术。该阶段首先采用无人机遥感获取基础底图数据，其次对矿山环境问题进行监测，监测内容包括地形地貌、不稳定边坡、土地损毁、土壤信息、植被覆盖度、水系破坏和温度异常等，主要用高分辨遥感调查手段进行监测，其中不稳定边坡结合 InSAR 技术进行形变监测，植被覆盖度采用植被指数 NDVI 法进行监测，对于区内出现的残煤高温异常，需采用

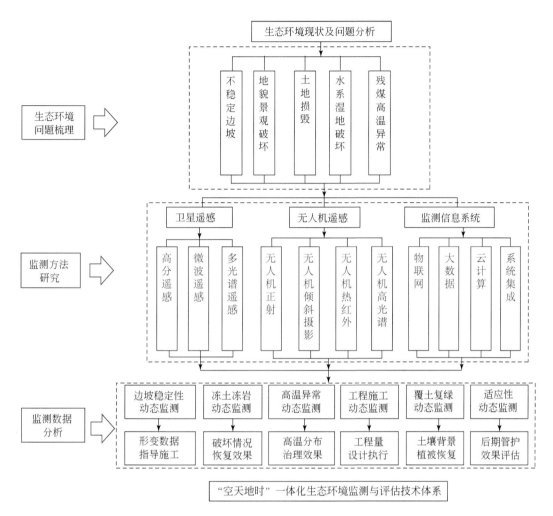

图 4.56　聚乎更区生态环境治理修复监测技术体系

热红外遥感开展针对性的温度异常监测。主要监测手段为遥感影像与现场勘查相结合，全面掌握矿区环境现状及存在的问题。

地形地貌整治阶段主要是对治理工程设计执行情况、工程量和施工效果等进行全程监管，为精准有序施工提供保障。该阶段监测目标主要为采坑、渣山治理工程，定期采用无人机遥感手段对工程施工进展、工程方量、工程整治效果等进行监测。

覆土复绿阶段主要针对土壤重构和种草复绿效果进行监测，保障复绿工作持续高效开展。该阶段的监测内容为地形坡度、土壤有效水分、有机质含量、氮磷钾等土壤重构指标和植被覆盖度等植被重建指标，矿区治理的重建植被监测内容为植物生长势、覆盖度、产草量等，监测方法为样方随机调查法和无人机遥感影像判图法相结合。

后期管护阶段主要针对修复完后的矿山治理工程，对其治理修复效果的稳定性和持久性跟踪监管，综合评估其生态恢复效应，并开展适应性管理，确保生态系统达到自我运行的标准，最终达到自然修复的目的。

4.8.2 边坡稳定性监测技术

木里矿区大多数渣山边坡处于亚稳定或不稳定状态，局部地段已处于失稳状况。通过削挖压填等工程措施，保持渣山边坡长期的稳定，是矿区治理的重要工作之一。通过"空天地时"一体化多源数据融合和多手段在线监测系统，全面识别、监测和评估区内渣山边坡的稳定性，是针对性地采取工程措施的必要前提和对工程效果评价的有效手段。

通过"空天地时"一体化多源数据融合和多手段在线监测系统，全面识别、监测和评估区内渣山边坡的稳定性，是针对性地采取工程措施的必要前提。

木里矿区边坡稳定性综合监测技术方法主要以遥感手段为主。其中，卫星遥感技术基于高分多光谱和合成孔径雷达遥感数据，对矿区不稳定边坡进行中等比例尺度的调查和监测；低空无人机遥感基于固定翼、多旋翼飞行平台，搭载可见光、多光谱、高光谱、热红外等传感器，对矿区不稳定边坡进行大比例尺高分辨率的监测。以木里矿区聚乎更区为例，对上述两者进行详述。

1. 卫星遥感监测技术

卫星遥感监测技术在矿区生态环境问题监测方面发挥了重要作用，其中用于地表形变监测的技术主要是雷达卫星遥感，掌握不稳定边坡变化速率，指导地形地貌治理修复工程的安全开展。

收集 2017 年 10 月至 2020 年 4 月 73 景 Sentinel-1A 卫星升轨 SAR 影像，分辨率为 5m×20m，数据时相间隔 12 天，数据重访周期较短，确保了干涉相位的相干性。DEM 数据为 AW3D DEM 数据，格网间隔为 30m，精密轨道数据采用成像 21 天之后发布的 POD 精密轨道数据，定位精度可以达到 5cm，然后进行格式转化，联合 DEM 数据进行数据配准，其中距离向配准采用强度互相关配准方法，配准精度均优于 0.1 个像元。采用基于光谱属性的配准方法，在方位向配准精度均优于 0.001 个像元，满足干涉的要求。对获取的雷达影像数据，在数据预处理基础上，采用小基线集（SBAS）技术手段，进行时间序列干涉分析，干涉对时间基线阈值为 120 天，空间基线阈值为 200m，共计组合 210 个干涉对。并选取线性形变速率模型进行反演，依据形变信息提取，获取矿区地面沉降速率和时序累计形变量等信息，结合野外调查验证对矿区沉降机理进行分析，准确反映矿区地表形变情况。

2. 无人机遥感监测技术

聚乎更区治理范围大，因采矿造成的地形条件和施工条件复杂，常规的调查受地形条件限制大且效率低。在治理中利用无人机搭载 5 镜头相机可快速高效获取治理区三维实景数据，经空三加密、实景模型自动生成、修饰与质量检查等处理，得到治理区三维实景模型，相比正射影像能全面真实反映治理区地形地貌现状，实现真实三维地表的重现。通过三维实景模型可以反映读取矿区地质灾害、水系、坡度和坡向、采坑和渣山分布等现状，结合地质资料，能够为矿山生态环境问题调查和工程治理设计等提供翔实的参考信息，可作为治理方案部署的关键参考，同时在治理工程中直观展示矿山环境治理状况和治理设计方案执行情况，实现矿山生态恢复治理效果的精准可视化评价（图 4.57）。

(a)治理前(2020年8月)　　　　　　　　　　(b)治理后(2020年12月)

图 4.57　聚乎更区五号井三维实景模型对比

3. 边坡稳定性监测结果

在聚乎更区地表形变监测中，InSAR 技术使用效果好，快速获取了矿区内十余处形变区域，主要分布在排土场渣山处（图 4.58），以 a、b、c、d、e 五处区域形变沉降量最大，其中 a 区位于四号井北部排土场，该区域 2017 年 10 月～2020 年 4 月最大形变速率为 −342.3mm/a（LOS 方向指极限稳定方向，以下均为 LOS 向形变），累计形变量为 −935.7mm；b 区位于四号井南侧边坡，该区域 2017 年 10 月～2020 年 4 月形变起伏大，但形变一直在持续，最大形变速率为 −123.3mm/a，累计形变为 −398.7mm；c 区位于四号井东北侧排土场，最大形变速率为 −236.6mm/a，累计形变为 −626.4mm；d 区位于八号井北侧一处排土场，该区域 2017 年 10 月～2020 年 4 月形变速率较大，随后趋于平缓，最大形变速率为 −269.2mm/a，累计形变为 −593.5mm；e 点位于五号井南排土场，2017 年 10 月～2020 年 4 月最大形变速率为 −324.2mm/a，累计形变为 −894.6mm。

聚乎更区地表形变 InSAR 形变结果显示，四号井采坑周边形变量最大，整个矿区内以四号井南渣山发育区内规模最大的不稳定斜坡，是生态修复面临的难点。InSAR 形变结果显示在该不稳定斜坡中部，无形变信号，主要是形变量过大而造成的失相干。为了精细化分析该不稳定斜坡形变情况，选取周边北部 4-1、南部 4-2 和东部 4-3 三处形变区域，开展时间序列分析，3 个区域 2017 年 10 月至 2020 年 4 月持续形变，最大形变速率分别为 −108.4mm/a、−115.5mm/a 和 −143.4mm/a，累计形变量依次为 −325.2mm、−360.0mm 和 −469.2mm。结合高密度电法和钻探探测结果，该处不稳定斜坡处于原下多索曲古河道位置，因采矿人为改变了古河道，因物理风化作用和雨水冲刷产生裂隙，地表水下渗形成导水通道，沿渣体与原地表基岩接触面形成滑移面，整体稳定性较差（图 4.59）。

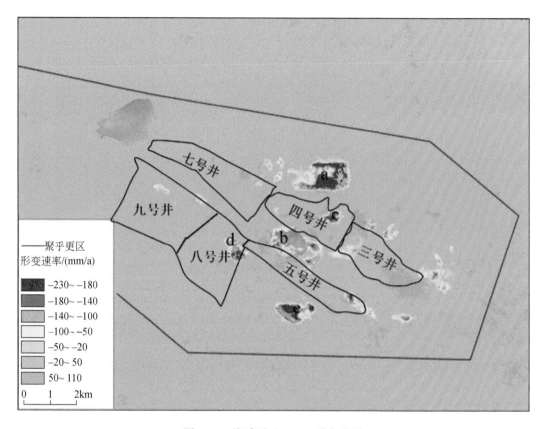

图 4.58 聚乎更区 InSAR 形变监测

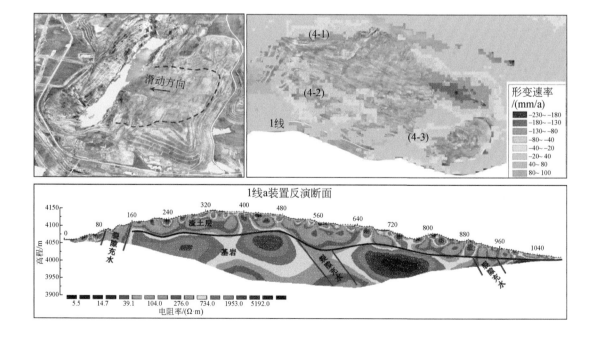

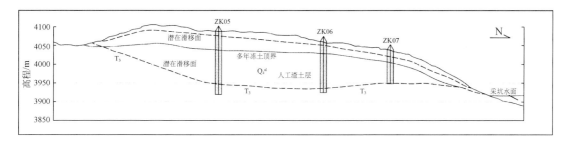

图 4.59　聚乎更区四号井南部渣山不稳定斜坡综合探测

第5章 露—井联合区域生态修复与巷道井上下协同保护技术

木里矿区江仓露—井联合矿区地面有露天矿坑，地下有井工煤矿。露天采坑底部的井巷埋深较浅，易受回填工程产生的动静载荷以及回填后采坑积水产生的水压力扰动影响而受到破坏。针对露—井联合矿区露天采坑回填对其下方浅埋井工巷道稳定性的影响，分析了影响巷道稳定性的主要因素。回填体载荷、施工车辆载荷及其动载、采坑积水后水体载荷及地面井下间的水力联系，通过分析采坑纵、横剖面巷道和采坑底部的距离，划定了巷道稳定性评价范围。采用弹性力学理论计算了回填体载荷、施工车辆载荷及其动载和采坑蓄水后水体载荷产生的最大附加应力随深度变化值和巷道极限承载值，以最大附加应力达到该点自重应力10%时的深度为附加应力影响深度，通过比较附加应力影响深度和巷道极限承载高度，得出在只考虑回填体载荷和车辆施工载荷条件下，巷道虽能保持整体稳定，但局部安全覆岩厚度不足1m的结论。考虑采坑积水水体载荷后，一区段回风上山60m范围内巷道将整体处于不稳定状态。为保证巷道稳定性，确定了地面回填保护巷道范围和井下巷道加强支护范围，提出了地面分区分层双向对称回填和井下锚注加强支护和监测相结合的巷道保护方法。

5.1 井工巷道与采坑及回填体情况

5.1.1 井工巷道分布情况

矿井主、副、风三条斜井在2014年2月贯通，现已形成井底车场、大巷、中央变电所、水泵房、消防材料库、避难硐室、采区车场及石门、顺槽等主要巷道。

截至目前已形成的巷道有：+3700m进风石门、+3700m回风石门、+3700m轨道运输石门、+3650m区段煤仓及硐室、+3650m轨道运输石门、+3650m胶带运输石门、+3600m回风石门、+3600m运输石门、副井+3600m车场石门、一区段回风石门、一区段回风斜巷、+3450m井底车场、+3450m运输大巷、+3450m回风石门、副井井底车场、副井+3650m车场、副井+3600m车场、一区段轨道上山下部车场等巷道工程。此外，已掘进完成工作面顺槽五条，分别是11107运输顺槽、11207运输顺槽、11207回风顺槽、11210运输顺槽、11220轨道运输斜巷，具体巷道布置如图5.1所示。

5.1.2 井工巷道与露天采坑及回填体位置关系

根据采坑等高线和已掘井巷测量点，确定井下各巷道与地表采坑位置如图5.2所示，

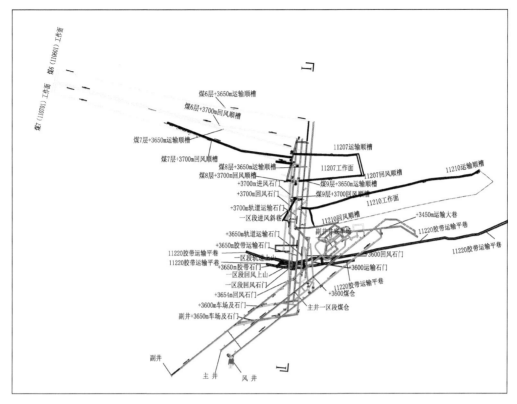

图 5.1　已完成井巷平面布置图

I-I剖面图如图 5.3 所示。

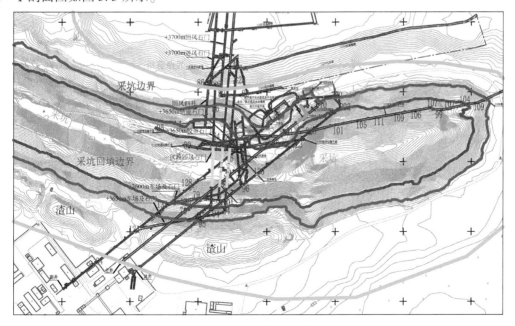

图 5.2　矿井巷道与地表采坑位置

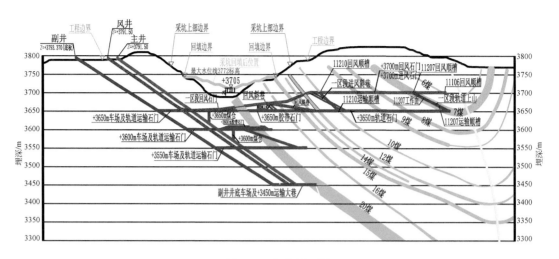

图 5.3 Ⅰ–Ⅰ 剖面图

结合图 5.2 和图 5.3，在治理边界范围之内，主井井筒距离地表采坑范围为 70～310m，副井井筒距离地表采坑范围为 124～320m，风井井筒距离地表采坑范围为 95～292m；副井井底车场距离地表为 320m 左右，+3600m 车场石门距离约为 130m；11220 轨道运输平巷距离为 101m～109m；+3700m 进风、回风、轨道运输石门距离为 86m 左右，+3650m 胶带石门和+3650m 轨道石门距离采坑 35m 左右；一区段回风石门及回风斜巷与采坑最小距离为 27.07m。

综上所述，一区段回风石门及一区段回风斜巷、+3650m 胶带石门和+3650m 轨道石门与采坑距离较近（最小距离 27.07m），受采坑回填影响较大。

井下巷道与采坑回填体位置关系平面图如图 5.4 所示，沿一区段回风石门做剖面Ⅰ–Ⅰ如图 5.5 所示，走向剖面Ⅱ–Ⅱ如图 5.6 所示。

由图 5.4～图 5.6 可知，采坑回填之后的回填体最低点与原采坑坑底垂直高差为 16m。回填后一区段回风石门起坡点上方岩柱高度为 31.64m，回填体高度为 15.94m；一区段回风斜巷最小岩柱高度为 27.07m，回填体高度为 15.96m；+3650m 胶带运输石门上方岩柱高度为 33.9～76.7m，回填体高度为 0～16m。根据上述回填体厚度、巷道上方岩柱高度数据，综合大致判断采坑回填体对一区段回风石门、一区段回风斜巷影响较大，对+3650m 胶带石门、+3650m 轨道石门的稳定有可能产生影响，因此需要分析采坑回填对这三条巷道稳定性的影响。

5.1.3 井工巷道支护情况

1. 一区段回风石门及一区段回风斜巷

一区段回风石门及一区段回风斜巷平面图、剖面图如图 5.7 和图 5.8 所示。

一区段回风石门及一区段回风斜巷断面为半圆拱，净宽 3.4m，净高 3.1m，设计掘进

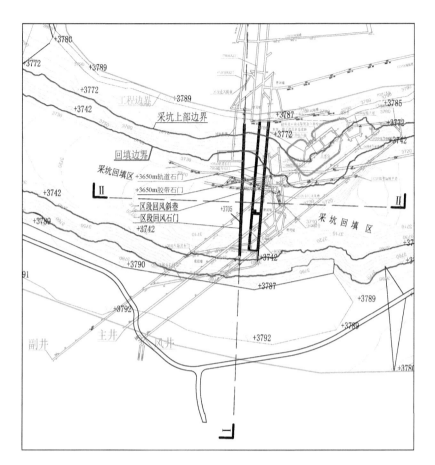

图 5.4 井下巷道与采坑回填体位置关系平面图

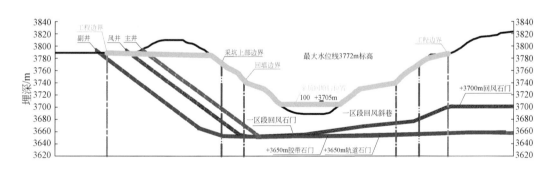

图 5.5 井下巷道与采坑回填体位置关系 I-I 剖面图

宽度为 3.6m，掘进高度为 3.2m，巷道净断面积为 9.3m²，设计掘进巷道面积为 10.13m²。

本巷道支护方式为锚喷，喷射砌碹厚度为 100mm，所用锚杆为钢筋树脂锚杆，外露长度为 50mm，排列方式为矩形排列，间排距为 800mm×800mm，锚深为 1800mm，直径为 18mm。

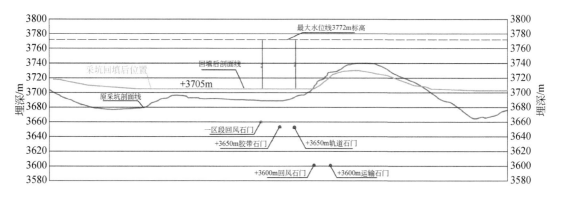

图 5.6 井下巷道与采坑回填体位置关系 II-II 剖面图

图 5.7 一区段回风石门及上山平面图

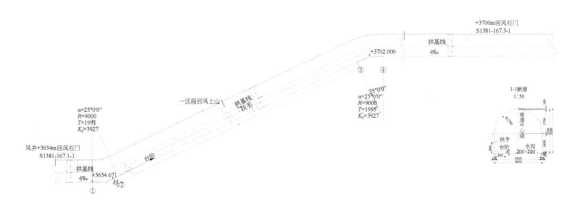

图 5.8 一区段回风石门及上山剖面及巷道断面图

2. +3650m 轨道石门

+3650m 轨道石门断面为半圆拱，净宽 3.4m，净高 3.1m，设计掘进宽度为 3.5m，掘进高度为 3.15m，净面积为 9.3m²，设计掘进面积为 9.7m²。

本巷道采用锚网喷支护，顶、帮锚杆均采用 Φ18mm×2200mm 左旋无纵筋螺纹钢锚杆，锚杆钻孔直径为 25mm，锚杆锚固剂选用 CK2335 和 K2335 型树脂药卷各一支，设计抗拔力为 64KN（锚杆拉拔仪读数为 12MPa），螺母扭矩为 100N·m。顶锚杆间距为 800mm，排距为 800mm，三花布置，每排九根锚杆。

巷道支护所用材料有以下几种：

（1）锚杆采用 Φ18mm×2200mm 左旋无纵筋螺纹钢锚杆；

（2）每根锚杆配备一个直径为 150mm、厚 8mm 的 A3 钢方托盘；

（3）巷道全断面铺设 Φ6mm×2000mm×1000mm 的钢筋网，顶帮裱严，搭接 100mm，每 200mm 用 12#铁丝连接；

（4）采用 C20 砼喷射 120mm。

3. +3650m 胶带石门

+3650m 胶带石门断面为半圆拱，净宽 3.2m，净高 2.7m，设计掘进宽度为 3.5m，掘进高度为 3.15m，净面积为 7.133m²，设计掘进面积为 7.859m²。

本巷道采用锚网喷支护，顶、帮锚杆均采用 Φ18mm×2200mm 左旋无纵筋螺纹钢锚杆，锚杆钻孔直径为 25mm，锚杆锚固剂选用 CK2335 和 K2335 型树脂药卷各一支，设计抗拔力为 64KN（锚杆拉拔仪读数为 12Mpa），螺母扭矩为 100N·m。顶锚杆间距 800mm，排距 800mm，三花布置，每排九根锚杆。

巷道支护所用材料有以下几种：

（1）锚杆采用 Φ18mm×2200mm 左旋无纵筋螺纹钢锚杆；

（2）每根锚杆配备一个直径为 150mm、厚 8mm 的 A3 钢方托盘；

（3）巷道全断面铺设 Φ6mm×2000mm×1000mm 的钢筋网，顶帮裱严，搭接 100mm，每 200mm 用 12#铁丝连接；

（4）采用 C20 砼喷射 50mm。

5.2　井工巷道破坏主要影响因素及评价

5.2.1　回填载荷

采坑回填后，将在其下方岩土体中产生附加应力。附加应力是在外载荷（回填体）作用下产生的应力增量。巷道开挖和支护后，已经达到初始平衡状态，在附加应力作用下，初始平衡状态有可能被破坏，从而导致巷道失稳。

采用法国数学家布辛奈斯克运用弹性力学推出的竖向集中力在弹性体内任一点所引起的应力解析解，对回填体产生的附加应力进行求解。

如图 5.9 所示的集中载荷模型，根据布辛奈斯克集中力作用下附加应力的解，可得到任意点的竖向应力的计算公式：

$$\sigma_z = \frac{3F}{2\pi} \frac{z^3}{(r^2 + z^2)^{\frac{5}{2}}} \tag{5.1}$$

式中，σ_z 为 M 点的竖向附加应力；F 为集中力；r 为 M 点与集中力作用点的水平距离，$r^2 = x^2$

$+ y^2$；z 为 M 点的竖向深度，$z \geq 0$。

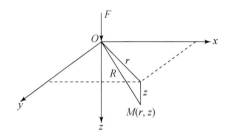

图 5.9　集中载荷模型

由式（5.1）经数学变换可知集中力引起的附加应力有如下特征：

（1）r 一定时，附加应力最大值 $\sigma_{z\max}$ 出现在地中 $z = \sqrt{\dfrac{3}{2}}\, r$ 处。

（2）$\sigma_{z\max}$ 随着 z 的增加而迅速下降。

（3）集中力引起的附加应力等值线随着深度的增加而无限扩散，大小不断减少。

矩形面积均布载荷作用下回填体附加应力计算利用式（5.1）进行积分求解，如图 5.10 所示，计算矩形面积均布载荷 p_0 作用下的附加应力如式（5.2）所示。

$$\sigma_z = \frac{P_0}{2\pi}\left[\frac{lbz(l^2 + b^2 + 2z^2)}{(l^2 + z^2)(b^2 + z^2)\sqrt{l^2 + b^2 + z^2}} + \arctan\left(\frac{lb}{z\sqrt{l^2 + b^2 + z^2}} \right) \right] \tag{5.2}$$

式中，P_0 为均布载荷；l 为矩形面积的长度；b 为矩形面积的宽度。

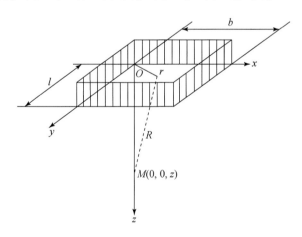

图 5.10　矩形面积均布载荷作用下的附加应力

考虑更一般的情况，对矩形平面下任一点 M，深度为 z，如图 5.11 所示，在平面上的投影为 O。平面图分为 Ⅰ、Ⅱ、Ⅲ、Ⅳ 四个矩形。

根据式（5.2）可列出 M 点的附加应力如下所示。

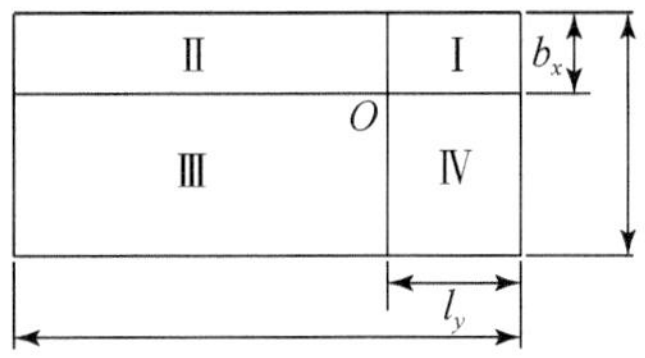

图 5.11　矩形面积示意图

$$\sigma_{zM} = \frac{P_0}{2\pi}\left(\left[\frac{l_y b_x z(l_y^2 + b_x^2 + 2z^2)}{(l_y^2 + z^2)(b_x^2 + z^2)\sqrt{l_y^2 + b_x^2 + z^2}} + \arctan\left(\frac{l_y b_x}{z\sqrt{l_y^2 + b_x^2 + z^2}}\right)\right] + \right.$$

$$\left\{\frac{(l - l_y)b_x z[(l - l_y)^2 + b_x^2 + 2z^2]}{[(l - l_y)^2 + z^2](b_x^2 + z^2)\sqrt{(l - l_y)^2 + b_x^2 + z^2}} + \right.$$

$$\left.\arctan\left(\frac{(l - l_y)b_x}{z\sqrt{(l - l_y)^2 + b_x^2 + z^2}}\right)\right\} +$$

$$\left\{\frac{(l - l_y)(b - b_x)z[(l - l_y)^2 + (b - b_x)^2 + 2z^2]}{[(l - l_y)^2 + z^2][(b - b_x)^2 + z^2]\sqrt{(l - l_y)^2 + (b - b_x)^2 + z^2}} + \right.$$

$$\left.\arctan\left(\frac{(l - l_y)(b - b_x)}{z\sqrt{(l - l_y)^2 + (b - b_x)^2 + z^2}}\right)\right\} +$$

$$\left\{\frac{l_y(b - b_x)z(l_y^2 + (b - b_x)^2 + 2z^2)}{(l_y^2 + z^2)[(b - b_x)^2 + z^2]\sqrt{l_y^2 + (b - b_x)^2 + z^2}} + \right.$$

$$\left.\left.\arctan\left(\frac{l_y(b - b_x)}{z\sqrt{l_y^2 + (b - b_x)^2 + z^2}}\right)\right\}\right) \tag{5.3}$$

分析式（5.3），可得到矩形平面均布载荷下矩形平面中心点处，即 $b_x = \frac{1}{2}b$，$l_y = \frac{1}{2}l$ 位置处的竖向附加应力最大，最大附加应力值为

$$\sigma_{zM(\max)} = \frac{P_0}{2\pi}\left[\frac{lbz\left(\frac{1}{4}l^2 + \frac{1}{4}b^2 + 2z^2\right)}{\left(\frac{1}{4}l^2 + z^2\right)\left(\frac{1}{4}b^2 + 2z^2\right)\sqrt{\frac{1}{4}l^2 + \frac{1}{4}b^2 + 2z^2}} + \arctan\left(\frac{1}{4}\frac{lb}{\sqrt{\frac{1}{4}l^2 + \frac{1}{4}b^2 + 2z^2}}\right)\right]$$

$$\tag{5.4}$$

其中，

$$P_0 = \gamma_s \cdot H_s \tag{5.5}$$

式中，γ_s 为回填体密度，取 1800kg/m^3；H_s 为回填体高度。

5.2.2　车辆载荷

车辆载荷作用在地表路面，产生的载荷来源于两部分。一部分是车辆自重产生的静态载荷；另一部分是车辆行驶过程中，轴承转动导致车轮作用路面的车辆载荷。

按目前公路路面及桥梁设计中对车辆载荷的处理方法，将车辆载荷简化为移动恒载+冲击载荷。先将车辆载荷简化为静载荷（恒载），假定车辆载荷按规范规定分配到各个车轴（三轴），车轮作用在路面上的力为集中力，具体计算简图如图 5.12 所示。

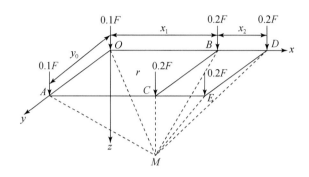

图 5.12　车辆载荷集中分布计算简图

如图 5.12 所示，M 点总的竖向附加应力为

$$\sigma_{zM} = \sigma_{z(MO)} + \sigma_{z(MA)} + \sigma_{z(MB)} + \sigma_{z(MC)} + \sigma_{z(MD)} + \sigma_{z(ME)} \qquad (5.6)$$

式中，σ_{zM} 为车辆载荷在 M 点引起的竖向附加应力；$\sigma_{z(MO)}$、$\sigma_{z(MA)}$、$\sigma_{z(MB)}$、$\sigma_{z(MC)}$、$\sigma_{z(MD)}$、$\sigma_{z(ME)}$ 分别为 $O \sim E$ 处的集中载荷在 M 点产生的竖向附加应力，可根据式（5.1）分别求出。

图 5.12 中给出的是三轴载重汽车模型，x_1 和 x_2 分别为车辆前中轴距和中后轴距，y_0 为轮距。

根据现场施工车辆型号，$F = 920\text{kN}$；$x_1 = 3.8\text{m}$；$x_2 = 1.5\text{m}$；$y_0 = 2.7\text{m}$。

由式（5.6）计算得出的是车辆载荷产生的静附加应力，按相关规范，动附加应力可由静附加应力乘以一冲击系数得出：

$$\overline{\sigma}_{zM} = \mu \sigma_{zM} \qquad (5.7)$$

式中，$\overline{\sigma}_{zM}$ 为动附加应力；μ 为冲击系数，取 $0.1 \sim 0.4$。

则车辆产生的最大附加应力可表示为

$$\overline{\sigma}_{zM(\max)} = (1 + \mu)\sigma_{zM} \qquad (5.8)$$

5.2.3　矿坑蓄水

回填后，预计采坑内积水最终标高可达到 3772m。考虑回填体上方水体按其深度产生的自重加到巷道覆岩上，此时，

$$P_0 = \gamma_s \cdot H_s + \gamma_w \cdot H_w \qquad (5.9)$$

式中，γ_w 为水体密度，取 1000kg/m^3；H_w 为水体高度。

再按式（5.4）计算总的附加应力。

5.2.4　地面井下水力联系

回填后采坑逐渐蓄水，采坑水可通过回填体和覆岩内的水力联系通道进入井下并可能对巷道稳定性造成一定影响。

根据水文地质条件和多年冻土条件分析，研究区地下水类型主要可分为两类。第一类为第四系含水层，即多年冻土层以上的第四系及季节性冻土层，含水层为砂土砾石层、粉砂岩、细砂岩；第二类为基岩裂隙含水层，主要分布在多年冻土层以下，含水层以砂岩、细砂岩裂隙水为主，水位标高约为 3700m。第四系主要为砂土砾石层，该层厚度为 2.8 ～ 16m，平均厚度约为 7.2m，整体透水性较好。由于研究区位于多年冻土分布区，地表水排泄条件良好，大气降水或洪水期对矿床充水的影响很小。冷季时，采坑中的水以及地表以下一定范围内第四系处于冻结状态形成隔水层，采坑水无法入渗到井下；暖季时，季节性冻土融化，第四系成为完全开放的透水层，江仓曲水成为采坑水的主要补给来源。江仓曲水补给进入采坑的水量、水质与青海中奥能源发展有限公司矿井水抽排的水量基本持平，说明研究区主要补给源为江仓曲水，通过江仓曲侵蚀融区的基岩裂隙从矿坑坡面排出并通过采坑和井下巷道之间覆岩中的水力联系通道到达井下。

根据江仓区三条斜井实测资料，用类比法估算矿井现涌水量为 86m³/h，矿井水文地质类型属简单类型，而且从矿井实际抽水情况看，矿井涌水量很小。

回填后，采坑水体距离巷道的距离因回填体高度而增大，采坑水必须通过回填体和覆岩内的水力联系通道才能进入井下，在气候条件和地质条件都不变的情况下，可以预测，矿井涌水量跟回填前相比不会有明显变化，地面井下的水力联系对巷道稳定性的影响没有加剧。

5.2.5　评价位置

将巷道（一区段回风斜巷）上方回填体简化为矩形面积载荷，考虑不利情况（巷道距离原采坑剖面线最近），如图 5.13 所示，在南北向剖面图上选取 A、B、C、D、E、F、G、H 八个点。选择依据如下：A 点是一区段回风斜巷的变坡点，在 A 点以前，地表由坑底起坡，覆岩厚度逐渐增大；在 A 点以后，随着 A 点下方回风斜巷开始起坡，覆岩厚度逐渐减小，地表回填体的影响随之增大；在 H 点之后，随坑底坡度急剧增大，覆岩厚度也随之增大。如图 5.14 所示，在东西向剖面图上选取 I、J、K 三个点。采用式（5.4）和式（5.7）计算回填体及车辆载荷产生的最大附加应力随深度变化情况。

5.2.6　巷道稳定性判断方法

根据附加应力随深度变化的规律，当附加应力为该点自重应力的 10% 时，可认为附加应力不再对巷道产生影响，此时的深度为附加应力的影响深度 H_a。如图 5.15 所示，为使巷道保持稳定，附加应力的影响深度 H_a 和巷道极限承载高度 H_b 之和应小于采坑整治（回填）前的巷道顶板埋深（覆岩厚度）H，即 $H \geqslant H_a + H_b$。

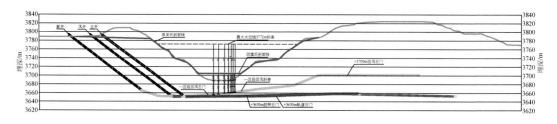

图 5.13　南北向原采坑及整治（回填）后剖面图

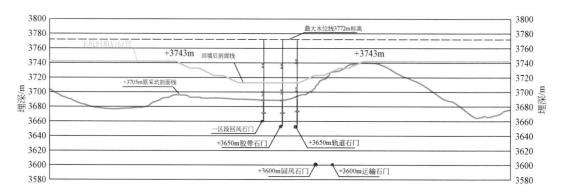

图 5.14　东西向原采坑及整治（回填）后剖面图

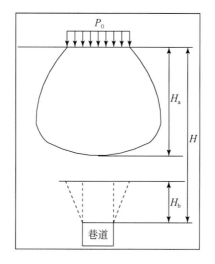

图 5.15　均布载荷下附加应力影响深度及巷道极限承载高度示意图

对于巷道极限承载高度 H_b，可根据土力学极限平衡理论求出。

如图 5.16 所示，顶板岩块 $abef$ 在重力 G 的作用下产生沉降，两边的楔形体 abc 和 def 也对其施加水平力 P。巷道实际承载力 Q 为巷道上方覆岩重量 G 减去水平力 P 产生的摩阻力 $2F$。即：

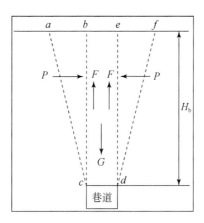

图 5.16　巷道覆岩极限平衡示意图

$$Q = G - 2F \tag{5.10}$$

当 $Q = 0$ 时，顶板上方岩层的自重力恰好能保持自然平衡而不遭受破坏，此时 H_b 为巷道的极限承载高度。

$$G = 2F \tag{5.11}$$

$$G = \gamma b H_b \tag{5.12}$$

式中，b 为巷道宽度；γ 为覆岩重度。

根据土力学理论，摩阻力 F 由被动土压力 P 乘以摩擦系数计算，被动土压力按如图 5.16 所示的三角形面积计算。

$$F = \frac{1}{2} \gamma H_b^2 K_a \tan\phi \tag{5.13}$$

式中，K_a 为被动土压力系数；ϕ 为土体内摩擦角。

$$K_a = \tan^2(45° - \phi/2) \tag{5.14}$$

联立式（5.11）~ 式（5.14），求得

$$H_b = b / [(\tan\phi) \tan^2(45° - \phi/2)] \tag{5.15}$$

一区段回风石门及斜巷的宽度 b 为 3.3m，+3650m 胶带石门、+3650m 运输石门的宽度分别为 3.2m、3.4m，内摩擦角 ϕ 取 30°，计算得到一区段回风石门及一区段回风斜巷的极限承载高度为 17.15m，+3650m 胶带石门的极限承载高度为 16.63m，+3650m 轨道石门的极限承载高度为 17.67m。

5.3　评价结果及分析

5.3.1　回填体及车辆载荷对井巷的影响评价

根据以上方法，计算 A、B、C、D、E、F、G、H、I、J、K 点下方不同深度的附加应力及自重应力变化如图 5.17 ~ 图 5.27 所示。

　　如图 5.17 所示，A 点下方附加应力影响深度为 9.2m，A 点下方巷道覆岩厚度为 31.64m，巷道极限承载高度为 17.15m，由于 31.64>9.2+17.15，所以 A 点处于稳定状态，富余覆岩高度为 5.29m。

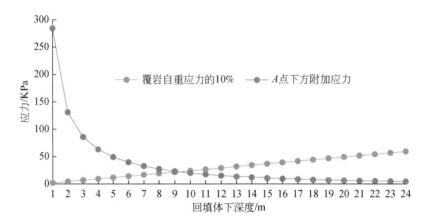

图 5.17　A 点下方附加应力及自重应力变化

　　如图 5.18 所示，B 点下方附加应力影响深度为 9.2m，B 点下方巷道覆岩厚度为 30.3m，巷道极限承载高度为 17.15m，由于 30.3>9.2+17.15，所以 B 点处于稳定状态，富余覆岩高度为 3.95m。

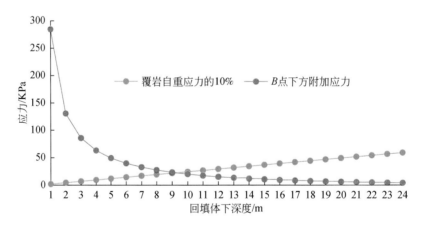

图 5.18　B 点下方附加应力及自重应力变化

　　如图 5.19 所示，C 点下方附加应力影响深度为 9.2m，C 点下方巷道覆岩厚度为 28.1m，巷道极限承载高度为 17.15m，由于 28.1>9.2+17.15，所以 C 点处于稳定状态，富余覆岩高度为 1.75m。

　　如图 5.20 所示，D 点下方附加应力影响深度为 9.2m，D 点下方巷道覆岩厚度为 27.07m，巷道极限承载高度为 17.15m，27.07>9.2+17.15，D 点处于稳定状态，富余覆岩高度为 0.72m。

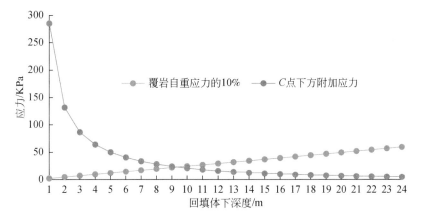

图 5.19　C 点下方附加应力及自重应力变化

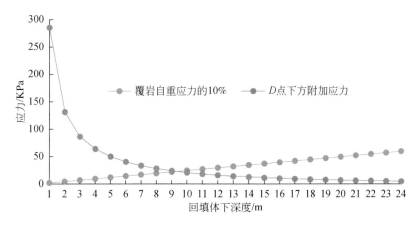

图 5.20　D 点下方附加应力及自重应力变化

　　如图 5.21 所示，E 点下方附加应力影响深度为 9.1m，E 点下方巷道覆岩厚度为 27.19m，巷道极限承载高度为 17.15m，由于 27.19>9.1+17.15，所以 E 点处于稳定状态，富余覆岩高度为 0.94m。

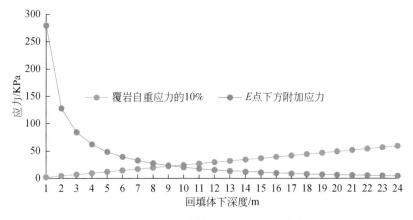

图 5.21　E 点下方附加应力及自重应力变化

如图 5.22 所示，F 点下方附加应力影响深度为 9.0m，F 点下方巷道覆岩厚度为 27.42m，巷道极限承载高度为 17.15m，由于 27.42>9+17.15，所以 F 点处于稳定状态，富余覆岩高度为 1.27m。

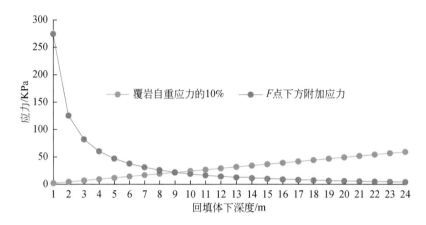

图 5.22　F 点下方附加应力及自重应力变化

如图 5.23 所示，G 点下方附加应力影响深度为 9m，G 点下方巷道覆岩厚度为 27.65m，巷道极限承载高度为 17.15m，由于 27.65>9+17.15，所以 G 点处于稳定状态，富余覆岩高度为 1.5m。

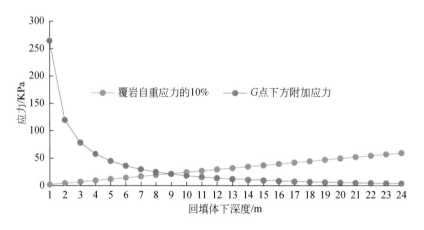

图 5.23　G 点下方附加应力及自重应力变化

如图 5.24 所示，H 点下方附加应力影响深度为 8.0m，H 点下方巷道覆岩厚度为 31.87m，巷道极限承载高度为 17.15m，由于 31.87>8.0+17.15，所以 H 点处于稳定状态，富余覆岩高度为 6.72m。

如图 5.25 所示，I 点下方附加应力影响深度为 9.2m，I 点下方巷道覆岩厚度为 27.3m，巷道极限承载高度为 17.15m，由于 27.3>9.2+17.15，所以 I 点处于稳定状态，富余覆岩高度为 0.95m。

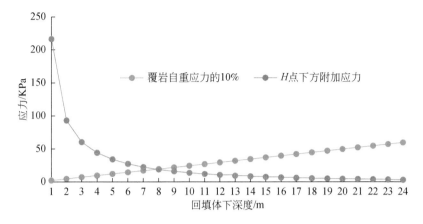

图 5.24 H 点下方附加应力及自重应力变化

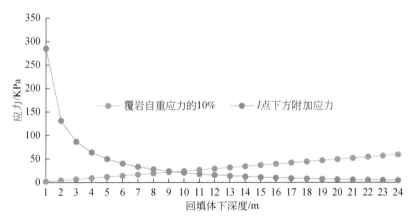

图 5.25 I 点下方附加应力及自重应力变化

如图 5.26 所示，J 点下方附加应力影响深度为 9.2m，J 点下方巷道覆岩厚度为 33.95m，巷道极限承载高度为 16.63m，由于 33.95>9.2+16.63，所以 J 点处于稳定状态，富余覆岩高度为 8.12m。

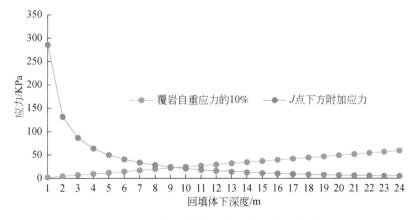

图 5.26 J 点下方附加应力及自重应力变化

如图 5.27 所示，K 点下方附加应力影响深度为 8.3m，K 点下方巷道覆岩厚度为 38.91m，巷道极限承载高度为 17.67m，由于 38.91>8.3+17.67，所以 K 点处于稳定状态，富余覆岩高度为 12.94m。

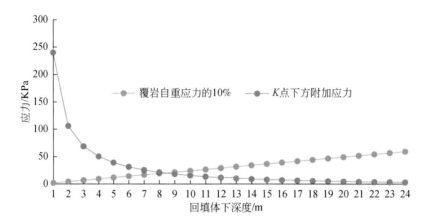

图 5.27　K 点下方附加应力及自重应力变化

表 5.1 列出了不同位置处附加应力影响深度、巷道（一区段回风斜巷）极限承载高度及巷道稳定状态等。

表 5.1　考虑回填体和车辆载荷时不同位置处巷道稳定状态

位置	覆岩厚度/m	回填体高度/m	附加应力影响深度/m	巷道极限承载高度/m	巷道稳定状态	富余覆岩厚度/m
A 点	31.64	15.94	9.2	17.15	稳定	5.29
B 点	30.3	15.96	9.2	17.15	稳定	3.95
C 点	28.1	15.96	9.2	17.15	稳定	1.75
D 点	27.07	15.96	9.2	17.15	稳定	0.72
E 点	27.19	15.4	9.1	17.15	稳定	0.94
F 点	27.42	14.96	9.0	17.15	稳定	1.27
G 点	27.65	13.93	9.0	17.15	稳定	1.5
H 点	31.87	8.99	8.0	17.15	稳定	6.72
I 点	27.3	16.00	9.2	17.15	稳定	0.95
J 点	33.95	16.00	9.2	16.63	稳定	8.12
K 点	38.91	11.47	8.3	17.67	稳定	12.94

5.3.2　地表积水条件下对井巷的影响评价

回填后，预计地表积水最大标高为 3772m。对选取的 $A \sim K$ 点，考虑其上方水体按其深度产生的自重加到巷道覆岩上,按式 (5.4) 计算总的附加应力。按水体、回填体计算产生的最大附加应力影响深度及巷道稳定状态,如表 5.2 所示。

表 5.2　考虑回填体和水体载荷时不同位置处巷道稳定状态

位置	覆岩厚度/m	回填体高度/m	水体高度/m	附加应力影响深度/m	巷道极限承载高度/m	巷道稳定状态	富余覆岩厚度/m
A 点	31.64	15.94	66.83	14.04	17.15	稳定	0.45
B 点	30.3	15.96	66.83	14.05	17.15	不稳定	-0.9
C 点	28.1	15.96	66.83	14.05	17.15	不稳定	-3.1
D 点	27.07	15.96	66.83	14.05	17.15	不稳定	-4.13
E 点	27.19	15.4	66.83	14.00	17.15	不稳定	-3.96
F 点	27.42	14.96	66.83	13.95	17.15	不稳定	-3.68
G 点	27.65	13.93	66.83	13.90	17.15	不稳定	-3.4
H 点	31.87	8.99	66.83	13.50	17.15	稳定	1.22
I 点	27.3	16.00	67.00	14.07	17.15	不稳定	-3.92
J 点	33.95	16.00	67.00	14.07	16.63	稳定	3.25
K 点	38.87	11.47	67.00	13.80	17.67	稳定	7.4

由表 5.2 可知,当考虑水体载荷时,巷道不稳定地点增加。一区段回风斜巷在 A 点和 H 点之间都处于不稳定状态。为保证巷道安全,应采取保护巷道的技术措施。

5.4　井工巷道保护技术

通过上述分析,露天采坑底部井巷埋深较浅,在受到回填工程动静载荷和水压力扰动产生的附加应力影响下,可能会出现局部巷道失稳的情况。为此,从井上回填施工工艺措施和井下巷道加强支护的角度,提出了井上“分区施工-双向回填-缓坡推覆”和井下锚注加强支护相结合的回填施工工艺与巷道保护技术。

5.4.1　回填施工巷道保护技术

在井工巷道上方渣土回填的施工过程中,回填的区域、方向、回填的厚度及层次都会对下部井工巷道产生扰动作用,施工不当可能产生不均匀应力、偏应力、应力集中等不利影响,不利于巷道稳定。将一区段回风斜巷、一区段回风石门和一区段胶带石门三条巷道上方对应的地面区域划为井巷保护区域,采取特殊的地面施工措施进行井巷保护。将回填区域按照对称井巷区域划分为四个分区(回填区域一、回填区域二、回填区域三、回填区域四),每个区域进行分层回填,为了使回填压力逐渐对称施加到井巷顶部,采用双向对称回填,按照区域划分,将回填区域一、回填区域二作为东西对称回填区,回填区域三、回填区域四作为南北对称回填区，如图 5.28 所示。

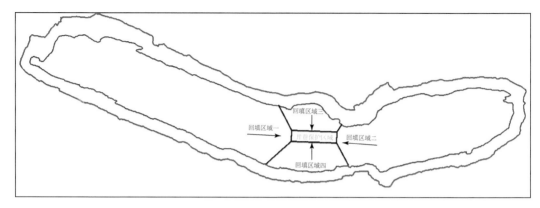

图 5.28　地面分区及回填方向

如图 5.28 所示，按照双向对称的原则进行回填，以保证施工扰动应力从东西、南北对称方向施加。在分区分层双向对称回填过程中，首先采用较缓的边坡角度进行推进覆盖，慢慢推进到井工区域，再逐步回填到设计标高 3705m，使基底应力逐渐加大到最终状态。

5.4.2　井工巷道加强支护技术

根据 5.3.2 分析，需要对一区段回风斜巷进行加强维护以保证回填后巷道的稳定。加强维护范围确定为一区段回风斜巷起坡后水平投影长度 60m 范围，如图 5.29 和图 5.30 所示。

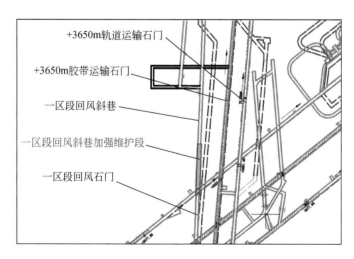

图 5.29　回风斜巷加强维护段范围（平面）

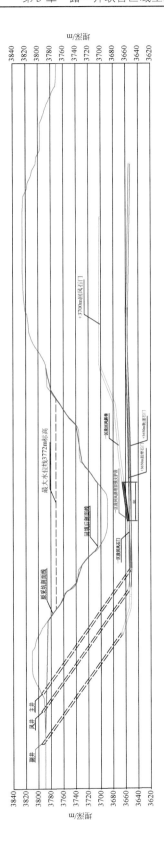

图 5.30　回风斜巷加强维护段范围(剖面)

1. 巷道加强支护方法选择

一区段回风斜巷距离矿坑地表垂直距离最近的只有27m，巷道在掘进过程中不可避免地在周边产生了裂隙和松动圈，虽经初期支护加固，如果后期又受到地表回填体、施工车辆及水体载荷产生的附加应力影响，围岩将进一步劣化、松动圈和塑性圈范围增大，进而导致作用于初期支护上的形变压力增大，促使支护结构破坏；若松动圈范围超过锚杆的长度，锚杆的悬吊等功能丧失，锚杆只起初步强化围岩的性能，而整个松动圈和锚杆等作为一个整体作用于支护结构上，则很可能导致大变形和塌方的出现。

针对本矿这种浅埋巷道受地表回填体等载荷影响可能造成的巷道失稳，建议采用高强锚注支护技术在加强支护段进行加强支护。

高强锚注支护技术在矿山和岩土工程中已经得到广泛应用，工程实效也很显著，尤其在软弱岩层、大断面硐室支护中发挥了很大的作用。通过高强锚注技术，在保证全长锚固的前提下，利用注浆材料改变围岩的性质，提高围岩的强度和自承能力，保持巷道的稳定。

高强锚注就是采用高强度注浆锚杆/锚索、高强度注浆材料、高压注浆，其实质是将锚固支护技术和注浆加固技术的结合，利用中空的锚杆/锚索兼做注浆管，中空注浆锚索如图5.31所示。

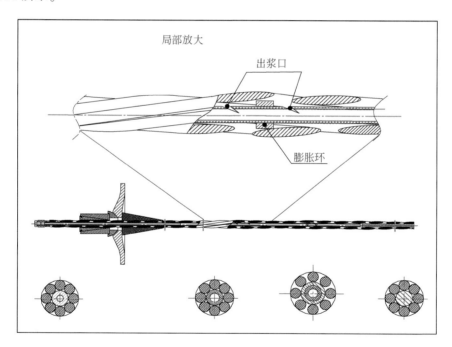

图5.31　中空注浆锚索示意图

锚注锚杆/锚索内芯管进行反向注浆，使浆液充满锚索索体与钻孔孔壁之间的空隙，实现了由树脂端锚变成全长锚固，浆液在注浆压力的作用下向巷道围岩内扩散。全长锚固锚索变形集中在与岩层出现变形破坏层位相对应的局部长度范围内，而端锚是通过锚固端和沿索体全长均匀变形，因而，对相同的岩层变形量，全长锚固所产生的支护载荷比端锚高得多。巷道围岩往往沿层面或破裂面发生错动，对锚杆/锚索产生剪切作用。全长锚固不仅具有较高的锚固力，而且具有很高的抗剪能力。对岩层沿层面或沿与锚杆斜交的裂隙的错动，全长锚固以两种方式产生约束。第一，直接以索/杆体和锚固剂的剪切强度提供抗剪阻力抑制错动；第二，以较大的轴向力增加层面上的正应力，从而提高其摩擦阻力来抑制错动。端锚由于杆/索体与孔壁之间的自由空间，因而无法利用杆/索体的剪切强度来抑制错动。

锚注浆液对巷道围岩的充填封堵与黏接加固作用。在注浆加固过程中，浆液在泵压及微裂隙的毛吸作用下挤压或渗透到岩体的大大小小的裂隙中去，浆液固结后，以固体的形式充填在裂隙中并与岩体固结，这些充填的材料在岩体内形成了新的网络状的骨架结构。注浆后的岩体增加了由加固材料形成的浆脉。这些浆脉在岩体中呈薄厚不一的片状或条状，但均互相联系形成网络骨架。网络骨架内则是均匀密实的岩体，形成网络骨架的充填材料具有较好的弹–黏性和黏结强度。

注浆浆液在泵压作用下，不但可以将相互连通的岩体裂隙充满，同时在压力的作用下还可将充填不到的封闭裂隙和孔隙压缩，从而对岩体整体起压密作用。压密作用的结果是使岩体的弹性模量提高，强度也相应提高。

除了以上主动支护方式，还可根据现场实际情况进行架设 U 型钢棚被动支护。

2. 巷道加强支护参数

在一区段回风斜巷需要维护段，在原有支护基础上，采用中空注浆锚索，直径为22mm，长度暂按 7300mm，树脂端部锚固，采用两支 MSCK2370 型树脂锚固剂。钻孔直径为 32mm，托盘用 300mm×300mm×16mm 钢托盘，锚索排距为 1600mm，每排七根锚索，全部沿拱形巷道岩壁法线方向布置，拱顶锚索位于巷道中间，两侧对称布置。喷浆厚度为100mm，待巷道喷混凝土终凝后进行锚索的注浆工作。根据现场情况在围岩破碎区加密布置，可按 0.8m 排距布置，并根据需要架设 U 型钢棚。

3. 巷道变形及破坏监测

加强维护前，应对巷道围岩破坏的破坏范围进行观测，并根据观测结果进行巷道加强维护支护设计。巷道围岩的破坏范围与发展过程的观测包括巷道深部围岩位移观测与钻孔的窥视仪观测。

深部围岩的位移观测主要采用声波探头多点位移计，这种仪器通过量测巷道岩石中的磁性锚固头位移来监测顶板、底板或两帮的位移、岩层移动的位置、岩层破坏或弱变的范围以及两帮破坏的深度等。

钻孔窥视仪可以直观地查看巷道围岩内裂隙发育的层位、深度，甚至是岩性，可以方便地了解岩体的结构，还可以通过观察孔直观地察看浆液在围岩内部的扩散情况。

为了对地表回填影响下的巷道变形及受力情况进行监测，需在补强后的巷道内进行围岩位移及受力监测。在加强维护段安装顶板在线位移及锚杆/索受力监测系统进行巷道顶板、帮部的位移和锚杆/索受力实时在线观测。

5.5 露—井联合区域生态环境治理与井下巷道保护效果

在江仓区一号井采坑正下方分布有一座井工矿，目前处于关闭状态，通风、供电等系统正常运行，内部设备暂时不具备撤出条件。井巷工程埋深最小处仅为 27.07m，易受回填工程动静载荷作用而发生破坏，因此需要在系统研究井巷工程安全影响因素及其作用规律的基础上，对回填过程中井巷工程的稳定性进行评估，根据评估结果提出合理性保护措施。针对以上技术难题，建立工程力学模型，采用弹性力学理论分别计算了回填体载荷、施工车辆载荷及其动载、采坑蓄水后水体载荷产生的最大附加应力随深度的变化值，根据附加应力随深度变化的规律，集中力引起的附加应力等值线随深度的增加而无限扩散，应力值呈指数曲线趋势递减，当附加应力减小为该点自重应力的 10% 时，可认为附加应力不再对巷道产生影响。为使巷道保持稳定，附加应力影响深度和巷道极限承载高度之和应小于采坑回填前的巷道顶板埋深，据此确定了井上回填安全边界和井下巷道加强支护范围，结合实际条件，提出了井上"分区施工–双向回填–缓坡推覆"和井下锚注加强支护相结合的回填施工工艺与巷道保护技术，保证了采坑回填全过程井巷系统的安全（李凤明等，2021b）。

研究成果对采坑回填施工工艺与巷道保护技术、"腐熟羊板粪+有机肥"优化配比的土壤改良方法采用"渣山削坡整形+采坑回填缓坡+井巷保护+岩壁整治+微地形地貌重塑+土壤重构与植被复绿"综合治理模式，开展了青海木里煤田江仓区一号井采坑、渣山一体化治理工程，治理土地总面积为 173.3447hm²，复绿面积为 150.35hm²。打造了近自然、免维护、可持续的高原高寒矿区生态景观。技术成果的应用对提高高原高寒矿区生态系统自我修复能力和稳定性、守住自然生态安全边界、完善生态安全屏障体系具有重要意义，取得了良好的生态和社会效益（图 5.32）。

(a)地形重塑后　　　　　　　　　　　(b)草籽撒播后无纺布覆盖

(c)局部复绿效果(缓坡)　　　　　　　　　　(d)局部复绿效果(平地)

(e)整体复绿效果

图 5.32　江仓区一号井应用效果图

第6章 高原高寒矿区生态治理修复模式与实践

高原高寒地区以往的治理主体为矿山企业，往往孤立看待生态环境问题，仅侧重于某一环境问题的解决，生态系统难以系统修复，生态功能也难以提升。为解决此问题，通过对木里矿区生态环境综合整治进行整体、系统、动态的研究，将山水林田湖草视为一个生命共同体，实行针对性分类治理，针对不同矿井渣山、采坑对生态环境的影响和破坏，采用前文叙述的不同生态治理修复与资源保护一个或多个关键技术相互配合和组合，形成了不同的修复治理模式，开展了木里矿区生态环境治理与修复工程实践，取得了成功，创造了世界上大规模高寒地区矿山生态环境治理修复的先例。

6.1 高原高寒矿区生态治理修复模式

6.1.1 矿区生态修复及修复模式

生态修复是针对退化生态系统特点，通过消除或缓解主要压力因素，切断系统退化过程，调整、配置和优化系统内部与外界的物质、能量、信息流动及时空次序，从而使退化生态系统逐步恢复，并最终重建结构合理、功能高效、关系协调的新生态系统的一系列生物和工程措施。

矿山生态修复指依靠自然力量或通过人工措施干预，对因矿产资源开采活动造成的地质安全隐患、土地损毁和植被破坏等矿山生态问题进行修复，使矿山地质环境达到稳定、损毁土地得到复垦利用、生态系统功能得到恢复和改善。

矿山环境治理修复模式是在治理修复对象明确的前提下，考虑当地土地开发利用规划的最终目标和植被修复等具体要求，根据地形地貌和地质环境背景以及矿产资源开发方案等，以适宜、有效的治理修复技术与方法为基础，从土地使用者角度出发，构建的一整套结构合理、层次分明、系统完整的治理修复技术与方法的优化组合体系。治理修复模式是以治理修复对象、治理修复目标和治理修复技术三方面为基础构成的矿山环境治理修复技术与方法的优化组合体系（武强等，2017）。

工矿区尤其是矿区，是国土范围内生态环境破坏最为严重的区域，也是国土范围内土地复垦与生态重建的重点和难点（白中科和赵景逵，2001）。多年来，矿区的土地复垦仅局限在狭义上的矿区概念上开展，即以矿山生产作业区为核心的区域，一开始是零散分布，后来演变到集中连片。目前狭义上的矿区土地复垦显然满足不了新时期按照流域或区域进行"整体保护、系统修复、综合治理"的要求。有学者提出了矿区"地貌重塑、土壤重构、植被重建、景观重现、生物多样性重组与保护"恢复重建的"五阶段"（白中科等，2017）。

土壤重构是以矿山损毁土地的土壤恢复或重构为目的，应用工程措施及物理、化学、生物等改良措施，重新构造一个适宜在较短时间内恢复和提高土壤生产力的土壤剖面与土壤肥力条件，消除和缓解对植被恢复和土地生产力提高有影响的障碍性因子。土壤重构是矿区生态系统恢复重建的核心。

植被重建是在地貌重塑和土壤重构的基础上，针对矿山不同土地损毁类型和程度，综合气候、海拔、坡度、坡向、地表物质组成和有效土层厚度等，进行不同损毁土地类型物种选择（先锋植物与适生植物）、植被配置、栽植及管护，使重建的植物群落持续稳定。植被重建是矿区生态系统恢复重建的保障。

景观再现是遵循"山水林田湖草是一个生命共同体"的理念，通过"点-线-面-网"与"网-面-线-点"的两种互逆反馈途径，充分考虑景观破碎与景观整合过程中，土地资源、水资源、生物资源、人居环境等的结构调整和优化配置，重建一个与周边景观相协调的生态系统。景观重现是矿区生态系统恢复重建的结构优化与功能提升。

生物多样性重组与保护是针对结构破损、功能失调的极度退化生态系统，在地貌重塑、土壤重构、植被重建、景观重现的生态系统建设过程中，借助人工支持和诱导，对生态系统的生物种群组成和结构进行调控，逐步修复生态系统功能，诱导生态系统最终演替为一个符合代际（间）需求和价值取向的可持续的生态系统。生物多样性重组与保护是恢复重建矿区生态系统在利用过程中，抵御水灾、旱灾、虫灾、火灾等灾害风险、维持生态系统稳定的最高阶段。

6.1.2　木里矿区生态修复目标

据青海省国土整治与生态修复中心、中国科学院生态环境研究中心的"高原高寒木里矿区山水林田湖草沙综合治理示范区建设规划"的相关研究，简述如下。

针对综合治理工程项目实施路径，首先，将木里矿区及所在的大通河流域源头区划分为莫日曲流域、多索曲流域、江仓曲流域、大通河干流流域、徐蜘格曲流域五个子流域；其次，在子流域尺度上开展生态功能分区，识别分区内的生态问题，明确综合治理的主要问题和任务；再次，明确流域内矿坑修复单元的具体生态环境问题，以及矿坑修复单元的综合治理任务；最后，依据矿井范围生态问题，选择科学合理的综合治理模式与措施。

1. 综合治理区域与治理单元划分思路

高原高寒矿山综合治理区域，特别是矿坑修复单元划分以"山水林田湖草是一个生命共同体"为理论基础，以重点区域识别及生态问题识别和诊断为主要依据，同时考虑流域地理单元特征、修复区域和矿坑修复单元的完整性、治理措施的系统性以及工程部署的可行性，具体思路如下所示。

（1）贯彻"山水林田湖草是一个生命共同体"理论，明确地上地下关联性、山上山下联动性、流域上下游系统性、流域保护与发展协调性。

（2）开展木里矿区及所在的大通河流域源头区水源涵养、土壤保持、生物多样性等生态功能重要性评价和生态系统质量评估，结合生物多样性、生态保护红线、生态功能区划等情况，识别重点功能区。

（3）基于上述分析和评估，结合生态环境问题识别和诊断结果，考虑地形地貌和水系等自然地理特征、自然生态单元和行政单元的相对完整性、治理措施的系统性，采用地理信息技术对大通河流域源头区的综合治理片区和修复单元进行划分。每个片区均为相对独立的具有"山水林田湖草沙"特征的整体。

2. 流域生态基础评价与治理区域生态特征

1）水源涵养功能

矿区所在流域整体空间分布格局呈东南高西北低的特征。从每个矿区的平均水源涵养功能来看，矿区进行了大规模开采活动，导致原地貌被挖损和压占，形成凸凹地貌，植被被破坏，导致水源涵养功能的降低（图6.1）。

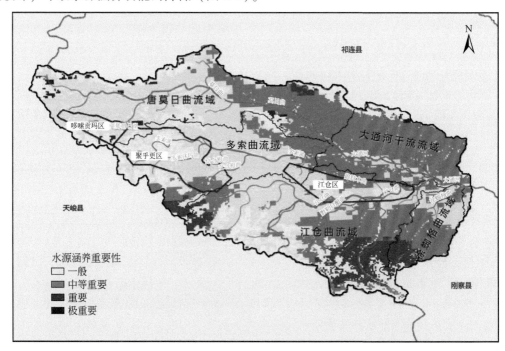

图6.1 水源涵养功能空间格局示意图（据高原高寒木里矿区山水林田湖草沙综合治理示范区建设规划，青海省国土整治与生态修复中心，中国科学院生态环境研究中心，2020年12月）

2）土壤保持功能

从每个矿区的土壤保持能力来看，聚乎更区和江仓区的土壤保持能力较低，主要由于矿区进行了大规模开采活动，原地貌土壤遭到挖损、搬运、堆砌等剧烈扰动，同时诱发冻融侵蚀和热熔垮塌，进而影响着土壤保持能力（图6.2）。

3）生物多样性保护

为了做生物多样性保护重要区域图，我们选取世界自然保护联盟（internation union for conservation of nature，IUCN）红色名录或中国红色名录中受威胁物种为指示物种，包括极危、濒

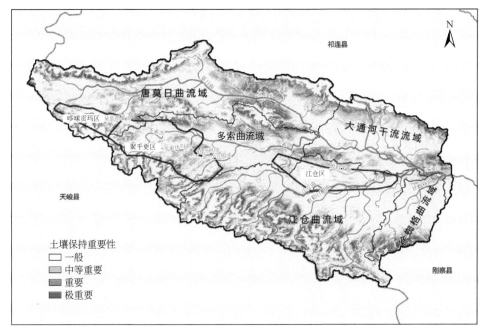

图 6.2　土壤保持功能空间格局示意图（据高原高寒木里矿区山水林田湖草沙综合治理
示范区建设规划，青海省国土整治与生态修复中心，中国科学院生态环境研究中心，2020 年 12 月）

危和易危三种等级。植物分布信息来自中国植物物种科学数据库；哺乳动物、两栖动物和爬行
动物空间分布数据来自 IUCN，并采用《中国两栖动物及其分布彩色图鉴》和《中国哺乳动物
多样性与地理分布》来补充完善；鸟类空间分布数据来自国际鸟类联盟（图 6.3）。

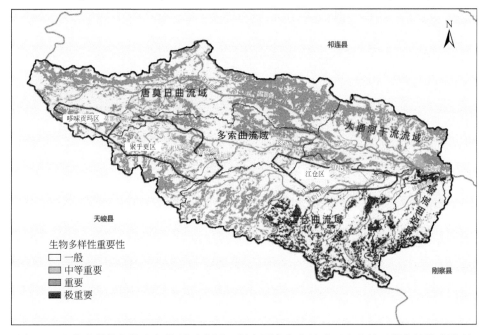

图 6.3　生物多样性保护空间格局示意图（据高原高寒木里矿区山水林田湖草沙综合治理
示范区建设规划，青海省国土整治与生态修复中心，中国科学院生态环境研究中心，2020 年 12 月）

由于这些分布范围包含不适宜栖息地，我们采用 Li Binbin 和 Stuart Pimm 提出的方法，基于物种具体的分布区域、海拔范围和生境植被类型，对每个物种的潜在栖息地进行了修正。物种的具体分布区域来源于中国科学院动物研究所以及近期的一些研究；海拔范围和生境植被类型来源于中国植物物种科学数据库、IUCN 红色名录、国际鸟类联盟和近期一些研究。我们采用美国航空航天局航天飞机雷达地形探测任务获取的 90m 数字高程模型来提取海拔数据，植被类型数据来源于中国 2010 年 30m 的生态系统类型图。

将每个类群加权之后的潜在栖息地进行求和得到保护物种的重要区。为了描述 IUCN 中不同分类等级的相对重要性，分别对极危、濒危、易危等级赋值 3、2、1。对每一个类群，我们采用最小最大归一化方法对求和之后的值进行标准化，使最终值的范围为 0 ~ 100，其中 100 表示最重要，0 表示最不重要。将五个类群的生物多样性保护重要值进行空间叠加，取最大值作为总的生物多样性保护重要值。根据重要值，取累计前 20% 的区域作为生物多样性保护的重要栖息地区域。

4）生态保护红线

据青海省国土整治与生态修复中心、中国科学院生态环境研究中心编制的"高原高寒木里矿区山水林田湖草沙综合治理示范区建设规划"，木里矿区及所在的大通河流域源头区的生态保护红线主要分布在矿区的北部和东部，其中，红线一类管控区面积较大，分布在江仓区的北部和东部，红线二类管控区面积较小，分布在聚乎更区和哆嗦贡玛区的北部（图 6.4）。

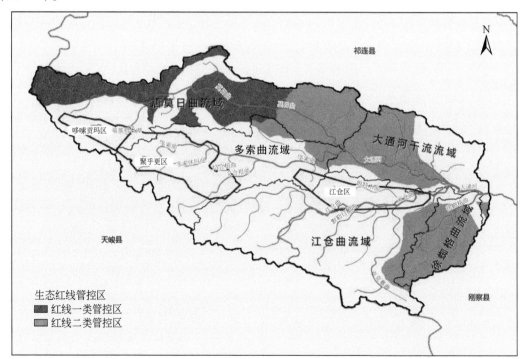

图 6.4　生态保护红线空间格局示意图（据高原高寒木里矿区山水林田湖草沙综合治理示范区建设规划，青海省国土整治与生态修复中心，中国科学院生态环境研究中心，2020 年 12 月）

5）冻融侵蚀敏感性空间格局

冻融侵蚀敏感性评价为木里矿区外扩 8km 的范围，木里矿区冻融不敏感区面积为 403.12km²，占整个木里矿区的 24.59%，轻度敏感区面积为 754.33km²，占木里矿区 46%。各个矿区冻融的敏感性较相似，基本体现为轻度敏感，聚乎更区轻度敏感区占比甚至达到 52.67%。在中度敏感方面，哆嗦贡玛区冻融占比为 38.47%。部分地区仍存在冻融高度敏感性区域，如哆嗦贡玛南部冻融面积为 3.37km²，土地冻融高度敏感占比达 17.55%（图6.5）。

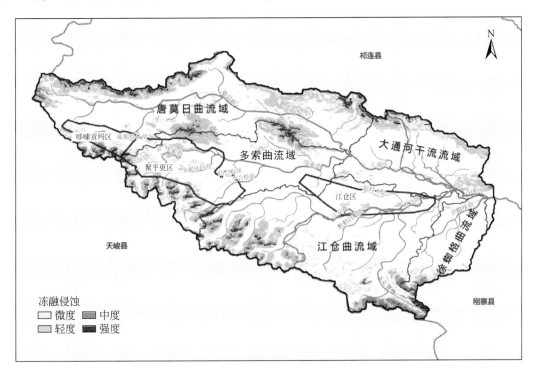

图 6.5　冻融侵蚀敏感性空间格局示意图（据高原高寒木里矿区山水林田湖草沙综合治理示范区建设规划，青海省国土整治与生态修复中心，中国科学院生态环境研究中心，2020 年 12 月）

6）水土流失敏感性空间格局

水土流失敏感性评价为木里矿区外扩 8km 的范围，水土流失不敏感区面积为 1524.57km²，占整个木里矿区 94.74%。各个矿区水土流失敏感性相似，不敏感区占比均超过 85%，但从空间上来看，仍有部分区域对水土流失敏感。如哆嗦贡玛西南部和弧山矿区北部，分布有少量轻度敏感区域，面积分别为 2.02km² 和 0.95km²，占矿区面积比为 10.57% 和 6.94%（图6.6）。

3. 综合治理区域划分

基于木里矿区及所在的大通河流域源头区生态地理特点，同时结合流域的生态功能重要性、生态保护红线以及重要生态问题分布格局，识别重点区域，通过对重点区域进行空间叠加，考虑山水林田湖草冰统一保护、统一修复要求，将整个流域划分为五个子流域，

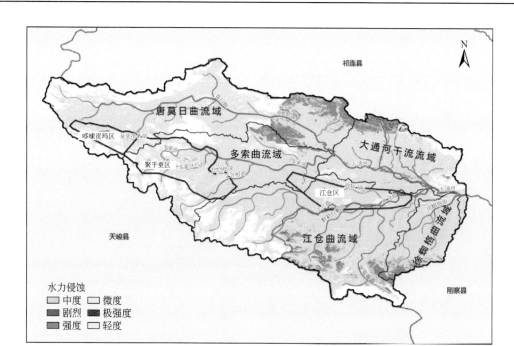

图6.6　水土流失敏感性空间格局示意图（据高原高寒木里矿区山水林田湖草沙综合治理
示范区建设规划，青海省国土整治与生态修复中心，中国科学院生态环境研究中心，2020年12月）

分别为莫日曲流域片区、多索曲流域片区、江仓曲流域片区、大通河干流流域片区和徐蚰
格曲流域片区（图6.7、图6.8）。

图6.7　木里矿区综合治理子流域分布图示意图（据高原高寒木里矿区山水林田湖草沙综合治理
示范区建设规划，青海省国土整治与生态修复中心，中国科学院生态环境研究中心，2020年12月）

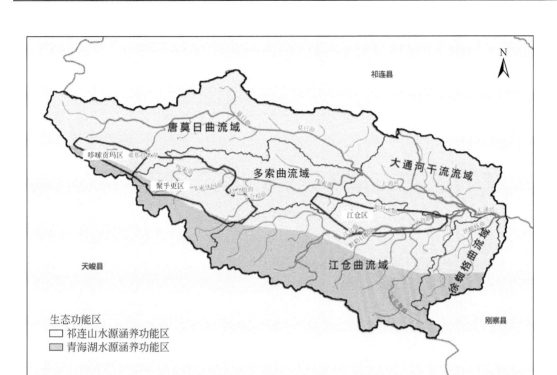

图 6.8　木里矿区所在的生态功能区示意图（据高原高寒木里矿区山水林田湖草沙综合治理示范区建设规划，青海省国土整治与生态修复中心，中国科学院生态环境研究中心，2020 年 12 月）

6.2　矿山生态修复地貌重塑

地貌重塑是结合矿山原有的地形地貌特点，依托采矿设计、开采工艺和土地损毁方式，通过有序排弃和土地整形等措施，重新塑造一个与周边景观协调的新地貌，最大限度地防治地质灾害、抑制水土流失，消除和缓解对植被恢复和土地生产力提高有影响的灾害性限制性因子，以提高土地利用率。地貌重塑是矿区生态系统恢复重建的基础（白中科等，2017）。地形重塑层是指在渣山、采坑、岩石边坡、地表沉陷等矿山治理修复过程中，修复范围自地表及其地下一定范围内能够起到地形地貌轮廓骨架成形作用的地质重构层的组成，是一个十分复杂的不规则层面，是土壤重构与植被恢复的基础（王佟等，2022a）。

木里矿区地处青藏高原东北部，海拔为 3800～4200m，属于祁连山高寒山地多年冻土区，是典型的高海拔多年冻土，以高原冰缘地貌类型为主，区内冻土极为发育。聚乎更区多年冻土厚度为 40～160m，平均为 120m；江仓区多年冻土厚度为 30～87m；哆嗦贡玛多年冻土厚度为 35～85m。一年之中有超过半年的冻结期，4 月气温开始逐渐回升，地层开始逐渐消融，高温期基本在 6～9 月，在此期间地表处于消融态，10 月开始地层逐渐冻结。另外，在多数月，一日之内往往会出现气温的零上和零下的循环变化，地表将发生融化与冻结的相态循环。区内发育的河流有上多索曲、下多索曲、江仓曲及其支流，均属大通河水系。河水依靠高山融雪水、泉水及大气降水补给（徐拴海，2017）。

6.2.1　采坑边坡稳定性

露天煤矿边坡是在露天开采煤炭资源时，为揭露资源地层而将上部岩土地层剥离，形成围绕资源地层自上而下的多台阶状斜坡。露天矿坑的开挖即伴随着边坡的形成，基本与煤炭资源的开采同步，贯穿生产过程的始终。露天矿边坡的形成是一个动态过程，由初始的小型边坡，随着煤层的开采逐渐形成多台阶的高大边坡，其过程一般会延续数年至数十年。

木里矿区露天开采在开挖形成矿坑后，处于边坡表层的岩体将经历周期为 1 天的冻融小循环和周期为 1 年的冻融大循环。木里露天煤矿开挖后揭露的第四系和裂隙岩体中可以非常显著地观察到赋存于其中的冰体。从已开挖的冻结岩石边坡破坏特征来看，冻融循环过程对边坡的浅层岩体稳定性影响最大（徐拴海等，2016b）。

通过在木里矿区聚乎更区布置的地层测孔显示，矿区分布着厚度不等的冻土层，1 月表层地层完全冻结，9 月完全消融，季节性冻土层在表层 5m 左右波动。矿坑的开挖切割季冻层、永冻层和不冻层，而在不同的冻层中又有多层不同性质的地层，从而使露天矿边坡的地层性质异常复杂。另外，原始的多年冻土层经开挖形成边坡后，边坡表层岩体由永冻态向季冻态转化。复杂的地层环境与周期性的温度变化作用叠加，使露天煤矿边坡的介质与环境均异于常规区域露天矿边坡。

对于松散层，其消融特征是融层水分流出、坡缘融塌、坡面内部融沉陷落，冻结后会在地表形成冻胀丘。采场边坡上形成泥流而使松散物质不断流失，由于植被根系发达而形成有一定厚度、整体性较好的顶盖，从而呈现出掏蚀现象。但在掏蚀深度较大时，顶盖拉断滑塌。松散地层均具有掏蚀和植被顶盖滑塌，以及坡体浅层沿季冻层未冻区域的弱面滑塌的特点。

由多年冻土区地层温度监测表明，露天矿的边坡在开挖形成后，以及露天矿坑开挖后，形成巨大的临空面，直接揭露了纵向全尺度上的冻结岩土体，边坡岩体的性质会发生一定的变化，如原处于永冻层的地层，经开挖后成为边坡的表层，从而转换为了季冻层；如原处于不冻层的地层，经开挖后在边坡表层的岩体也转化为了季冻层。季冻层岩土体的性态随着大气环境温度变化剧烈，而处于季冻层以下的永冻层和不冻层基本不受大气环境温度的变化影响，因此多年冻土区边坡的表层岩体的性态变化决定着边坡的稳定性（王晓东等，2018a）。露天煤矿矿坑边坡切割多层不同组成和性质的地层。在纵向（地层深度）和横向（矿坑范围）上均存在一定的差异，最终形成了多种不同类型的边坡，在自身属性和外应力的作用下，多种边坡自稳和失稳形态存在较大差异（表6.1）。

在多年冻岩土区，温度的昼夜或季节性交替循环引起岩土体中的水分反复相变。在冻胀力的作用下，裂隙不断产生与扩展，岩土体损伤不断加剧。裂隙的不断扩张又为冻胀力的发育提供了更有利条件，进而加剧岩土体的风化作用，逐步造成整个岩土体的损伤破坏。这种恶性循环严重威胁着岩土体和边坡的安全与稳定（李国锋等，2018）。

由于矿区露天采场边坡岩体上部、渣山堆放处植被稀少，在受到水力冲蚀时，极易引起水土流失，并伴随滑坡、坍塌等地质灾害，修建梯田台阶可以起到蓄水保土、维持边坡稳定的作用，有利于后期覆土复绿，也可为植物的生长提供基础条件。采用梯田台阶再造技术的具体措施是对于完整性好、稳定性好的岩质边坡保持原有坡型不变，将采坑、渣石边坡按照台阶式坡型整治，总坡角小于 26°，平台宽度和台阶高度一般为 10m 左右，坡率为 1∶2，为保持排水通畅，避免产生下雨冲刷坡面和台阶地面产生积水，影响植物的生长，台阶平面及排渣形成凹槽部位设置排水沟，沿坡顶线修建截水沟，在垂直方向连接处设置排水口，平台近水平，略向排水渠倾斜，以便于雨水排泄。

表 6.1　露天煤矿采场含冰岩土层边坡类型及其特征（徐拴海，2017）

边坡类型	概化图（边坡剖面和立面图）	实景图	特征	失稳类型
逆层岩质边坡			地层为岩层，分布广泛，主要存在于永冻层。主层理与坡面角度在 45°~90°	该类边坡为最常见边坡，边坡相对较稳定，少有大面积垮落坍塌。若存在软弱夹层，会出现差异冻融风化问题，以坡面下部岩石随冻融而崩塌、中上部局部突出最为常见，通常为局部边坡稳定性问题
顺层岩质边坡			地层为岩层，主要存在于永冻层。主层理与坡面角度在 0°~45°	顺层边坡开挖初始，受爆破震动扰动和表面风化影响，岩层发育较多垂直于主层理的次生裂隙，裂隙在外应力的作用下逐渐贯通成网，而水分的加入和反复的冻融加剧了裂隙发展的进程，使层状岩体层间呈块、片状脱落并滑塌。同时也存在规模较大的岩块滑动，岩层间甚至可见清晰的滑落擦痕，此类边坡失稳较为常见
切层岩质边坡			地层为岩层，主要存在于永冻层。地层倾角在 45°~90°，主层理与坡面角度在 45°~90°	由于地层倾角较大和原始地层水平节理发育的原因，处于永冻层的该类边坡受冻融影响明显，表面季冻层的含冰岩层随消融，或大块岩石逐渐劣化为小块体后滑落，或大块直接倾倒，一般滑落体量较小，部分断裂面看见冰体
破碎地层岩质边坡			地层节理裂隙发育，地层较破碎，主要存在于永冻层	由于多组原生节理裂隙的切割作用，地层非常破碎。处于永冻层的该类边坡，季冻层发育较深，容易受到冻结与融化过程的影响，表层剥蚀严重，呈现出凹凸不平的状态，边坡的整体和局部稳定性均较差

边坡类型	概化图（边坡剖面和立面图）	实景图	特征	失稳类型
松散地层边坡			地层主要为第四系坡积物、冲洪积砂砾石冻结层，富水性强，为永冻层之上的季节性冻层	该类边坡主要在近地表地层中，蓄水能力强，富水较多，但强度较差。边坡为季冻层边坡，受气温影响剧烈，消融水流失过程中伴随着松散介质流失。若地表草甸较厚，会发生下部冻融掏蚀，上部顶盖滑塌的灾害

6.2.2 渣山稳定性

不同地层均有含冰体，且随岩性不同而有不同形态；第四系土冰混合层含冰体较均匀，第四系强、中风化松散地层中含冰体呈球粒状散布于岩土层形成岩冰混合层；砂岩、砾岩层含冰体通常是具有一定厚度的不连续夹层；岩体裂隙内的夹冰体为沿裂隙夹杂的厚度不一的冰夹层。

木里矿区渣山分布面积广且规模大，渣山主要由三叠系砂泥岩、侏罗系砂泥岩和煤矸石、第四系砾石、沙土和腐殖土等组成，结构松散，沿采坑周围分层堆放，渣山占地 35.5 万 ~292.85 万 m^2，高度为 20 ~ 50m，平均高度为 36m，台阶宽度为 5m，坡度为 33°~50°，平均坡度为 42°。由于压实处理不到位、长期处于饱水状态和冻融作用等原因，在重力作用下部分坡体垮塌，加之物理风化作用及表面局部有松散堆积体，造成局部稳定性较差，形成不稳定边坡。

排土场边坡在 20m、40m、60m、80m 和 100m 这五种不同堆载高度条件下，其边坡位移量与塑性变形区分布特征结果表明，受排土场边坡载荷作用影响，排土场边坡下部软弱基底层产生塑性变形现象相对显著，且靠近坡底临空面位置，该软弱基底层产生相应朝向临空方向挤出的位移变形，产生了塑性变形显著的"卷筒状"的丘状脊现象（杨幼清等，2020）。

在江仓区一号井采坑及周边区域不同位置施工 19 个地温测试钻孔，深度为 12 ~ 100m，采用热敏电阻式测温系统对孔内温度进行了连续监测，结果表明：①渣山仅在表层以下 2.3 ~6.6m 内存在季节性冻土，该深度往下至原始地表范围内无冻土；②多年冻土厚度在 30 ~60m，季节性冻土厚度在 1.0 ~2.1m，多年冻土地温年变化深度在 11 ~15m，地温随着深度的增大而升高，地温增温率在冻土层内变化为 1℃/22.5 ~46.7m；③植被发育程度对其下的冻土起着保护作用，矿坑开挖和渣山堆积形成了大范围的采坑融区和渣山融区，导致矿区多年冻土生态系统的破坏。采坑地表线外扩 40m 范围内已经形成贯通性融区，未复绿渣山的长期存在将导致多年冻土厚度的不断减小，甚至发展成为贯通性融区（李凤明等，2021b）。

为保证渣山稳定，为后期复绿创造良好的立地条件，需通过统一削坡减载的方法，使渣山边坡达到稳定状态。即通过对渣山削坡整形、碾压，将渣山塑造为稳定的种床，对边坡进行清坡处理，消除浮石和崩塌等灾害，对渣山削坡减载，将渣山总体高度控制在 30m 以下，坡体由台阶组成，台阶高度为 10m，台阶坡面角为 20°，整体边坡角不高于 20°。并用重型机械碾压，保证渣山边坡的稳定，坡面修筑截排水沟，避免造成水土流失。

6.2.3　水系破坏与采坑积水

木里矿区煤炭露天开采造成局部地表地形地貌条件的改变，天然河道被人为截断、改道，破坏了地表水系、地表水径流条件，水源输送能力和水源涵养功能下降。

矿坑开挖造成的地层深切割，富冰多年冻土出露，气温回升使得多年冻层逐渐消融，造成采场边坡、矿坑等多部位汇集出水，形成热融湖塘。在边坡阳面会形成坡面泉，在矿坑内会形成坑内泉（王晓东等，2018b）。

多年冻土随着矿坑开挖而被逐渐揭露，在温度升高至冰的融化点后，岩土体中季节性冻土的冰体逐渐融化，由于岩体含有大量原生和次生裂隙，蓄水能力相对第四系等松散层较差，部分冰融水将通过裂隙流出，汇聚至采场边坡平台及矿坑中。

开采形成的采坑呈负地形。木里矿区聚乎更区采坑总积水面积为 130.08 万 m²，总积水量为 1476.51 万 m³。除聚乎更区九号井采坑基本无水外，其余大部分采坑均有积水。聚乎更区八号井采坑长 2.06km，宽 0.56km，坑内积水深为 28.04m，积水量为 509.39 万 m³；聚乎更区四号井采坑长 3.73km，宽 1.05km，坑内积水深为 42.63m，积水量为 800 万 m³。聚乎更区七号井西采坑有三个积水坑，积水坑水面高程自东向西依次为 4148m、4143m 和 4142m，呈串珠状阶梯式分布，深 10.15～11.04m，积水量为 75 万 m³。

采坑积水水源直接因素为大气降水补给，间接因素为矿区地表水、冻结层上水、构造裂隙水及河流融区水补给。因各井田所处位置有差异，不同水源的补给贡献占比有所差异（图 6.9）。

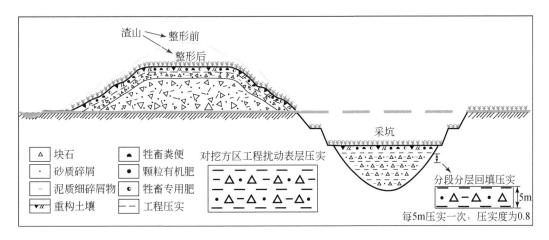

图 6.9　地形地貌构建模式图

6.3　矿区生态修复生态地质层构建

对区域生态环境具有控制属性作用的地层或地层组合层段，称为生态地质层。生态地质层是一个动态变化的概念，生态地质层在地壳浅层剖面上有时是单独的，有时是一个或多个呈相互嵌套或重叠关系，在不同地区，其赋存空间和对生态环境的控制意义不尽相同。矿山开采对生态环境的破坏不仅对地表植被、土壤层和地形地貌产生破坏，还会对这一活动所能影响到的地下岩层等地质体产生扰动和破坏，造成含（隔）水层、煤层顶板、特殊岩层产生破坏，引起区域地表和地下生态环境系统发生变化。

矿山环境生态修复的核心问题是针对不同的破坏对象，重构和修复破坏的生态地质层。生态地质层构建技术是对已经破坏的生态地质层，通过人工干预或相似材料物理模拟，再造出具有与原始地层相似属性作用的类岩性层段。可用于井工开采、露天开采、露—井连采等矿山开发造成的矿产资源裸露、土壤层破坏、地形地貌破坏、渣山、冻土层破坏、地表水系阻断等不同层段破坏后的修复。实现对煤系变形、破裂、沉陷的主动预防和治理，对土壤层、冻土层、地表水断流等破坏的治理和再造，达到资源保护和生态环境治理修复的目的。在木里矿区煤炭开发方式多样，矿山开采对原始土壤、基岩、冻土层、煤炭资源、地下含水层以及地表草甸湿地等不同类型的生态地质层产生了破坏。根据修复对象的不同，主要可分为土壤层、冻土层、水系连通的构建。

6.3.1　土壤重构

土壤是保障地球生态系统结构和功能的核心（朱永官等，2015），为使复垦土壤达到最优的生产力，构造一个较优的土壤物理、化学和生物条件是最基本的和最重要的内容（胡振琪，2005）。木里地区高寒草甸、高寒湿地腐殖质层形成的时间数以千年，原生高山草甸土有机质及氮磷钾含量相对我国平均水平含量要高，但分界微弱、土质薄，几千年来经过物理风化和营养化过程才能形成 20～30cm 厚的腐殖土，一旦遭到破坏，恢复非常困难（安福元等，2019）。木里矿区开采使得天然沼泽湿地生态系统成为采矿废弃地，地表涵养水源的能力显著下降。土壤中的有机质、全氮、全磷、速效氮、速效磷、速效钾、阳离子交换物、硫化物等有效养分的含量明显降低，酸碱度变化较大，由弱碱性（pH=7.16）变为碱性（pH=9.37）。工程开挖和回填破坏了原始土壤层，特别是土壤中的团粒状结构被破坏后短时间内很难恢复。木里矿区土壤层的构建是在煤炭资源保护、冻土层再造、边坡和渣山治理、地貌重塑等基础上再造出的土壤层，是实现地表生态环境治理修复的关键。

土壤层构建的修复思路包括两部分：一是重构土壤，在其他土壤肥沃地区的重构土壤可以选取与土壤成分相似的客土进行回填，但在土壤贫瘠的木里矿区，土壤层是风化带的一部分，主要为风化作用形成的大量渣石碎屑物、少量表层细土和细碎屑物，在客土方案不经济的情况下，就需要通过研究实验进行相似土壤再造，作为重构的土壤；二是建立土壤层剖面，对治理地区的土壤层，在纵向上建立自下而上不同分层和不同功能的土壤层剖面。

1. 重构土壤的原理和方法

（1）重构土壤的物质组成：开展生态环境背景测试研究原始土壤层剖面结构，模拟自然环境和植被生长条件，提出重构土壤方法。木里矿区几乎无土壤，重构土壤选择就地取材，采用渣土改良的方式，利用矿区大量存在的渣石，充当土壤的碎屑物，起到颗粒支撑物的作用；利用羊板粪天然有机质肥料，补充土壤中有机质含量；羊板粪堆积过程中携带的当地大量表层细土和熟土，增加细碎屑物质含量。这样利用表层岩石风化形成的渣土颗粒，羊板粪本身的有机质和携带的表层细土，模拟出原始土壤组成结构。

（2）土壤成分的确定：主要分析原始土壤和渣土的化学成分和有机质组成。通过多种不同结构的测土化验和物理模拟实验，模拟出与原始土壤层 pH、物理性质和化学成分相似的重构土壤成分配比。

2. 建立土壤层剖面

通常土壤层的剖面可分为五层，包括最上部的腐殖质层、中部的淋溶层、沉淀层、成土母质层和最下部的基岩层。而木里矿区土壤层剖面为三层，上部的表层山地自然土壤层，厚度较薄，几乎无土壤资源，中部主要由细颗粒渣土、砾石及岩石碎块组成，厚度为几米不等，下部基底为基岩层及其风化凹坑充填物（含冻土层）［图6.10（a）］。

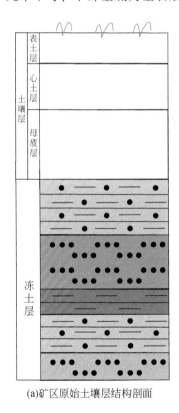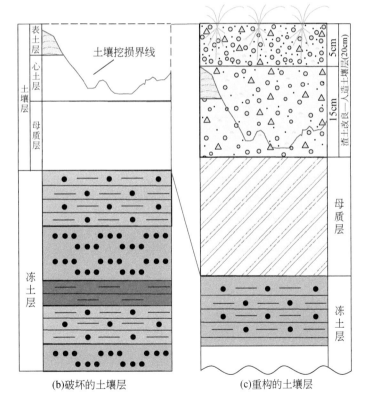

图 6.10　土壤层构建示意图

经分析再造的土壤层类似于在风化层上部构建结构相似、成分相近的土壤层，根据原始土壤层的结构特点，构建的土壤层划分为人造土壤层、渣土改良层和土壤基底层三部分。由于土壤对生态环境具有重要控制作用，可进一步细分为三个生态地质分层，而土壤基底层的构建既是土壤生态地质层的核心，也是对修复后渣山地形重塑起稳定重要作用的控制层［图6.10（c）］。

人造土壤层：选用筛选的渣土或就地翻耕捡石覆盖，形成厚度20cm以上的人造土壤层（表土层），其中下部约15cm厚，利用渣土、含有机质的泥砂羊板粪、有机肥、牧草专用肥等形成的改良渣土，通过反复多次压实，达到压实度0.85以上；上部3~5cm为草种的播种深度，铺设混合有筛选出草种的改良渣土，不压实。

渣土改良层：模拟原生土壤的心土层结构、物质组分、pH，优选一定粒度的砂质土、黏土、渣土等材料，添加有机肥等土壤改良剂，通过机器重力镇压，形成渣土改良层，使之达到种草复绿的土壤条件。

土壤基底层：模拟原生土壤母质层的基岩结构、物质组分，优选一定粒度的砂质土、渣土等材料，每回填5m进行加水压实处理一次，因施工季节正值冬季，反复多次压实和冻结形成压实度0.85以上的保温保水土壤基底层。

3. 不同类型土壤层的构建

木里矿区开采形成土壤层破坏分三类：浅坑、深坑和渣山。因此，土壤层构建修复对象分为：深坑土壤层、浅层土壤层、渣山表面土壤层三种类型。

1）深坑土壤层

对木里矿区开采形成的几十米大深坑进行土壤层构建。首先，构建最底部的冻土层；其次，构建土壤基底层，通过碾压、冻结形成基底层压实度大于等于0.85，相对能保水、保温、防渗的土壤基底层，是深坑类型土壤生态地质层构建的重中之重；再次，构建渣土改良层，分层回填含有机质的细渣土，厚度不小于10cm；最后，构建最上部的人造土壤层，形成类似原始表土层的人造土壤层，厚度在3~5cm。

2）浅层土壤层

对开采破坏程度相对较小的山坡浅坑区进行土壤层构建。破坏部分仅是地表草甸，采坑深度通常在30cm以浅，位于土壤基底层之上，构建的对象主要是部分渣土改良层和人造土壤层。

3）渣山表面土壤层

首先采用遥感、无人机正射飞行、现场勘测等多手段的综合测量，对高危渣山、边坡、活动滑坡体不同部位的变形、滑移速率进行监测，建立数字高程模型，模拟计算出合理的边坡稳定坡角应小于26°，再根据不同渣山的规模大小，确定出渣山稳定的高度值（h），对渣山采坑边坡和平台进行削坡卸载和整形，并通过多次反复碾压，使渣山表面压实度在0.85以上，构成一个类似像鸡蛋壳的稳定结构，以保证在蓄水状态下上部边坡的稳定，作为人造土壤基底层。其次，在上部覆盖渣土，构建渣土改良层。最后，在最上部构建人造土壤层（图6.11）。

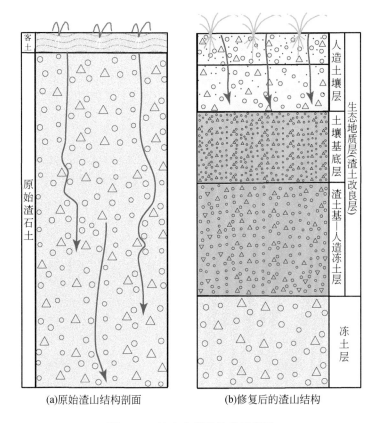

图 6.11　渣山土壤层构建示意图

6.3.2　冻土层重构

在高寒冻土地区冻土生态地质层的破坏对地形地貌、湖分布及植被分布等都有重要控制作用，生态效应明显。按照时间的变化可将冻土层分为季节性冻土和多年冻土。多年冻土相当于隔水层，季节性冻土层则受气温变化影响，需要考虑地下水渗流、热融作用等的影响。

修复思路是在对原始冻土层结构挖损面积和洞穿挖损面积勘查认识的基础上，建立冻土层层序剖面，确定冻土的层状结构特征，并注意剖面上冻土层与原始地层的搭建面处的有效衔接，形成仿冻土层结构，永冻层和季节性冻土层统称为冻土生态地质层。

（1）多年冻土和季节性冻土修复多年冻土层是通过人工措施快速形成一定强度和压实度的渣土冻土层，恢复对水、气的封存和隔绝功能。季节性冻土层是植被的主要生长地层，修复时要选择尽量与周边原始地层岩性相似的渣土和碎石块，通过适度压实，使其形成一定的空隙，以恢复地下水的渗流场和与周围完好土壤层等生态地质层的联系，见图 6.12。

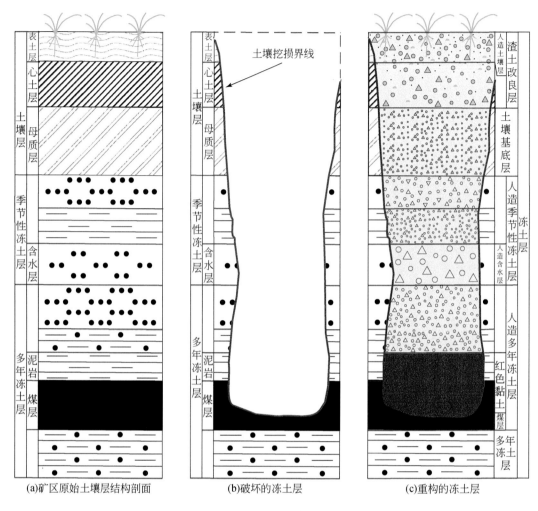

图 6.12　冻土层构建示意图

（2）以往在冻土层与原始地层搭接面的修复治理中未考虑原始地层与新建冻土层连接处的搭接面构建，后期在连接处往往发生冻融或出现热融，搭接面成为水流通道，形成和断层带一样的导通结构。因此，在冻土层修复时，搭接面的构建是冻土生态地质层修复的关键。需要挑选细碎屑岩渣土在搭接面处多次反复压实，防止搭接面成为导水通道，形成水串流发生热熔作用。

在木里矿区多年冻土在填埋过程中，根据地层岩性变化，按通常每 5m 厚度进行分层回填压实，压实系数一般在 0.85 以上，再利用雨雪或洒水冻结，往复多次一层层覆盖，逐层构建再造出永冻层。季节性冻土层是根据周边地层岩性的变化，重新构建相同或相似的风化带剖面。原始地层与构建冻土层搭接面是修复的关键，连接处的压实系数通常在 0.9 以上，以保证更加密实，防止冻融发生，采坑回填阶段通过反复压实和加水等工程措施重构的冻土层，假以时日一定能够形成像天然冻土层一样稳定，2022 年 7 月通过对木里矿区四号、五号、七号治理区域人工开挖检查，冻土层已经形成并坚硬完好。

6.3.3　水系连通

水系连通系统的构建包括地表水系连通和地下水系连通两部分。水系连通是修复水源与湿地、湿地与河流、湿地与湿地等各水体之间阻隔水力联系道路、场地、采坑等的阻隔体，其分布范围的原始土壤层、季节性冻土层等功能受到破坏，这些被破坏的土壤层、季节性冻土层就是需要修复的承载水系连通的生态地质层。

修复思路包括地表水系连通和地下水系连通两部分：地表水系连通是将阻隔体用中细碎屑岩通过一定的物理改性后置换，恢复地表水和地下水的渗流功能，进而恢复植物根系之间的水力传输，实现两侧水系连通；地下水系连通是建立水文地质剖面，选择相同或相似岩性再造出类似的含水层和隔水层，实现地下水力的连通，恢复含水层的储水功能和隔水层的隔水封闭功能，如对砂岩含水层的修复，治理中仍然是选择不同粒径的砂岩渣块构建相似的含水层。含（隔）水层与原始含（隔）水层搭接带处也是构建修复的关键，同样需要进行特殊压实构建，以防止水串流进入其他岩层或沿搭接面流向地表。

木里矿区地表水资源丰富，地表河流湖泊发育。矿山开采形成的负地形采坑阻断了这里原始地表水、地下潜水和地下承压含水层的水力联系，使得不同水源的水十分容易汇聚到采坑中，形成采坑积水。据统计，仅木里矿区聚乎更区开采形成的采坑总积水面积达 130.08 万 m^2，总积水量约 1476.51 万 m^3。同时，露天开采形成的渣山造成地表的地形地貌条件改变，天然河道被人为截断、改道，破坏了地表水系、地表水径流条件，导致矿区湿地和植被退化，水源流通能力和水源涵养功能下降。水系连通系统的构建重点是针对浅层和地表水系传输的修复，主要可分为水系阻断连通和截排水沟水源涵养两大类。

（1）水系阻断连通：水系连通是对煤矿开采造成截流、改道的河流与周边湿地重新连通，实现对破坏水文地质单元的重新修复，恢复与重塑原有的水源输送能力和水源涵养功能，如图 6.13 所示。地表水系连通的修复首先是通过渣山整形、清除水系阻断物，然后在破坏地带重新构建修复被破坏的对地表水系连通起关键作用的土壤层、季节性冻土层等生态地质层，进一步在新构建的生态地质层基础上修建排水沟网，助力保水保墒加快植物根系相互连接固水和物质、能量传输。

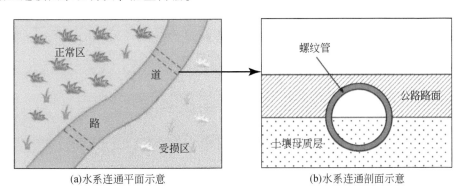

(a)水系连通平面示意　　　　　　　(b)水系连通剖面示意

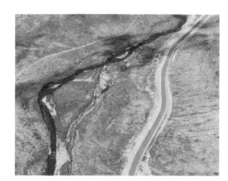

(c)治理修复前景象　　　　　　　　　　　(d)治理修复后效果

图 6.13　水系传输示意图

（2）截排水沟水源涵养：对治理范围内地形起伏、汇水能力进行调查和划分区块，根据地形因地制宜设置截排水系统，在采坑边坡修筑外高内低和 1°~2° 倒三角形缓斜坡，使降水流向坡脚排水沟，分主沟、支沟和毛细沟，排水沟由渣土中较大的碎石块构成，平台上设置的排水沟可以在雨水较小时形成蓄水，雨水较大时及时排水；陡坡上设置的排水沟则可以减缓水的流速，减小雨水对排水沟的冲刷，不易形成垮塌，当局部出现小范围塌陷时，周边石块也很容易因重力作用跌落实现自然填补；主沟和支沟还可以对冲刷带来的细小碎石进行拦截沉淀，进一步增加排水沟的水源涵养能力，实现"排大水、留小水"的水涵养目的，并避免造成水的汇聚对地表的冲蚀破坏和防风护草的作用，见图 6.14。通过上述地质工程措施，将相互阻断的水系、草甸和退化草地之间连通；进而利用雨水、土壤水潜流以及植物根系传输，实现湿地的无阻隔连通，见图 4.20。

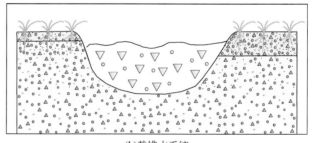

(a)坡面平台水源涵养　　　　　　　　　　　(b)截排水系统

图 6.14　坡面平台水源涵养和截排水系统

6.3.4　土壤改良试验

1. 试验方式与时间

为保证实验环境最大程度地接近现场实际情况，本次渣土改良与种草试验于 2021 年 4~6 月在青海省天峻县木里镇海拔 4200m 的中国煤炭地质总局木里地区生态环境综合整治第二项目部（试验地 1）和海拔 4050m 的第七、八项目部（试验地 2）种草试验地同步开展，为了确保实验结果重现，每组样品的试验均在现场，两个试验地按相同试验配方同步开展室内盆栽试验，以期达到实验结果数据真实可靠，有效指导生产实践的目的。

2. 渣土样品采集

1）采样布置

A. 第一批次

（1）四号井：5 处共 7 组样，其中就地翻耕区 2 处 2 组样（东坑和南渣山各 1 组样）、3 处土源地 5 组样［54 号图斑 2 组样（浅表层 0~5m、深层 5~10m）］；27 号图斑 2 组样（浅表层 0~5cm、深层样 5~10m）；9 号图斑 1 组样（表层样）；

（2）五号井：3 处 5 组样，其中 1 处在 2 号渣山土源地（0~2m、2~5m、5~10m）、2 处坑底（东坑、西坑各 1 组表层样）；

（3）七号井：3 处 3 组样，［两处土源地（A/B 交接新近系红黏土、采坑北渣土），每处 1 组］；

（4）八号井：2 处 2 组样（两处土源地，各 1 组共 2 组）；

（5）九号井：2 处 2 组样（南北坑各 1 处）。

共计 15 处采样点，19 组样品。

B. 第二批次

针对第一批次试验存在的主要问题，结合实际生产用土情况，结合区内土壤材料（渣土）的物质组成和岩石类型，选取区内有代表样品，较第一批试验设计方案适当简化，既保证前、后试验用土壤材料的密切联系，又可聚焦补充试验的目的和解决的有机肥出苗差这一关键问题，还可适当减少沉余试验工作量。

（1）四号井：1 处 1 组，采样位置 20 号图斑；

（2）五号井：1 处 1 组，采样位置 35-2 号图斑；

（3）七号井：2 处 2 组，采样位置 A/B 交接新近系红黏土 1 组、采坑北渣土 1 组；

（4）八号井：1 处 1 组，采样位置备用土源地（50 号图斑东南侧）；

（5）九号井：1 处 1 组，采样位置北采区 3-2 图斑土源地。

共计 6 处采样点，6 组样品。

每组样品一分为二，分别作为两个试验地的渣土样品（表 6.2）。

表 6.2   种草试验采样信息一览表

序号	样品编号	矿区	图斑号	采样深度/m	位置	试验批次
1	JHG0401	四号井	37	0~2	东采坑	第一批
2	JHG0402		9	0~2	南渣山	
3	JHG0403		18-2	0~2		
4	JHG0404		27	0~5		
5	JHG0405			5~10		
6	JHG0406		54	0~5	北渣山	
7	JHG0407			5~10		
8	JHG0501	五号井	8-2	0~2	西采坑	
9	JHG0502		8-4	0~2	东采坑	
10	JHG0503		35-2	0~2	2 号北渣山	
11	JHG0504			2~5		
12	JHG0505			5~10		
13	JHG0701	七号井	—	0~2	采坑东	
14	JHG0702		—	0~2	采坑西	
15	JHG0703		—	0~2	采坑北红黏土	
16	JHG0801	八号井	4	0~2	北渣山	
17	JHG0802		—	0~2	备用土	
18	JHG0901	九号井	3	0~2	北采坑	
19	JHG0902		6	0~2	南采坑	
共计 15 处采样点，19 组样品						
1	JHG0408	四号井	20		渣山	第二批
2	JHG0506	五号井	35-2		2 号北渣山	
3	JHG0704	七号井	—		采坑北红黏土	
4	JHG0705		—		采坑北渣土	
5	JHG0803	八号井	50		备用土	
6	JHG0903	九号井	3-2		北采坑	
共计 6 处采样点，6 组样品						

2）采样原则与方法

以井为单元，分别在就地翻耕区和覆土土源区进行采样。

（1）采样平面要求：为保证样品的代表性，首先要求按设计的采样网格图在网格单元内，按梅花桩法采集基本样，通过筛分和组合构成一个子样，在此基础上，进行二次组合和缩分，形成一个组合样。子样和组合样均需观测描述和拍照记录，包括点位、渣土特征、样品编码等。

（2）采样剖面要求：就地翻耕区采样深度为 30cm；覆土土源区按照各井土源点取土

深度，分表层样（0~2m）、中层样（2~5m）和深层样（5~10m），坡面上要连续取样，然后进行缩分组合，形成不同深度样品。

各坑根据就地翻耕和土源面积大小合理编制采样平图网格图；根据土源点取土深度合理编制取样深度图。

3）样品测试

（1）第一批样品测试：每组土壤样品需要选择具有代表性的土壤样品进行化验测试。其中土壤材料背景测试样品（即缩分后未经改良的渣土样）和添加了羊板粪、有机肥、牧草专用肥和硫酸亚铁等改良物质的样品各 20 件。此外，运用土壤养分检测仪动态检测试验记录，与出苗和长势观测同步。

主要测试项目：pH、有机质、全氮、速效氮、全磷、速效磷、全钾、速效钾、水溶性盐总量、阳离子交换量等土质测试项目。

（2）第二批样品测试：针对有机肥中无机养分溶解释放，可能导致的烧苗情况，需在原设计基础上，针对性地进行补充测试，除了原设计试验中需要测试的项目以外，增加测试试验拌和所有品牌的有机肥中有机质、$N+P_2O_5+K_2O$ 等无机养分含量、有机肥溶解速率等指标。

4）种植材料准备

木里矿区气候寒冷，环境恶劣，植物生长季短，生态系统脆弱，自我恢复能力差，自然地带植被结构简单，本地草种商品化种类数量较少，外来物种难以适应。针对矿区气候寒冷、渣山缺乏土壤、保水能力差的特点，采用以"保温、保水、保肥"为目标的植被恢复策略。借鉴青藏高原植被恢复的经验和高寒矿区植被恢复技术集成与示范科研项目成果，采用乡土植物作为先锋植物，实现矿区生态逐步演替的模式。

A. 先锋植物筛选原则

乡土植物是植物长期对本地环境适应的产物。应用乡土植物作为高寒草地植被恢复的先锋植物是常用的方法。外来物种难以适应该地区的气候环境条件。先锋植物的筛选须遵守以下原则：

（1）具有优良的水土保持作用的植物种属；

（2）具有较强的抗寒抗旱能力；

（3）生命力强，能形成稳定的植被群落；

（4）根系发达，分蘖能力强，生长速度快；

（5）选用青海当地生产的、适宜青藏高原生长的多年生禾本科牧草品种，以市场供给相对充足的品种为主。

B. 主要品种选择及混播方案

根据上述原则可供选择的植物有：同德短芒披碱草、老芒麦、垂穗披碱草、青海冷地早熟禾、青海草地早熟禾、青海中华羊茅、星星草。充分考虑区内前述乡土植被草种产量，本次实验选用同德短芒披碱草、青海冷地早熟禾、青海草地早熟禾、青海中华羊茅四种草种，按 12kg/亩大播量折算和 1:1:1:1 质量比例进行等比混播。要求种子浅入土，深度为 0~2cm。本次实验用同德短芒披碱草、青海草地早熟禾、青海冷地早熟禾、青海中华羊茅各准备3kg。种子质量要求达到国家规定的三级标准以上［种子纯净度、发芽率执行标准为《禾本科草种子质量分级》（GB 6142—2008）］。

5）实验材料准备

（1）花盆：直径30cm，盆高40cm。

（2）纯渣土：土壤改良试验的纯渣土主要为泥岩（土）占比大于50%以上，块石粒度小于5cm且占比大于50%的渣土。

（3）羊板粪：约$1m^3$，现场按需取用。质量要求有机质含量大于30%，杂质小于10%，水分小于40%，无较大的石块。

（4）商品有机肥：150kg，现场按需取用。质量要求有机肥质量符合《有机肥料》（NY/T 525—2021）标准规定，有机质大于等于45%，$N+P_2O_5+K_{20}≥5\%$，水分小于等于30%。

（5）牧草专用肥：2kg，现场按需取用。牧草专用肥是一种掺混肥料（BB肥），参照《掺混肥料（BB肥）》（GB/T 21633—2020），要求其总养分：$N+P_2O_5+K_2O≥35.0\%$。

（6）草种：借鉴青藏高原植被恢复的经验和当地一些专家的意见，采用同德短芒披碱草、青海冷地早熟禾、青海草地早熟禾、青海中华羊茅以1：1：1：1比例混播，每种草种0.3g/盆，其中冷地早熟禾千粒重0.36～0.50g，为600～833粒/盆；披碱草千粒重4.5～5.0g，为60～67粒/盆；中华羊茅千粒重0.5～0.8g，为375～600粒/盆。

（7）其他实验用品：现场种草实验用品主要包括电子计量秤、温湿计、喷壶、小铲子、小耙子、相机等。

3. 种植植被选择

1）草种选择与处理

A. 草种选择

种子选择适宜高寒地区种植的乡土草种（青海三江集团生产经营的同德短芒披碱草、青海冷地早熟禾、青海中华羊茅，青海明烨生态科技有限责任公司经营的青海草地早熟禾），种子质量要求达到国家或地方标准规定的三级标准以上［种子纯净度、发芽率执行标准为《禾本科草种子质量分级》（GB 6142—2008）、《同德短芒披碱草种子生产技术规程》（DB63/T 760—2008）、《青海中华羊茅种子质量分级》（DB63/T 1063—2012）、《青海草地早熟禾种子质量分级》（DB63/T 1064—2012）］。

B. 草种处理

播种前进行适当晒种，杀死霉菌，提高发芽率。

2）实验物品准备

将采集回来的样品按顺序分组排放整齐，并贴好标签，准备足量的草种、羊板粪、有机肥、牧草专用肥等实验材料，以及电子秤、耙子、铲子等工具。

3）添加土壤改良剂

A. 称取草种和土壤改良材料

根据不同对比试验方案，确定草种和羊板粪、有机肥、牧草专用肥等土壤改良材料的用量后，用电子计量秤和量筒称取。

B. 土壤改良剂拌和

根据不同土壤重构方案，将花盆中的上层的 20cm 纯渣土和相应配比的土壤添加剂依次倒在已铺好的帆布上，之后用小耙子、小铲子等工具将重构材料（羊板粪需做人工破碎处理，纯渣土需将粒径大于 5cm 的块石剔除）自下而上进行充分地搅拌直至混合均匀，形成重构土壤，拌和均匀后将重构土壤回花盆。

4）播种

将草种按 1：1：1：1 的比例混播或分播，均匀撒在土壤表层。草种播撒前，抹平重构土壤表面，撒播后用小耙子浅拌均匀并轻轻镇压，确保种子入土深度为 0～2cm，允许部分草种（40%）不入土，表面可见。

5）浇水

播种完成后，统一浇水，浇水标准以浇透为准。后期室内试验根据往年 5 月、6 月、7 月的降水量进行模拟降雨，室外试验不进行人工浇灌。

6）对比试验的观测与记录

每天记录室内的温度和湿度，每周观测 1～2 次试验情况，包括土壤温度、土壤湿度、土壤板结、出苗周期、出苗数、株高、长势等。

室内温湿度：利用温度湿度记录仪记录每天的室内温湿度，早（7：00）、中（12：00）、晚（20：00）各记录一次。

土壤温湿度：利用探针式土壤检测仪进行测量，温度记录具体的数值，湿度记录为极干、干、普通、湿、极湿。每周观测 1～2 次，每观测一次，至少观察四号井、五号井、七号井、八号井、九号井各一组，每大类方案至少各抽选三盆进行测量，早中晚各测一次。

土壤板结：目测或轻微按压土壤表层来判断土壤的板结情况，板结程度记录为无、轻度、中度、重度。每周观测 1～2 次。

发芽周期：每天观测是否出苗或新出苗的盆栽，记录出苗盆数和出苗周期，草种分播的分开记录不同草种的出苗盆数和出苗周期。

出苗数：估算种子的出苗数，每周估算 1～2 次。

株高：利用直尺测量草的生长高度，混播的随机抽选五株进行测量，分播的各品种分别抽选三株进行测量，每周测量 1～2 次。

4. 试验方案

1）第一批试验

室内土壤重构与种草复绿对比试验于今年 5 月初开展，主要的目的是在研究区针对区内不同的渣土矿物材料、利用羊板粪、有机肥、牧草专用肥等改良材料，进行不同的土壤重构与改良组合试验，结合实验室测试的理化及生物化学指标，根据出苗与长势情况，得出最佳的土壤重构参数，为高原高寒矿区土壤重构与植被修复提供科学依据。

该试验制定了多种土壤重构对比试验方案，优选耐寒、耐寒的四种草种以 1：1：1：1

的比例进行混播或单播的形式进行播种试验，采样地点为木里矿区聚乎更区三号井、四号井、五号井、七号井、八号井和九号井。试验以羊板粪、有机肥、牧草专用肥、硫酸亚铁等为主的配套改良方式，每组样品以井为单元，每组设置一种纯渣土对照方案（不作任何处理），另采两个原生草甸土样作为对照样，并在每个盆栽上进行编号处理，分两批试验进行。

第一批试验采集了19组渣土样品，一分为二分别做试验地1和试验地2盆栽种草试验的渣土材料。

设置原生草甸土和原生山地土作为对照样，试验数量为2种×2地=4个，每组样品设置1个纯渣土对照样，试验数量为1种×19组×2地=38个，以有机肥的施用方式保持不变（全部有机肥与渣土充分拌和均匀5cm），然后再根据土壤改良材料与纯渣土之间的不同配比组合划分为六类组合对比方案。

（1）组合1：渣土+羊板粪（Y1、Y2、Y3、Y4，共4种方案，试验数量为4种×19组×2地=152个）；

（2）组合2：渣土+羊板粪+有机肥（Y_1–YJ_1、Y_2–YJ_1、Y_3–YJ_1、Y_4–YJ_1、Y_1–YJ_2、Y_1–YJ_3、Y_1–YJ_4、Y_1–YJ_5，共8种方案，试验数量为8种×19组×2地=304个）；

（3）组合3：渣土+羊板粪+有机肥+牧草专用肥（Y_1–YJ_1–M_1、Y_1–YJ_1–M_2、Y_1–YJ_1–M_3、Y_2–YJ_1–M_1、Y_2–YJ_1–M_2、Y_2–YJ_1–M_3、Y_3–YJ_1–M_1、Y_3–YJ_1–M_2、Y_3–YJ_1–M_3、Y_4–YJ_1–M_1、Y_4–YJ_1–M_2、Y_4–YJ_1–M_3、Y_1–YJ_3–M_1、Y_1–YJ_3–M_2、Y_1–YJ_3–M_3、Y_1–YJ_4–M_1、Y_1–YJ_4–M_2、Y_1–YJ_4–M_3、Y_1–YJ_5–M_1、Y_1–YJ_5–M_2、Y_1–YJ_5–M_3，共21种方案，试验数量为21种×19组×2地=798个）；

（4）组合4：渣土+有机肥（YJ_0、YJ_1、YJ_2，共3种方案，试验数量为3种×19组×2地=114个）；

（5）组合5：渣土+牧草专用肥（M_1，共1种方案，试验数量为1种×19组×2地=38个）；

（6）组合6：渣土+羊板粪+有机肥+牧草专用肥+硫酸亚铁（pH对比试验方案），共1种方案，根据不同采样点划分为12个样，仅在试验地1开展，试验数量为12种×1组×1地=12个。

第一批试验共20组样品，除了pH对比试验方案为1个，试验数量为12个以外（采用地点为四号井高pH地段），其他五种组合对比方案根据纯渣土、羊板粪、有机肥、牧草专用肥的不同配比组合细化为37种配比方案（表6.3），其中羊板粪用量共有5.0cm（Y_1：33m³/亩）、3.0cm（Y_2：20m³/亩）、1.5cm（Y_3：10m³/亩）和1.0cm（Y_4：5m³/亩）四种；有机肥用量共有2000kg/亩（YJ_0）、1500kg/亩（YJ_1）、1000kg/亩（YJ_2）、1500kg/亩的1/3（YJ_3）、1500kg/亩1/2（YJ_4）、1500kg/亩3/4（YJ_5）五种用量；牧草专用肥用量有15kg/亩（M_1）、3kg/亩（M_2）、8kg/亩（M_3）三种用量，试验数量共152+304+798+114+38=1406个。

综上所述，第一批试验的试验方案共41种，其中对照方案3种，配比方案38种，试验数量共4+38+1406+12=1440个。

表 6.3　第一批试验设计的不同配比对比试验方案

对比方案	处理方案	拌和材料用量			底层材料
		羊板粪	有机肥	牧草专用肥	
对照方案 1	高山草甸土	—	—	—	
对照方案 2	沼泽草甸土	—	—	—	
对照方案 3	纯渣土	—	—	—	
渣土+羊板粪 （组合 1）	Y_1	33m³/亩	—	—	
	Y_2	20m³/亩	—	—	
	Y_3	10m³/亩	—	—	
	Y_4	5m³/亩	—	—	
渣土+羊板粪+有机肥 （组合 2）	Y_1-YJ_1	33m³/亩	1500kg/亩	—	
	Y_2-YJ_1	20m³/亩		—	
	Y_3-YJ_1	10m³/亩		—	
	Y_4-YJ_1	5m³/亩		—	
	Y_1-YJ_2	33m³/亩	1000kg/亩	—	
	Y_1-YJ_3		1500kg/亩的 1/3	—	
	Y_1-YJ_4		1500kg/亩的 1/2	—	
	Y_1-YJ_5		1500kg/亩的 3/4	—	渣石
渣土+羊板粪+ 有机肥+牧草专用肥 （组合 3）	$Y_1-YJ_1-M_1$	33m³/亩	1500kg/亩	15kg/亩	
	$Y_1-YJ_1-M_2$			3kg/亩	
	$Y_1-YJ_1-M_3$			8kg/亩	
	$Y_2-YJ_1-M_1$	20m³/亩		15kg/亩	
	$Y_2-YJ_1-M_2$			3kg/亩	
	$Y_2-YJ_1-M_3$			8kg/亩	
	$Y_3-YJ_1-M_1$	10m³/亩		15kg/亩	
	$Y_3-YJ_1-M_2$			3kg/亩	
	$Y_3-YJ_1-M_3$			8kg/亩	
	$Y_4-YJ_1-M_1$	5m³/亩		15kg/亩	
	$Y_4-YJ_1-M_2$			3kg/亩	
	$Y_4-YJ_1-M_3$			8kg/亩	
	$Y_1-YJ_3-M_1$	33m³/亩	1500kg/亩的 1/3	15kg/亩	
	$Y_1-YJ_3-M_2$			3kg/亩	
	$Y_1-YJ_3-M_3$			8kg/亩	
	$Y_1-YJ_4-M_1$		1500kg/亩的 1/2	15kg/亩	
	$Y_1-YJ_4-M_2$			3kg/亩	
	$Y_1-YJ_4-M_3$			8kg/亩	
	$Y_1-YJ_5-M_1$		1500kg/亩的 3/4	15kg/亩	
	$Y_1-YJ_5-M_2$			3kg/亩	
	$Y_1-YJ_5-M_3$			8kg/亩	

续表

对比方案	处理方案	拌和材料用量			底层材料
		羊板粪	有机肥	牧草专用肥	
渣土+有机肥 （组合 4）	YJ_0	—	2000kg/亩	—	渣石
	YJ_1	—	1500kg/亩	—	
	YJ_2	—	1000kg/亩	—	
渣土+牧草专用肥 （组合 5）	M_1	—	—	15kg/亩	
纯渣土+羊板粪+ 有机肥+牧草专用肥+ 硫酸亚铁（组合 6）	$Y_1+YJ_1+M_1+FeSO_4$	33m³/亩	1500kg/亩	15kg/亩	

注：羊板粪拌和深度皆为 20~25cm，有机肥拌和深度皆为 5cm，牧草专用肥拌和深度皆为 1~2cm，基底层材料厚度皆为 5cm。

2）第二批试验

第二批试验主要针对第一批试验的结果进行补充，共 6 处采样点，划分成 10 组样品，其中试验地 1 共 6 组样，试验地 2 共 4 组样，每组样品设计 32 种对比方案，试验数量共 32 种×10 组=320 个。此外针对场内不同生产厂商提供的十余种有机肥，按照羊板粪 33m³/亩（拌和 20cm）+有机肥 1500kg/亩（一半撒表层，另一半与渣土充分拌和 20cm）+牧草专用肥 15kg/亩（碾碎与种子一起撒播）在两个试验地分别开展进行有机肥品牌对比试验，其中试验地 1 以四号井渣土为矿基材料，共 1 组 6 个样，试验地 2 以五号井渣土为矿基材料，共 1 组 15 个样。

第二批试验重构方案分为混合方案和分层方案两大类，其中混合方案有机肥的施用方式保持不变（全部有机肥与渣土充分拌和均匀 5cm，有机肥与第一批有机肥不是同一批，经检测，第二批试验使用的有机肥料各项理化指标符合相关质量要求）。

A. 混合方案

纯渣土（不采用任何改良措施的盐碱地）（不作编号）作为对照方案，再根据羊板粪、有机肥和牧草专用肥的不同配比组合划分为以下六类对比方案。

（1）组合 1：渣土+羊板粪（Y_1、Y_2、Y_3、Y_4），共 4 种方案，试验数量为 4 种×10 组=40 个；

（2）组合 2：渣土+羊板粪+有机肥（Y_1-YJ_0、Y_1-YJ_1、Y_1-YJ_2、Y_1-YJ_3）。共 4 种方案，试验数量为 4 种×10 组=40 个；

（3）组合 3：渣土+羊板粪+有机肥+牧草专用肥（$Y_1-YJ_0-M_1$、$Y_1-YJ_1-M_1$、$Y_1-YJ_2-M_1$、$Y_1-YJ_3-M_1$），共 4 种方案，试验数量为 4 种×10 组=40 个。

（4）组合 4：渣土+有机肥（YJ_0、YJ_1、YJ_2、YJ_3），共 4 种方案，试验数量为 4 种×10 组=40 个；

（5）组合 5：渣土+牧草专用肥（M_1、M_2、M_3），共 3 种方案，试验数量为 3 种×10 组=30 个；

混合方案共 4+4+4+4+3 = 19 种方案, 试验数量共 190 个。

B. 分层方案

分层方案中保持有机肥施入量不变, 羊板粪和牧草专用肥的施用方式与混合方案一致, 根据有机肥的不同施用方式, 划分为以下四类对比方案。

（1）全部有机肥与渣土进行充分拌和均匀 20cm（YJ_{1-1}）;

（2）有机肥一半撒表层, 另一半与渣土充分拌和 20cm（YJ_{1-2}）。

（3）全部有机肥撒在重构土壤表面（YJ_{1-3}）;

（4）全部有机肥与渣土进行充分拌和均匀 5cm（YJ_1）。

分层方案中, 保持羊板粪和牧草专用肥施用方式不变, 改变有机肥的施用方式和施入量, 根据三种土壤改良材料的不同组合细化成 3 小类组合方案。

（1）组合 2：渣土+羊板粪+有机肥（$Y_1 - YJ_{1-2}$、$Y_2 - YJ_{1-2}$、$Y_3 - YJ_{1-2}$、$Y_4 - YJ_{1-2}$、$Y_1 - YJ_{1-1}$、$Y_1 - YJ_{1-2}$、$Y_1 - YJ_{1-3}$）。共 7 种方案, 试验数量为 7 种×10 组 = 70 个;

（2）组合 3：渣土+羊板粪+有机肥+牧草专用肥（$Y_1 - YJ_{1-1} - M_1$、$Y_1 - YJ_{1-2} - M_1$、$Y_1 - YJ_{1-3} - M_1$）, 共 3 种方案, 试验数量为 3 种×10 组 = 30 个。

（3）组合 4：渣土+有机肥（YJ_{1-1}、YJ_{1-2}、YJ_{1-3}）, 共 3 种方案, 试验数量为 3 种×10 组 = 30 个;

分层方案共 7+3+3 = 13 种方案, 试验数量共 130 个。

综上所述, 第二批试验的试验方案共 32 种（表 6.4）, 试验数量共 320 + 6 + 15 = 341 个。

表 6.4　第二批试验设计的不同配比对比试验方案

组合方案	处理方案	备注
渣土+羊板粪 （组合 1）	Y_1	
	Y_2	
	Y_3	
	Y_4	
渣土+羊板粪+有机肥 （组合 2）	$Y_1 - YJ_0$	（1）YJ_{1-1}: 有机肥与渣土充分拌和 20cm; （2）YJ_{1-2}: 有机肥一半撒表面, 另一半与渣土充分拌和 20cm; （3）YJ_{1-3}: 有机肥全部撒表面; （4）其余方案的有机肥全部进行浅拌 5cm 处理; （5）不同方案与第一批试验用量一致
	$Y_1 - YJ_1$	
	$Y_1 - YJ_2$	
	$Y_1 - YJ_3$	
	$Y_1 - YJ_{1-2}$	
	$Y_2 - YJ_{1-2}$	
	$Y_3 - YJ_{1-2}$	
	$Y_4 - YJ_{1-2}$	
	$Y_1 - YJ_{1-1}$	
	$Y_1 - YJ_{1-2}$	
	$Y_1 - YJ_{1-3}$	

续表

组合方案	处理方案	备注
渣土+羊板粪+有机肥+牧草专用肥（组合3）	$Y_1-YJ_0-M_1$	
	$Y_1-YJ_1-M_1$	
	$Y_1-YJ_2-M_1$	
	$Y_1-YJ_3-M_1$	
	$Y_1-YJ_{1-1}-M_1$	
	$Y1-YJ_{1-2}-M_1$	
	$Y1-YJ_{1-3}-M_1$	（1）YJ_{1-1}：有机肥与渣土充分拌和20cm；
渣土+有机肥（组合4）	YJ_0	（2）YJ_{1-2}：有机肥一半撒表面，另一半与渣土充分拌和20cm；
	YJ_1	（3）YJ_{1-3}：有机肥全部撒表面；
	YJ_2	（4）其余方案的有机肥全部进行浅拌5cm处理；
	YJ_3	（5）不同方案与第一批试验用量一致
	YJ_{1-1}	
	YJ_{1-2}	
	YJ_{1-3}	
渣土+牧草专用肥（组合5）	M_1	
	M_2	
	M_3	

5. 实验结果分析

1）土壤层构建的效果分析

A. 出苗情况

利用SPSS 22.0软件对渣土+羊板粪（组合1）共4种处理方案和纯渣土（DZ_1）对照方案，每种方案17组重复，共计85个盆栽的出苗原始数据进行单因素方差分析，结果表明，出苗数总体方差齐性检验结果为0.443，明显大于给定显著性水平 α 为0.05的前提下，说明实验样本所属总体方差具有方差齐性，即渣土中加入不同用量羊板粪是来自相同方差的不同总体，可以进行单因素方差分析。

用SPSS 22.0软件计算出苗数的ANOVA检验结果表明（表6.5），$P=0.003<0.05$，说明组合1中不同处理方案之间的出苗数存在显著性差别，且平均出苗数明显高于纯渣土（表6.6和表6.7）。播种27天后，对照组（DZ_1）和组合1方案的出苗盆数所占比例均达到100%，渣土与羊板粪混合之后，出苗效果明显优于纯渣土对照方案，且羊板粪用量越多，出苗数越高。表明渣土具备基本的种植条件，而添加羊板粪之后，可以有效提高出苗率。

表 6.5　SPSS 22.0 软件计算出苗数 ANOVA 检验结果

	平方和	自由度 (df)	均方	均方比值 (F)	显著性
组之间	264908.635	4	66227.159	4.307	0.003
组内	1230243.412	80	15378.043		
总计	1495152.047	84			

表 6.6　草种出苗情况一览表

试验方案	样品编号	播种 27 天后			
		出苗盆数/盆	出苗盆数所占比例/%	平均出苗数／（株/盆）	出苗总数/株
对照组（DZ₁）	纯渣土	19	100.00	129	2200
渣土+羊板粪（组合 1）	Y_1	19	100.00	292	4973
	Y_2	19	100.00	247	4205
	Y_3	19	100.00	183	3118
	Y_4	19	100.00	196	3345

表 6.7　利用 SPSS22.0 计算出的出苗数统计结果

处理方案	N	平均数	标准差	标准误差	均值的 95% 置信区间		最小值	最大值
					下限	上限		
纯渣土	17.00	129.41	112.83	27.37	71.40	187.43	12.00	421.00
Y_1	17.00	292.53	132.15	32.05	224.58	360.48	133.00	520.00
Y_2	17.00	247.35	148.91	36.12	170.79	323.92	86.00	562.00
Y_3	17.00	183.41	91.73	22.25	136.25	230.58	67.00	321.00
Y_4	17.00	196.76	126.90	30.78	131.52	262.01	40.00	543.00
总计	85.00	209.89	133.41	14.47	181.12	238.67	12.00	562.00

B. 板结现象

本试验通过观测土壤重构前后的板结情况变化（板结程度分无板结、轻度、中度、重度），研究在渣土中加入羊板粪后对人造土壤物理性质的变化。播种 27 天后，DZ₁ 和组合 1 方案均出现了不同程度的板结现象，尤其是 DZ₁ 方案中纯渣土板结程度较严重，植被倒伏现象明显，有少部分草种虽已发芽，但因土壤板结或渣土粒径过大未能顺利突破重构土壤表层。其中土石比例大、有机质含量高的纯渣土（七号井土样和八号井备用土）呈轻-中度板结。土壤土石比例小，有机质含量较低的纯渣土（四号井土样）板结程度非常严重，呈中-重度板结；添加了羊板粪的组合 1 方案中的重构土大部分未板结，仅少部分呈现出轻微板结现象；原始草甸土未出现板结情况。

该结果表明不同的土壤矿基材料或不同的羊板粪用量呈现出不同程度的土壤改良效果，且差异显著，在进行大面积土壤层构建和种草复绿时应对渣土矿基材料进行充分的物理筛分，并将羊板粪等土壤改良材料与纯渣土进行充分的拌和，改善土壤的团粒结构，尽可能减少重构土壤板结和粒径过大对草种出苗和生长的影响。

C. 土壤成分变化

通过分别测试不同配比人造土壤与原始草甸土的土壤成分差异，可以看出组合 1 四种重构土壤的有机质、全氮、速效氮、速效磷、速效钾、阳离子交换量（CEC）等肥力指标均明显高于纯渣土（DZ_1）方案（表 6.7），且与羊板粪用量的多少呈现出不同程度的正相关性，表明羊板粪可以有效提升土壤肥力情况，但有机质、全氮、速效氮、速效磷、阳离子交换量等土壤肥力指标与原始草甸土（DZ_2）相比仍然处于较低水平（图 6.15），需要通过在人造土壤中添加有机肥料提升土壤肥力。

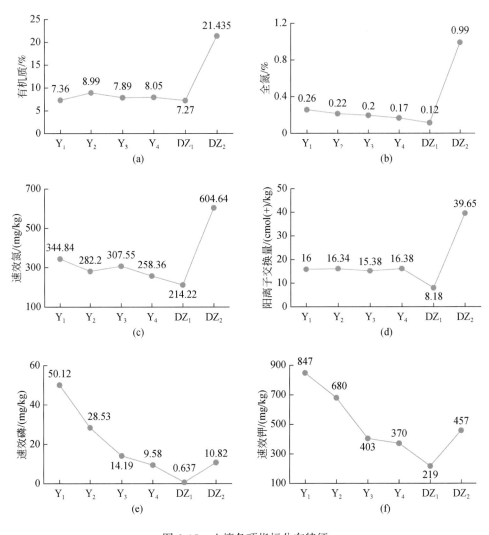

图 6.15 土壤各项指标分布特征

需要说明的是，本次送检的纯渣土来源于四号井南渣山，岩性以三叠系砂泥岩、侏罗系砂岩为主，含土量较低，块石直径为 3 ~ 15cm，大于 5cm 块石占比 35% 左右，个别地方纯渣土 pH 背景值达 9.37。而其他矿井的 pH 都低于四号井南渣山，为 7.3 ~ 8.6。在纯渣土 + 羊板粪方案中，添加不同用量的羊板粪后 pH 为 8.65 ~ 9.34，土壤中的 pH 没有明显降低，表明羊板粪的用量对 pH 的变化影响较小。本次实验研究选取的四种人工草籽具有一定的耐碱性，pH 偏高的重构土壤对草的苗情长势影响影响不大，表明区内部分地段堆放的高 pH（>9）的渣土也可用作重构土壤矿基材料。

综上所述，矿区渣土的养分含量极低，植被生长所需的土壤肥力指标严重偏低，因矿区内的渣土在二次人为破碎过程中土壤结构遭到了严重的破坏，容易出现板结现象，无法有效保证牧草中后期的生长需要。因此需要通过将细颗粒渣土和有机质进行充分拌和，以改善土壤团粒结构并提升土壤肥力。实验证明，通过将羊板粪和经过人工破碎筛选后的细纯渣土进行深度拌和可以有效构建表土层，保证牧草的出苗率和重构土壤的保肥能力，具备了较好的牧草立地条件和基本的生长条件。但是有机质、全氮、速效氮、阳离子交换量等有效成分指标仍然明显低于原生草甸土。羊板粪除了可以作为土壤重构物理材料提高土壤通透性以外，还是一种农家肥肥料，羊板粪用量越多，土壤层构建效果越好，但肥效释放速度较为缓慢，加上木里高原高寒地区种草窗口期较短，不能达到重构后短时间内快速提升肥力指标的目标。需要通过添加商品有机肥和牧草专用肥等肥料进一步提升人造土壤的肥力和保水保肥能力。

2）人造土壤肥力提升的综合评价

土壤肥力指标涉及多个成分指标，因此本书采用主成分分析法对原始草甸土、纯渣土、重构土壤进行土壤肥力评价和对比分析。

A. 土壤肥力指标相关性分析

利用 SPSS 22.0 软件对原始数据（表 6.8）进行相关性分析可知，土壤中的 pH 与全氮、速效氮、速效磷、速效钾呈现出显著的负相关性。有机质与全氮、速效氮、阳离子交换量具有显著的正相关性，全氮与速效氮、速效磷与速效钾均呈现出明显的正相关性（表 6.9），表明木里矿区的土壤肥料指标具备主成分分析的前提条件。

表 6.8　样品检测结果

序号	处理方案	pH（无量纲）	有机质/%	全氮/（mg/kg）	速效氮/（mg/kg）	速效磷/（mg/kg）	速效钾/（mg/kg）	阳离子交换量/[cmol（+）/kg]
1	Y_1	8.65	7.36	2600	344.84	50.12	847	16.00
2	Y_2	8.69	8.99	2200	282.20	28.53	680	16.34
3	Y_3	9.05	7.89	2000	307.55	14.19	403	15.38
4	Y_4	9.34	8.05	1700	258.36	9.58	370	16.38
5	$Y_1 + YJ_0$	8.32	7.51	8726	475.35	21.6	540	7.61
6	$Y_1 + YJ_1$	7.68	9.29	5401	363.43	101	1917	11.08
7	$Y_1 + YJ_3$	8.01	8.40	4378	144.78	42.3	1190	14.06
8	$Y_2 + YJ_1$	7.76	9.15	5228	546.07	69.5	1586	12.41

续表

序号	处理方案	pH（无量纲）	有机质/%	全氮/（mg/kg）	速效氮/（mg/kg）	速效磷/（mg/kg）	速效钾/（mg/kg）	阳离子交换量/［cmol（+）/kg］
9	Y_3+YJ_1	7.72	7.64	4670	302.50	32.8	809	8.98
10	Y_4+YJ_1	7.72	7.79	2647	300.67	29.5	679	12.30
11	$Y_1+YJ_0+M_1$	7.69	9.17	3436	331.98	91.1	1394	15.62
12	$Y_1+YJ_1+M_1$	7.37	9.48	4078	477.29	95.1	1661	15.56
13	$Y_1+YJ_2+M_1$	8.11	9.04	3336	215.20	78.6	1521	14.22
14	$Y_1+YJ_3+M_1$	8.01	9.52	3478	395.75	111	1640	14.00
15	DZ_1	9.37	7.27	1200	214.22	0.637	219	8.18
16	DZ_2	7.16	21.435	9900	604.64	10.82	457	39.65

表 6.9 土壤样品肥力指标相关系数

指标	pH	有机质	全氮	速效氮	速效磷	速效钾	阳离子交换量
pH	1						
有机质	-0.507*	1					
全氮	-0.627**	0.651**	1				
速效氮	-0.540*	0.591*	0.710**	1			
速效磷	-0.527*	-0.079	0.011	0.169	1		
速效钾	-0.586*	-0.056	0.089	0.158	0.959**	1	
阳离子交换量	-0.335	0.929**	0.436	0.457	-0.16	-0.167	1

*表示在 0.01 级别相关性显著；**表示在 0.05 级别相关性显著。

B. 人造土壤肥力提升综合评价

使用 SPSS 22.0 和 Excel 软件对数据进行处理分析，通过 KOM 和 Barlett 球体检验法进行因子分析适用性检验，结果表明 KOM = 0.639>0.5，Sig = 0.000<0.001，说明可以采用主成分分析法对实验土壤样品进行主成分分析。由总方差分析结果可知，前两个主成分为 $F1$ 和 $F2$，方差贡献率分别为 48.665% 和 32.792%，解释了全部方差的 81.457%（表 6.10），说明提取的两个主成分信息能够代表原来七个土壤肥力指标所包含信息的 81.457%，可以用于人造土壤肥力提升的综合评价。

表 6.10 总方差分析结果

成分	初始特征值			提取载荷平方和		
	特征值	贡献率/%	累积贡献率/%	特征值	贡献率/%	累积贡献率/%
1	3.407	48.665	48.665	3.407	48.665	48.665
2	2.295	32.792	81.457	2.295	32.792	81.457
3	0.69	9.857	91.314			

续表

成分	初始特征值			提取载荷平方和		
	特征值	贡献率/%	累积贡献率/%	特征值	贡献率/%	累积贡献率/%
4	0.371	5.301	96.615			
5	0.172	2.46	99.075			
6	0.035	0.501	99.576			
7	0.03	0.424	100			

提取方法：主成分分析法；提取了两个主成分。

据成分矩阵和得分矩阵可知（表 6.11），在主成分 $F1$ 中，有机质（X_2）、全氮（X_3）、速效氮（X_4）、阳离子交换量（X_7）的成分得分系数均大于 0.379，所以主成分 $F1$ 是上述四个指标的综合反映。主成分 F_2 中，速效磷（X_5）、速效钾（X_6）的得分系数大，均大于 0.605，表明主成分 2 的大小可以反映土壤中可供牧草快速吸收的速效磷、速效钾等速效成分的高低。

根据两个主成分系数，得到 $F1$、$F2$ 的线性组合如下：

$$F1 = -0.443X_1 + 0.458X_2 + 0.445X_3 + 0.439X_4 + 0.161X_5 + 0.180X_6 + 0.379X_7$$

$$F2 = -0.255X_1 - 0.277X_2 - 0.105X_3 - 0.044X_4 + 0.605X_5 + 0.606X_6 - 0.336X_7$$

表 6.11　成分矩阵和得分矩阵

成分矩阵			成分得分系数矩阵	
变量	主成分 $F1$	主成分 $F2$	主成分 $F1$	主成分 $F2$
X_1：pH（无量纲）	−0.818	−0.387	−0.443	−0.255
X_2：有机质/%	0.846	−0.419	0.458	−0.277
X_3：全氮/（mg/kg）	0.822	−0.159	0.445	−0.105
X_4：速效氮/（mg/kg）	0.810	−0.066	0.439	−0.044
X_5：速效磷/（mg/kg）	0.298	0.916	0.161	0.605
X_6：速效钾/（mg/kg）	0.333	0.918	0.180	0.606
X_7：阳离子交换量/（cmol（+）/kg）	0.700	−0.509	0.379	−0.336

通过 $F1$、$F2$ 的线性组合公式计算得出主成分得分，再将各主成分得分与其方差贡献率进行加权求和计算［式（6.1）］，得出不同处理方案的综合得分（表 6.12），综合得分越高，代表土壤肥力越高。

$$ZF = F1 \times 48.665\% + F2 \times 32.792\% \tag{6.1}$$

表 6.12　主成分得分和综合得分一览表

序号	处理	主成分 $F1$ 得分	主成分 $F2$ 得分	综合得分	排名	组合方案
1	Y_1	−0.841	−0.160	−0.462	12	组合 1

续表

序号	处理	主成分 $F1$ 得分	主成分 $F2$ 得分	综合得分	排名	组合方案
2	Y_2	−1.069	−0.824	−0.791	13	组合 1
3	Y_3	−1.608	−1.364	−1.230	14	组合 1
4	Y_4	−1.982	−1.615	−1.494	15	组合 1
5	Y_1+YJ_0	0.323	−0.776	−0.097	8	组合 2
6	Y_1+YJ_1	0.956	2.153	1.172	3	组合 2
7	Y_1+YJ_3	−0.675	0.323	−0.222	10	组合 2
8	Y_2+YJ_1	1.315	1.136	1.013	4	组合 2
9	Y_3+YJ_1	−0.415	0.092	−0.172	9	组合 2
10	Y_4+YJ_1	−0.659	−0.182	−0.380	11	组合 2
11	$Y_1+YJ_0+M_1$	0.484	1.311	0.665	6	组合 3
12	$Y_1+YJ_1+M_1$	1.465	1.688	1.266	2	组合 3
13	$Y_1+YJ_2+M_1$	−0.324	1.206	0.238	7	组合 3
14	$Y_1+YJ_3+M_1$	0.635	1.809	0.903	5	组合 3
15	DZ_1	−2.875	−1.455	−1.876	16	DZ_1
16	DZ_2	5.269	−3.344	1.467	1	DZ_2

C. 主成分得分分析

从主成分得分来看，DZ_2、$Y_1+YJ_1+M_1$、Y_2+YJ_1、Y_1+YJ_1 的主成分 $F1$ 得分均大于 0.9，主成分 $F1$ 平均得分由高到低的为 DZ_2>渣土+羊板粪+有机肥+牧草专用肥（组合 3）>渣土+羊板粪+有机肥（组合 2）>渣土+羊板粪（组合 1）>纯渣土（DZ_1）（表 6.13），说明通过施加羊板粪、有机肥和牧草专用肥等土壤改良剂可以有效提升重构土壤的有机质、全氮、速效氮、阳离子交换量等营养成分含量，但仍远远低于原生草甸土。

表 6.13 主成分得分和综合得分平均值一览表

处理	主成分 $F1$ 得分平均值	主成分 $F2$ 得分平均值	综合得分平均值
DZ_1	−2.875	−1.455	−1.876
DZ_2	5.269	−3.344	1.467
组合 1	−1.375	−0.991	−0.994
组合 2	0.141	0.458	0.219
组合 3	0.565	1.504	0.768

主成分 $F2$ 是速效磷和速效钾两个速效成分的综合反映，Y_1+YJ_1、$Y_1+YJ_3+M_1$、$Y_1+YJ_1+M_1$、$Y_1+YJ_0+M_1$、$Y_1+YJ_2+M_1$、Y_2+YJ_1 的得分均大于 1，明显高于纯渣土（DZ_1）、原生草甸土（DZ_2）和渣土+羊板粪（组合 1），表明在添加有机肥的基础上，再施加商品有

机肥或牧草专用肥，可以在短时间内提升土壤中可供植被生长需要的速效成分。同时，在试验过程中还发现，将用羊粪加工而成的有机肥进行土壤肥力提升时不存在烧苗情况，而施加非羊粪基质的有机肥则存在烧苗现象，且部分烧苗情况很严重，因此大面积重构土壤肥力提升过程中应优先使用当地羊粪等牲畜粪便加工而成的商品有机肥。

已有研究表明，土壤有机质、全氮、速效氮等因素是影响植被生物量的重要因子，而速效磷、速效钾、容重对生物量的影响不大（黄雨晗等，2019）有机质含量过低不能满足植物生长需要，且容易出现板结情况。阳离子交换量是评价施肥和土壤改良效果的重要指标，在很大程度上代表了土壤的保肥供肥和缓冲能力的高低。有机质与全氮、速效氮、阳离子交换量具有显著的正相关性，其含量越高，代表土壤的保肥供肥能力越大，反之越低。因此在进行土壤层构建改良效果评价时，应着重以土壤层构建后的有机质、全氮、速效氮、阳离子交换量等含量与土壤肥力指标与原始草甸土的接近程度为评价标准。

D. 综合得分分析

从综合得分来看，DZ_2、$Y_1+YJ_1+M_1$、Y_1+YJ_1、Y_2+YJ_1 的综合得分均大于 1，土壤综合肥力明显高于其他处理方案，纯渣土的综合得分最低（DZ1 = −1.876），说明土壤重构方案中 $Y_1+YJ_1+M_1$ 的土壤综合肥力最优，最接近于原始草甸土的土壤肥力质量。在组合 2 和组合 3 的方案中，羊板粪用量为 Y_1（33m³/亩）和 Y_2（20m³/亩），有机肥用量为 YJ_1（1500kg/亩）时，土壤肥力整体提升效果最好，通过施加羊板粪和有机肥可以使重构土壤的肥力指标在短时间内快速提升，从而达到土壤改良的目的，土壤重构效果较好。

在组合 3 方案中，$Y_1+YJ_1+M_1$ 的综合得分最高，表明在 Y_1（33m³/亩）+YJ_1（1500/亩）+M_1（15kg/亩）的配比方案下的土壤肥力质量最高。$Y_1+YJ_1+M_1$ 的综合得分（1.266）是 $Y_1+YJ_0+M_1$（0.665）的 1.90 倍，说明土壤重构过程中施肥量越高并不代表着土壤肥力状况就会更好，反而会抑制土壤有效成分的释放，从而影响植被的生长，因此需要合理施肥。$Y_1+YJ_1+M_1$ 的综合得分（1.266）大于 Y_1+YJ_1 的综合得分（1.172），表明在施加相同用量的羊板粪和有机肥的情况下，添加牧草专用肥，可以进一步改善土壤肥力状况，确保土壤重构中后期牧草生物量的增加。

由原始草甸土、渣土和土壤层构建后的主要成分对比示意图（图 6.16）可知，纯渣土的土壤肥力指标在有机质、速效氮、速效磷、速效钾、全氮和阳离子交换量等含量方面严重偏低而且板结严重，土壤状况最差；而使用羊板粪与渣土（组合 1）或渣土+羊板粪+有机肥+牧草专用肥（组合 3）构建的人造土壤，其土壤成分指标与原始草甸土接近，说明可以使用渣土和羊板粪作为木里矿区土壤层构建重要成分，再通过添加一定的有机肥和牧草专用肥，使人造土壤的肥力指标更加接近于原始草甸土，实现了以渣土为矿基材料，通过添加当地的羊板粪等构建土壤层的目的。

综上所述，在木里高原高寒煤矿区的实际大面积生态地质层构建和种草复绿过程中，优先选用组合方案 3 中的 Y_1（33m³/亩）+YJ_1（1500/亩）+M_1（15kg/亩）配比方案，但鉴于木里矿区内除了存在大量裸露平台以外，还存在大量的不同角度的边坡，而边坡复绿区域遇到强降雨和冻土层消融时更容易发生肥力流失，因此较为平坦的平台区域复绿优先选用 $Y_1+YJ_1+M_1$ 的配比方案进行土壤重构，坡地则适当地增加商品有机肥的用量，选用 Y_1（33m³/亩）+YJ_0（2000/亩）+M_1（15kg/亩）的配比方案进行土壤重构，助力木里高原高

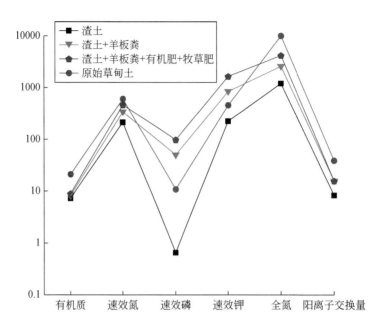

图6.16　原始草甸土、渣土和土壤层构建后的主要成分对比示意图

寒矿区生态治理，实现被破坏区域地表复绿。

6. 试验的结论与认识

根据实验结果可以得出以下几点结论和认识。

（1）本次实验研究选取的四种人工草籽具有一定的耐碱性，pH 偏高的重构土壤对草的苗情长势影响影响不大，区内部分地段堆放的高 pH（9.34）渣土也可用作重构土壤矿基材料。

（2）羊板粪可以作为较为优质的渣土改良剂，通过将羊板粪和矿区内经过人工破碎筛选后的细纯渣土进行深度拌和，可以有效构建具备较好植被立地条件和基本生长条件的人造土壤，实现就地渣土改良形成人造土壤。以羊粪为基质的羊板粪能够提高土壤肥力，保证种植草的出苗率和构建后土壤的保肥能力。

（3）羊板粪和商品有机肥等土壤改良剂的组合和不同的比例都会起到不同程度的土壤改良效果，在矿区大面积土壤重构过程中，通过添加土壤改良剂进行渣土改良是十分必要且可行的。

（4）重构土中的各项成分指标越靠近原生草甸土的背景值，其土壤改良效果越好，出苗情况和长势越理想。因此在土壤重构过程中，在判断土壤重构的改良效果时，应以重构后土壤中的各项成分指标趋近于原生草甸土的背景值作为评判依据。

（5）利用主成分分析法，分析了不同材料和配比在加入人造土壤后，土壤肥力提升的综合效果，得出渣土+羊板粪+商品有机肥+牧草专用肥（组合 3）的土壤层构建方案最优，牧草长势好，与原始草甸土壤成分最相近。根据最佳的配比方案，制定了羊板粪用量为 $30m^3$/亩左右、商品有机肥用量为 1500~2000/亩、牧草专用肥为 15kg/亩的现场大面积土壤层构建和肥力改良方案。

综上所述，利用场内开挖过程形成的泥质细粒渣土作为重构土壤矿质材料，配以羊板粪、有机肥及牧草肥等肥料进行改良，快速提高重构土壤的有机质、营养元素，改善重构土壤的生物群落，形成30cm厚的重构土壤，以供植被生长是可行的。可以实现渣土综合利用，以废治废、变废为宝、无需客土，从而降低生态修复成本的目的。

6.4　矿区生态修复植被重建

6.4.1　复绿播种

1. 施肥整地

土壤重构形成30cm厚的土壤基质层，在此基础上，按照1500kg/亩的用量，平地利用撒播机辅以人工进行播撒，坡地人工进行播撒，均匀播撒在表面，随后利用旋耕机+铁链的组合进行旋耕（铁链的作用主要是使得旋耕后的土地平整），深度控制在5～10cm，旋耕至少两遍以上，保证地面碎化平整，达到播种坪床要求，局部有机肥不均匀处，进行人工耙至均匀，至此旋耕整地阶段结束。

2. 草种选型

选用适宜高原耐寒且以往在矿区内复绿所用的草种，分别为同德短芒披碱草、青海草地早熟禾、青海冷地早熟禾、青海中华羊茅进行混播，混播比例为1∶1∶1∶1。种子选择适宜高寒地区种植的乡土草种（青海三江集团生产经营的同德短芒披碱草、青海冷地早熟禾、青海中华羊茅，青海明烨生态科技有限责任公司经营的青海草地早熟禾），种子质量要求达到国家或地方标准规定的三级标准以上〔种子纯净度、发芽率执行标准为《禾本科草种子质量分级》（GB 6142—2008）、《同德短芒披碱草种子生产技术规》（DB63/T 760—2008）、《青海中华羊茅种子质量分级》（DB63/T 1063—2012）、《青海草地早熟禾种子质量分级》（DB63/T 1064—2012）〕。

3. 拌种

按照草种平地每亩每种3kg、坡度每亩每种4kg的量与牧草专用肥每亩15kg的量，将同德短芒披碱草、青海草地早熟禾、青海冷地早熟禾、青海中华羊茅、牧草专用肥分次倒在塑料布单上，用木锨或铁锨反复拌匀，装袋运到工地，并在分装时再拌匀，按量分配到地块。拌种前首先将大的图斑通过测量人员进行分割按照排水沟分割后的面积定量拌种，一般每次拌种不超过30亩。

4. 播种

将拌好的种子装袋倒入播种机内，匀速作业，播施肥料。播种时要选择风力3级以下时进行，尽量在早上无风时进行。播种机作业操作严格按照机械说明和安全操作指南进行，操作熟练后开展作业，固定机械与操作人员固定。播种方式采用机械条播，作业两遍。播种前进行试播，掌握播种机器行驶的速度，播种机后安排固定人员检查，有播撒不均匀情况及时补撒、撒播机堵塞及时疏通。

坡地及机械无法播种的平地，选用手摇播种器，沿坡地等高线或台阶，轻摇播种器匀速播种。或者人工撒播补种，撒播时要用手腕尽力抖开，使大小粒种子播撒均匀。

5. 耙耱镇压

对平地已播种的地块，利用铁链进行耙耱，铁链选择重量适宜的，使得耙耱后草种深度为 0.5~2cm，耙耱后用镇压机进行镇压。

坡地选择人工铁耙背部进行耙耱，耙耱深度为 0.5~2cm，耙耱后人工踩实，起到镇压效果。

6. 播种时间和播量

在 2021 年 5 月下旬~7 月上旬播种。总播种量为坡地 16kg/亩、平地 12kg/亩。

根据选定的草种类型和数量，将各类种子混合均匀后人工撒播、轻耙镇压等措施，播种深度为 0.5~2cm。

6.4.2 覆盖无纺布

播种完成后，将播种区域全部铺设无纺布，防止雨水冲刷和保持水分蒸发。无纺布必须是可降解的绿色网布，每平方米重量在 20±2g，使薄膜与地面充分贴合。

6.4.3 围栏封育

为更好地保护种草复绿成效，播种区域采用双边丝护栏网进行整体封育，防治牲畜、人为活动造成治理区第二次破坏。实行牧草生长期完全禁牧，设置生态管护员，加强禁牧管护，治理后前三年完全禁牧，第三年后可在冬季土壤封冻后进行适当放牧利用，从而加速土壤养分循环，确保种草复绿，并长期发挥效益。

采用双边丝护栏网进行矿区整体封育。

网围栏材料规格：浸塑丝经 5mm，网孔 90mm×170mm 双边丝。

浸塑网片尺寸：1800mm×3000mm。

立柱：48mm×2mm×210cm 钢管浸塑处理。

附件：防雨帽、连接卡、防盗螺栓。

连接方式：卡接，立柱用 C_{25} 砼底座固定牢固，预埋 30cm。边框两边双丝，表面 PVC 浸塑，浸塑颜色为草绿色、墨绿色。

日常管理和维护：对于围栏内复绿区要认真做好管护工作，经常检查，发现围栏松动或损失要及时维修。

6.4.4 "三补"抚育工作

矿区复绿后,将采取补植、追肥等措施进行后期抚育管护。

(1)补植。依据监测,对未达到建设指标的秃斑地、水蚀、地面沉降等自然灾害毁损的区域要及时在第二年补植;第二年返青时要监测治理区牧草越冬情况,对越冬达不到建设指标的区域进行补植补种,补植补种后覆盖无纺布。

(2)追肥。人工种草后第二年、第三年在牧草返青季进行尿素追肥,提高土壤肥力,保证牧草正常生长需要养分,每亩施肥量为15kg,防止植被退化,促进植被的正向演替。

6.5 矿区生态修复监测与管护

6.5.1 环境监测方案

1. 监测要求

矿山生态治理监测范围为矿山开采区及其影响到的区域,通过生态治理监测,能及时掌握矿山地质环境的变化趋势,为地质环境保护和治理提供基础资料。生态治理监测是督促落实矿山治理责任的重要途径,是保障复垦能够按时、保质、保量完成的重要措施,是调整矿山治理方案中整治目标、标准、措施及计划安排的重要依据,更是实现我国矿山综合整治科学化、规范化、标准化的重要途径之一。为及时掌握采坑、渣山损毁状况及一体化治理效果,改进、优化矿区生态治理能力,根据《中华人民共和国土地管理法》《土地复垦条例》《矿山地质环境保护规定》,以及青海省《关于印发木里矿区综合整治工作实施方案的通知》等有关法律、法规、政策和技术标准,明确生态治理监测内容、手段和措施等基本要求(杨俊鹏等,2010)。

(1)监测工作应系统全面,生态治理监测涉及的学科多、知识面广。因此,对矿区治理的监测内容不仅包括各项治理工程实施范围、质量和进度等,还应包括土地损毁和生态环境恢复等方面的监测,确保矿区治理土地能够达到被损毁前利用水平。

(2)针对不同的生态修复工程监测方式不同,监测体系涉及到修复工程包括地形重塑工程、土壤重构工程、生态重建工程和保护保育工程等,考虑到各修复工程时序和管理工艺不同,务必要监测各生态修复工程的稳定性和安全性,防止发生地质灾害。

(3)监测设置应优化,优化复垦监测点、监测内容以及监测频率等设置,采取科学的技术方法,合理优化,减少生产建设单位不必要的开支。

2. 监测内容

根据矿区开发现状及生态治理要求,合理制定生态治理监测计划。成立生态管理监测办公室,对生态治理责任区进行全程监测,监测的内容包括采坑和渣山治理过程进度、质量及主要工程量监测、采坑及渣山边坡稳定性监测、土壤修复质量监测、复绿植物生态恢复情况及水质质量监测等。

3. 监测指标

1）矿区原地表状况监测

（1）原始地形信息，更全面地获取土地损毁前原始地形数据，并作为复垦工作前后进行对比的重要依据。

（2）土地利用状况，要保留原始的土地利用状况信息，如土地利用类型、种植状况、产量等，以便对治理后的土地利用方向、治理效果进行对比研究。

（3）土壤信息，包括土壤类型，以及土壤的各种理化性质等信息，原则上为《土壤环境质量农用地土壤污染风险管控标准（试行）》（GB 15618—2018）中所要求控制的污染物，监测频率为每三年一次。

（4）植被信息，包括植被类型、草种类型、植被覆盖度等信息。

（5）水文信息，包括地表水、采坑积水及地下水等信息。

2）矿区土地损毁监测

依照不同的生态治理单元，结合对挖损、压占等土地损毁的情况以及土地损毁的环节和时序进行监测。

3）治理效果监测

（1）土壤监测，重构土壤的自然特性检测内容为治理区地形坡度、有效土层厚度、土壤有效水分、土壤容重、酸碱度（pH）、有机质含量、有效磷含量、全氮含量、土壤侵蚀模数等；其监测方法依据《土地复垦质量控制标准》（TD/T 1036—2013）、《土壤环境监测技术规范》（HJ/T 166—2004）等，监测频率为每年一次。

（2）重建植被监测，矿区治理的重建植被监测内容为植物生长势、高度、覆盖度、产草量等。监测方法为样方随机调查法和遥感影像判图法相结合，在生态治理服务年限内，每年监测一次，治理工程竣工后每三年一次。

（3）水质监测，主要针对采坑积水、地表水和地下水水质进行监测，监测指标为《地表水环境质量标准》（GB 3838—2002）中的 22 项（类大肠菌群和总氮除外）和铁、锰等，在生态治理服务年限内，每年监测一次，治理工程竣工后每三年一次。

（4）配套设施监测，依据青海省聚乎更区采坑、渣山一体化治理方案设计标准，对于配套设施的监测方法主要依靠传统的设置采样点、人工开挖工程断面进行实测的方法，对灌排设施、田间道路、坡面工程等复垦配套设施设立若干个监测样点，通过一定时期内连续地监测，形成配套设施监测数据库（王世云，2014）。

生态治理管护工作是矿区生态治理工程的最后程序，其重要性不亚于治理方案设计及施工组织阶段，治理工程成效不明显往往是由于放松了对生态工程的管理和保护。生态治理管护期应根据区域自然条件及植被类型确定，前两年禁牧，第三年有机化适度放。

6.5.2　治理区管护方案

1. 管护对象及主体

主要针对重建植被的生态治理管护。治理工程全面完成后，管护主体由各个井采坑、渣山一体化治理单位，移交天峻县相关部门，也可根据实际情况在政府主导下移交当地乡镇牧民承包管护。

2. 管护目标任务

生态治理管护的目标包括对重建植被和建筑工程的管理和保护，确保生态治理工程总体目标得以实现。具体目标包括防止重建植被遭受旱灾、鼠灾、虫灾，提高草种的成活率，改善重建植被长势情况，并对治理工程建筑设施进行管理和维护。

3. 管护措施

重建植被管护包括补植、追肥、鼠害防控、围栏封育、禁牧管护、生态监测等。

6.6　木里矿区生态治理修复模式及工程实践

该模式是一种科学操作和科学思维的方法，是沟通实践与理论之间的桥梁。根据木里矿区生态环境现状和背景条件分析，针对不同的矿山环境问题采用不同的治理技术，综合运用修复治理关键技术，系统对采坑渣山治理、植被恢复、水环境和资源等进行统筹分析，创新性地建立了五种修复治理模式。

模式一：高危渣山降高减载和边坡缓坡+冻土层修复+土壤重构+植被恢复+引水代填+积水采坑整治形成高原湖泊；

模式二：高危渣山降高减载和边坡缓坡+采坑内梯田台阶再造+冻土层修复+土壤重构+植被恢复；

模式三：山坡浅坑区依形就势和边坡缓坡+冻土层修复+煤炭资源保护+土壤重构+植被恢复+引水归流积水采坑整治形成高原湖泊；

模式四：高危渣山降高减载和边坡缓坡+冻土层修复+土壤重构+植被恢复+引水归流积水采坑整治形成高原湖泊；

模式五：山坡浅坑区依形就势和边坡缓坡+煤炭资源保护+冻土层修复+土壤重构+植被恢复；

高危渣山降高缓坡、采坑内梯田台阶再造、山坡浅坑区依形就势和边坡缓坡等不同内容主要根据采坑和渣山的规模大小，地形重塑层的修复难度确定。而含水层、冻土层构建与修复、土壤层构建与修复、煤炭资源保护等内容，主要是通过对渣土理化性质勘查与研究，通过物理模拟、测土配方等工程措施实现。水系连通包括引水代替和引水归流，最终形成"一井一策"的修复治理方案。

（1）聚乎更区三号井：高危渣山降高减载和边坡缓坡+冻土层修复+土壤重构+植被恢复+引水代填积水采坑整治形成高原湖泊；

（2）聚乎更区四号井：高危渣山降高减载和边坡缓坡+冻土层修复+土壤重构+植被恢复+引水代填积水采坑整治形成高原湖泊；

（3）聚乎更区五号井：高危渣山降高减载和边坡缓坡+采坑内梯田台阶再造+冻土层修复+土壤重构+植被恢复；

（4）聚乎更区七号井西采坑：山坡浅坑区依形就势和边坡缓坡+冻土层修复+煤炭资源保护+土壤重构+植被恢复+引水归流积水采坑整治形成高原湖泊；

聚乎更区七号井东采坑：山坡浅坑区依形就势和边坡缓坡+煤炭资源保护+冻土层修复+土壤重构+植被恢复；

（5）聚乎更区八号井：高危渣山降高减载和边坡缓坡+冻土层修复+土壤重构+植被恢复+引水归流积水采坑整治形成高原湖泊；

（6）聚乎更区九号井及哆嗦贡玛区：山坡浅坑区依形就势和边坡缓坡+煤炭资源保护+冻土层修复+土壤重构+植被恢复；

6.6.1 聚乎更区三号井

1. 修复前基本情况

聚乎更区三号井采坑、渣山治理面积为 1168.84 万 m²，治理范围地理坐标为 99°10′16″E ~ 99°12′17″E，38°06′08″N ~ 38°07′47″N。

聚乎更区三号井自 2003 年至 2020 年进行露天采矿，形成了一个采坑，两座渣山。其中，采坑长 3.23km，宽 1.47km，坑口面积为 377.05 万 m²，容积为 23079 万 m³，坑内形成三个积水坑。采坑南北侧形成两座渣山，采坑北侧渣山东西长约 1.5km，南北宽约 700m，占地为 50.55 万 m²，体积为 566 万 m³。渣山由上至下共五个平台，每个平台平面较为平坦，层高为 35 ~ 50m，渣山边坡及各层面都已经进行了复绿工作，植被覆盖度为 50% ~ 70%；南侧渣山东西长约 1km，南北宽约 600m，占地为 57.20 万 m²，体积为 1206 万 m³，渣山由上至下共形成五个平台，每层层高 30 ~ 40m，每个平台平面较为平坦，边坡及各层面复绿情况均较好。矿区建设有办公区、生活区及变电站、维修站、污水处理厂等配套的各类设施，共占地约 61 万 m²。

依据测量资料，三号井采坑容积为 2.3 亿 m³。南边帮为顺向边坡，岩层倾角大，总体呈高陡边坡，西南端受褶皱构造影响，局部发育滑坡，边坡趋于稳定。通过自流和雨季大自然降水，坑内水位正在不断上升，东坑和西坑已形成相对大的湖面，如果全部回填，其工程量巨大，采用引水代填，在采坑下半部形成湖面，将大大减少回填工程量，无论经济效益还是景观效果都更好。

2. 存在的主要生态问题

通过遥感影像数据解析，结合野外实地踏勘，三号井坑内形成五个大小采坑，矿坑周边边坡陡高，且南边帮岩质坡坡面有大量基岩裸露风化后脱离母体形成的危岩浮石，存在滑坡的安全隐患。三号井存在的主要生态问题有局部边坡失稳、渣山占地、采坑冻土层揭露破坏三种主要类型。

1）边坡失稳问题

三号井采坑后形成阶梯状边坡，总体趋于稳定，局部地段存在边坡失稳隐患问题，主要表现为采坑中部被边坡局部边坡岩石失稳、东部北边坡台阶局部坡度岩石失稳和西坑南边帮存在滑坡。

（1）采坑中部北边坡台阶局部坡度达 56°，台阶高度为 25m 左右，边坡开挖后，岩石裸露，节理裂隙发育，在爆破、冻融等作用下，边坡岩石处于不稳定状态，有掉块、滑塌现象。

（2）开采东部北边坡台阶局部坡度达 50°以上，台阶高度为 25m 左右，岩石裸露，节理裂隙发育，在爆破、冻融等作用下，边坡岩石处于不稳定状态，有掉块、滑塌现象。

（3）采坑西坑南侧边帮存在滑坡，滑坡前缘高程为 4020m，滑坡后缘高程为 4055m，高差约为 35m，纵向长约 80m，后缘宽 120～150m，存在失稳的体积为 24 万 m³，主滑方向为 36°，滑坡体坡度为 45°，滑坡体岩土体主要为碎石土和砂岩，上部 2～3m 为回填碎石土，下部主要为砂岩，受断层构造影响，裂隙较发育，岩石破碎，强度低。滑坡后缘为原运矿道路，可见明显的张拉裂缝，目前已造成三个台阶的整体错落、滑移，正在进一步发展，尚未滑至坡脚。

2）渣山占地问题

采矿对矿区表层土壤的剥离和扰动尤为强烈，除永久占地对表层土壤的占用和覆盖外，其余部分直接把土壤作为弃土堆或一起，使其失去原有功能，工程开挖和回填严重破坏土壤结构。渣山分布于采坑南北两侧边缘，占地 107.75 万 m²。矿山生产生活建设占地约为 61 万 m²。需要在采坑边帮及坑底整治后覆土复绿，对矿山生产生活区系统规划和拆除复绿。

3）采坑冻土层揭露破坏

三号井采坑深度为 40～150m，钻孔测温数据显示，本区常年性冻土层顶界面为 5m 左右，其上部则为季节性冻土层，永冻层底界面在 90～110m，平均深约 103m，即常年性冻土层深度为 5～103m，其厚度约为 98m。

采矿活动揭露或揭穿了冻土层，形成"天窗"，并造成了冻土层消失，沿坑周缘造成冻土层消融和退缩。渣山覆盖使得多年冻土层底界上移，破坏了原有冻土结构形态，破坏了冻结层隔水性能，打破了冻结层下含水层的水力平衡。多年冻土破坏主要表现为冻土季节性融化层增厚（多年冻土上限下移）、厚度减薄（下界上移）、平面分布面积萎缩、局部零星冻土岛状消失等多年冻土的萎缩现象。

3. 工程治理方案

为了实现水源涵养、冻土保护、生态恢复、资源储备目标、自然恢复与资源保护的有机结合，综合分析三号井的现状和存在的问题，结合工程地质和水文地质条件确定了治理思路，具体工程步骤为边坡阶梯整治，坑底部分平整复绿，然后引水代填形成高原湖泊。治理阶段加大对采坑治理、土壤重构、植被恢复、水环境和资源等措施精细统筹规划。

1) 边坡阶梯整治+危岩浮石清理

边坡阶梯整治+危岩浮石清理是高危渣山降高减载和边坡缓坡的主要工作，采坑西侧边坡陡高，为降低坍塌、滑坡等安全隐患的事故发生，采取对边坡坡度自上而下台阶式整治，每个台阶高度为15m，安全平台宽度设置为5~15m，工作台阶坡面角控制在65°以内，工作线沿地形等高线布置，近平行倾向布置方式推进。整治后，岩石边坡基本已趋于稳定，整体外观良好。

采坑南北两侧边坡整体稳定性较好，但局部存在不稳定危岩及散落的渣土，顺直较差。为保证坡面稳定，自上而下逐级对坡面不稳定危岩和散落渣土进行清理。治理后，岩质边坡基岩面清理干净，整体自然衔接，整齐稳定，同时消除岩石边坡的不稳定因素及地质灾害隐患。

2) 高岸整形复绿+引水代填

为降低采坑积水对周边渣山及采坑边坡的稳定性侵蚀隐患，恢复采坑区内原有的冻土层和冻融层的冻土结构形态、冻-融平衡关系，采取对三号井东段和西段的两个采挖小坑进行渣土回填处理。其中，西采坑底依据现有地形，以最小土方量按东南低、西北高的方式整体回填整平，平均回填高度为0.45m，最终整平后坑底呈西北高、东南低缓慢变化的地形，保留东南隅现有采坑水，将汇水引导排至东南隅水塘内。东采坑保留坑底水坑位置，除水坑外的其他部位整平至与原有地形相协调，回填整平至3970~3972m标高，对其上高岸区域采用地形整治和修复，并对坑底裸露煤层露头进行回填封堵，回填厚度不小于5m，并压实。整治后，东侧南侧积水坑处地势最低，向北逐渐抬高，形成两个微倾的平台。东西坑回填平整后，坑底整体形成一个由西向东逐渐抬高的梯阶展布形态。

考虑三号井部分矿坑容积过大，为最大程度对资源的原有赋存状态进行恢复，有效地保护好煤炭资源，同时实现以最小的投资换取最大的生态环境整治和生态修复成效，采取引水代填、以湖代草的方式对部分采坑进行注水形成高原湖泊。

通过引进下多索曲水流，鉴于东采坑浅、西采坑深、东采坑水域面积比西采坑水域面积小，为快速达到最大水域效果，优先考虑向西坑供水，在东、西采坑间开凿导流渠，将东采坑的水引到西采坑，待西采坑注水到设计高程后截流导流渠，然后再向东采坑注水，最终东、西采坑均形成两个水面设计高程。

水源为下多索曲，引水口位于采坑东侧引水口，采用开挖渣山埋管引水方案，管道长200m，引水量可自由调控，在考虑下游生态用水的前提下，设计引水流量为0.14~0.74m³/s。目前设计采坑注水水面高程为3975m，水面面积为153.1万m²，总注水量为2728万m³。主要建筑物设计由引水口、左右岸导流墙、引水管线三部分组成。总挖方量为3.93万m³，填筑量为3.38万m³，网箱填石料为0.42万m³，格宾网片为2.34万m²。

3) 土壤重构与植被恢复

露天煤矿开采遗留下的采坑区、采矿期间建成的建筑物占地、原始地形上渣石占地以及临时修建的道路、生活区等，均需进行人工修复以达到矿区生态环境的恢复效果。另矿区内原始草甸受高寒高海拔气候条件影响，部分植被已发生退化或向自然植被演替，需要补植。故植被恢复区主要包括：渣石占地区、矿坑回填区、渣土开挖后裸露区、生活区及道路区等。

为对后期复绿创造适宜的种草条件，在进行植被恢复前开展土壤重构工程是极为有必要的。根据三号井现状，土壤重构采用覆土工程技术+土壤培肥技术的治理模式。渣土覆盖是矿区采坑、渣山植被恢复或重建的有效手段，聚乎更区三号井所处高海拔高寒环境，考虑远距离运土成本过高，因此，就近土源点取土成为三号井土壤重构工程最佳方式。考虑聚乎更区五号井东侧渣山泥多砂少，细碎屑占比高，有机质碳含量高，可作为土壤材料优选源地。肥料则采用羊板粪和商品有机肥等。

经土壤重构工程后土壤基质层基本已达到适宜的种草条件，植被恢复方案采用人工建植+管护的修复模式。选择青海当地生产、适宜高寒地区生长的牧草品种的草籽播撒至种草基质层，经耙糖镇压保墒后，及时铺设尤纺布，设立围栏封育。

4）坑底人造湖岸整形

在东、西坑水位线间分别形成一些裸露地，为以最短时间最小的投资达到最佳整治效果，需要进行湖岸整形和覆土复绿工作，形成人造湖岸，以达到湖岸美观、湖草相连的生态景观效果。西坑在 3954m 水位线周边进行地貌微整形，达到湖岸线自然弯曲，对东岸坡刷坡整形，确保 3954m 水位湖岸与周边景观自然协调；东坑按照两期验收目标要求的 3967m 和 3970m 两个水位，在东坑东段需要 3967m 和 3971m 在两个水位的湖岸周边进行削填整形，将陡坎变为 10° 左右的缓斜坡，既可增加湖岸美观度，又可减少复绿范围，节省投资。

6.6.2　聚乎更区四号井

1. 修复前基本情况

聚乎更区四号井采坑、渣山治理面积为 1670.31 万 m²，治理范围地理坐标为 99°06′59″E ~ 99°11′06″E，38°07′30″N ~ 38°09′08″N。四号井露天开采形成了一个主采坑，采坑长 3.73km，宽 1.05km，开采深度为 180 ~ 200m，坑口面积为 304.64 万 m²，采坑容积为 22930.30 万 m³；除主采坑外，东段坑底还存在两个采挖小坑，边帮不稳定。四号采坑周边有渣山三处，其中采坑东侧渣山占地 177.47 万 m²，体积为 4689 万 m³；南侧渣山占地 175.51 万 m²，体积为 6228 万 m³；天木公路北侧渣山占地 292.85 万 m²，体积为 10318 万 m³。

根据 2020 年 8 月 27 日测量数据，四号井采坑大量积水，采坑最低高程为 3845.10m，水面高程为 3887.37m，积水深度为 42.63m 左右，水量为 803.3 万 m³。聚乎更区四号井位于上多索曲穿越的位置，采坑积水除个别点锰略高于限制之外，其他监测指标均达到Ⅱ类水标准，水质良好。

2. 存在的主要生态问题

基于遥感影像数据解析，结合野外实地踏勘，四号井渣山及矿坑边坡陡高，位于南部渣山中段北侧靠近采坑一侧处及采坑西北隅高陡边帮处均发现有滑坡体现象，且北坡西侧有大量岩石破碎，存在坍塌的安全隐患。四号井存在的主要生态问题有：边坡失稳、采坑积水、占用土地与草甸破坏、冻土层揭露破坏四种主要类型。

1) 边坡失稳

四号井经露天开采后形成的采坑呈负地形，地表水直排或通过下渗潜流、地下含水层被揭露，不同水源的水汇聚到采坑，在部分采坑内形成积水，积水会直接影响采坑和周边渣山边坡的稳定性，同时采坑积水的热融效应会对周边冻土层造成破坏。四号井边坡失稳问题主要表现有南渣山中段北侧靠近采坑一侧处及采坑西北隅高陡边帮处。

A. 四号井南渣山中段北侧靠近采坑一侧处滑坡体

通过现场踏勘、高分遥感解译，初步分析认为，该滑坡体呈圈椅状，东西长 780 ~ 1520m，南北宽 1000m，高差约为 173m，滑坡体坡度为 25°，滑动方向为北北东，垂直于采坑走向，向采坑方向滑动。滑坡体表面发育密集的横张裂隙，由滑体下部向上部横张裂隙发育程度逐渐减弱，说明该滑坡属于牵引式滑坡，滑坡是由下部向上部，由前缘向后缘逐步扩大。滑体东西两侧纵向剪-张裂隙已经贯通。

该滑坡体所在渣山是坐落在原上多索曲河道及其东西两侧的斜坡带上，河流流向与滑坡方向一致。虽然上多索曲已经改道，但因河道两侧地下潜水仍长期向河道方向径流排泄，因此，渣山底部和原始地表的界面长期处于保水状态，大大降低阻滑能力；滑坡体前缘采坑边帮基岩长期受潜水径流而淋滤侵蚀，边帮基岩，特别是泥质岩吸水软化，有效应力降低，基底载荷力下降，同时加大渣山基底向采坑的倾斜角度。现场调查认为，该滑坡体处于极不稳定状态，目前以蠕滑形式变形发展期。

B. 采坑西北隅高陡边帮处滑坡体

该滑坡体后缘宽 700m，纵向长度为 322m，滑坡高度为 157m，平均坡度为 27°，滑坡体坡度为 25°，向采坑方向滑动，滑动方向向南。滑坡蠕滑变形。

该滑坡体由下侏罗统杂色泥岩构成，风化淋滤强烈，受 F_6 平移断层影响，断层旁侧岩层变形强烈，地表水和冻结层上水岩断层导水裂隙带下渗，泥岩遇水软化，抗阻力下降，在重力作用下，导致边坡失稳，形成顺层滑坡，不仅给采坑边坡复绿工作带来困难，而且对天木公路造成一定程度的威胁。

2) 采坑积水

四号井采坑内有三处积水坑，积水面积为 51.94hm²。其中，位于采坑东部坡脚处的积水坑呈方形，东西长 300m，南北宽 200m，揭露江仓组下段 (J_2j^1)；位于采坑东部的积水坑呈方形，东西长 330m，南北宽 180m，揭露江仓组上段 (J_2j^2)；位于采坑南部的积水坑呈长方形，东西长 1900m，南北宽 330m，揭露木里组上段 (J_2m^2)，大量积水，采坑最低处高程为 3845.10m，水面高程为 3887.37m，积水深度约为 42.63m，水量约为 803.3 万 m³。

3) 占用土地与草甸破坏

四号井采坑周边渣山三处，其中采坑东侧渣山占地 177.47 万 m²，体积为 4689 万 m³；南侧渣山占地 175.51 万 m²，体积为 6228 万 m³；天木公路北侧渣山占地 292.85 万 m²，体积为 10318 万 m^3。其中南部渣山极不稳定，已经形成滑坡。

采矿对矿区表层土壤的剥离和扰动尤为强烈，除永久占地对表层土壤的占用和覆盖外，其余部分直接把土壤作为弃土堆或一起，使其失去原有功能，工程开挖和回填严重破坏土壤结构。木里地区高寒草甸、高寒湿地腐殖质层形成的时间数以千计，原生高山草甸土有机质及氮磷钾含量相对我国平均水平含量要高，但分界微弱、土质薄，几千年来经过物理风化、营养化过程才能形成 20 ~ 30mm 厚的腐殖土，一旦遭到破坏，恢复非常困难。另外，所有渣山以往虽经局部复绿，但受高寒高海拔气候条件限制，部分植被发生退化或向自然植被演替。

4）冻土层揭露破坏

四号井采坑深度为 180 ~ 200m，常年冻土层底界深度大约为 120m，露天开采使得冻土层暴露地表，增加了冻土层的融化速度与融化深度，直接破坏冻土层的隔水性能，从而导致局部地表水与地下水连通。渣山覆盖使得多年冻土层底界上移，破坏了原有冻土结构形态，打破了冻结层下含水层的水力平衡。多年冻土破坏主要表现为冻土季节性融化层增厚（多年冻土上限下移）、厚度减薄（下界上移）、平面分布面积萎缩、局部零星冻土岛状消失等多年冻土的萎缩现象。

3. 工程治理方案

为了实现水源涵养、冻土保护、生态恢复、资源储备、分区管控，实现生态保护与节约优先、自然恢复与资源保护的有机结合，为建设高原高寒地区矿山生态环境修复样板工程奠定基础。综合四号井开采现状，结合工程地质和水文地质条件，提出了采用"高危渣山降高减载和边坡缓坡+冻土层修复+土壤重构+植被恢复+引水归流积水采坑整治形成高原湖泊"的修复治理思路，项目执行中遵循边勘察施工、边评估分析、边调整设计的"三边"工作原则。

1）滑坡体削顶减载+削坡整形

为保证滑坡体结构稳定，采取对渣山进行削顶减载。

A. 北侧渣山

采坑北侧坑顶有不同高度的渣山，现场调查发现，渣山边坡基本已稳定，且大部分区域已经进行了复绿，效果较好，为减少对已复绿边坡的扰动，本次治理不对四号井北侧渣山开挖治理，仅进行北渣山顶部覆土复绿。

B. 南渣山大型滑坡治理

四号井南侧有 120m 高的渣山，渣山顶高程为 4110m，渣山中部已经发生了滑坡（滑向采坑），为本次重点治理对象。为保证渣山稳定，对南侧渣山中部进行削顶减载，从东西两侧向中部削坡减载，中部通道形成由南向北倾斜的大缓坡，高程从 4032m 渐变至 4015m。南渣山削顶减载范围为 71.13 万 m^2，开挖方量为 900 万 m^3。

a. 中部通道大缓坡

为保证中部通道排水通畅，减少水流对渣山的冲刷，削方形成由南向北倾斜的大缓坡。修正后，南端形成约 200m 宽的平台，平台标高为 4032m，向北标高逐渐降低为

4015m，坡比不缓于1∶20。

b. 通道西侧削坡

南渣山西侧坡顶最高标高为4099m，根据现状地形，从4090m标高开始按1∶2.5坡率分级削坡，4032m以下与中部大缓坡衔接。

c. 通道东侧削坡

南渣山东侧坡顶最高标高为4109m，根据现状地形，从4080m标高开始按1∶3~1∶10坡率分级削坡，4032m以下与中部大缓坡衔接。

d. 主采坑边帮清坡整平

（1）主采坑北边帮清坡区，主采坑北边帮除了西北侧存在边坡基岩滑坡外，其他地段坑壁通过现场观测总体为稳定的硬质岩，综合分析，该位置边坡总体安全稳定，仅对局部存在不稳定岩块及散落的渣土进行清理，对稳定岩质边坡自上而下逐级清理坡面不稳定岩块和渣土，为复绿创造种床条件。

（2）主采坑东边帮刷坡区，该区需清除杂乱堆积碎石块和渣土，并依据现状地形刷坡整形。平均刷坡厚度为2.5m，清坡体积为15.37万 m³。

（3）采坑北东侧整平区，采坑北东侧地形凹凸不平，大小不一的碎石块和渣土杂乱堆积。依据现状地形，对其进行清坡整平，整平后地形与周边渣山边坡自然协调。平均清坡厚度为1.2m，整平体积为9.74万 m³。

（4）其他清坡修整区，采坑周边有几个地形稍紊乱的区域，包括原河道凹槽修坡、南渣山西端和东端清坡、施工道路等区域，为保证整体效果，对这些区域进行修整，预估修整土方量为9.10万 m³。

2）采坑回填

为保证渣山的稳定和方便后期复绿，采用坡顶削坡、坡脚回填压脚的方式修整地形，降低坡度，使地形平缓，提高渣山稳定性，满足覆土复绿要求，具体设计方案如下。

（1）东采坑由东西两个小型采坑组成，其中西侧小采坑回填至3936m高程后，按1∶3坡率分级放坡回填至3955m；东侧小采坑回填至3955m高程后，在东侧采坑东部和北部边坡按1∶2.5坡率回填至3990m高程，在3975m设置5m宽平台，在3990m高程处设置15m宽的大平台；3990m高程以上按1∶3坡率回填至4005m标高，在4005m标高设置30m宽的大平台，平台按1∶15的坡率前倾，再按约1∶3的坡率按现状地形回填整平至坡顶位置（坡顶标高为4025m），与现地形自然衔接。

（2）东采坑南部边坡受坑底地形、回填方量限制及边坡周缘地质环境等因素影响，本治理工程不对南部边坡进行回填放坡处理，对坡顶裂缝发育的潜在失稳地段进行削坡和压脚处理后保持原有坡形。

（3）回填后形成"两平台两斜坡"的地形，两平台标高分别为3936m和3955m。

（4）南渣山东侧有一处小水坑，回填至坑边，坑边标高为4009~4018m，回填区域面积约为14951.11m²，填至与周边环境协调一致。

3）河流–湖泊水系自然连通

根据四号井采坑西侧积水现状，结合现场地势情况调查，采取保留采坑积水的方式引入高地势的上多索曲水流形成高原湖泊，建立了河流–湖泊水系自然连通模式，逐步恢复了四号井采坑积水同外界水体之间的物质、能量交换和水源涵养功能。

为保持排水通畅，减少流水对坡面的冲刷，拟布设坡顶截水沟、平台排水沟、坡脚排水沟和坡面跌水沟。排水沟的布设主要依据修正后地形，坡率不低于 5‰。坡面纵向跌水沟布设间距为 30~50m，可根据现场施工区域坡度情况适当调整。

设计排水沟工程量：碎石盲沟为 300m；坡顶排水沟长度为 2879.87m，梯形断面，净空尺寸为（0.5m+0.8m）×0.5m；平台排水沟长度为 6942.30m，梯形断面，净空尺寸为（0.3m+0.5m）×0.3m；坡脚排水沟长度为 2219.66m，梯形断面，净空尺寸为（0.7m+1.06m）×0.6m；坡面跌水沟长度为 22620.00m，梯形断面，净空尺寸为（0.3m+0.5m）×0.3m。坡顶排水沟、平台排水沟、坡脚排水沟、跌水沟采用人工挖土沟修筑。

截排水沟沟底要无明显凹凸不平和阻水现象，内侧及沟底应平顺，沟底没有杂物。沟底采用铺碎石方式，沟底铺设 10cm 厚 3~8cm 的碎石，分两层铺设。

4）边坡修整

除了南渣山中段北侧处及主采坑区西北侧滑坡体存在边坡失稳外，其他地段坑壁通过现场观测总体为稳定的硬质岩，因此，仅对局部存在不稳定岩块及散落的渣土进行清理，对稳定岩质边坡自上而下逐级清理坡面不稳定块石和渣土。清理坡面后，对表层大于 5cm 的碎石清理，为后期复绿创造种草条件。

（1）北边帮清理坡面渣土刷：北坡边坡刷坡包括土质坡和岩质坡，依据现状地形土坡刷坡后坡度小于 25°，清理岩质坡面浮石、危石。

（2）东北整平区：采坑北东侧现状地形凹凸不平，大小不一的碎石块和渣土杂乱堆积。依据现状地形，对其进行清坡整平，整平后地形与周边渣山边坡达到自然协调的效果。

（3）东边帮清理坡面渣土及刷坡：东边帮区域分布有大量的散乱渣土，治理过程中对该区域进行修整，清理松动岩块和散落的渣土。

（4）观礼台区域刷坡整形：对观礼台按照 10m 一个平台进行施工，形成两个观景平台，斜坡坡度约为 22°，清理渣土和碎石块，达到平整平顺的效果。

6.6.3　聚乎更区五号井

1. 修复前基本情况

聚乎更区五号井治理区总面积为 634 万 m²，地理坐标为 99°07′20″E~99°10′8″E，38°06′07″N~38°07′32″N，东西长 1.4~4.4km，南北宽 0.7~2.3km。聚乎更区五号井露天开采形成了东、西两个采坑。采坑总长 4.05km，宽 0.62km，开采深度为 40~150m，坑口面积为 171.53 万 m²；采坑容积为 6704 万 m³；周边渣山共三处，总面积为 293.95 万 m²，总体积为 6722 万 m³。

五号井采坑主要生态地质问题为不稳定边坡、采坑积水、渣石占地与草甸破坏、冻土破坏四种主要类型。

2. 存在的主要生态问题

通过遥感影像数据（北京二号，2020 年 7 月 25 日）的解译和分析，结合野外现场调查，五号井采坑主要生态地质问题为不稳定边坡、采坑积水、渣石占地与草甸破坏、冻土破坏四种主要类型。

3. 工程治理方案

为了实现水源涵养、冻土保护、生态恢复、资源储备、分区管控，实现生态保护与节约优先、自然恢复与资源保护的有机结合。综合五号井开采现状，结合工程地质和水文地质条件的分析，按"高危渣山降高减载和边坡缓坡+采坑内梯田台阶再造+冻土层修复+土壤重构+植被恢复"修复方法。

1）渣山整治

（1）采坑北西侧（1 号渣山）：综合面积约为 90 万 m²，本次对北西侧渣山采用削顶减载方式进行处理，渣山内自西向东标高高于 4150～4170m 范围的采用削方处理，对局部坡面进行平整或削坡处理，该渣山设计挖方工程量约为 248 万 m³，全部用于采坑底部回填。

（2）采坑北东侧（2 号渣山）：综合面积约为 77 万 m²，本次治理对北东侧渣山主要采用削顶及削坡处理，渣山内标高高于 4106m 的采用削顶处理，同时对区内局部坡面进行平整或削坡处理，渣山顶部最终形成标高为 4106m 左右局部有略有起伏的平台，且周边与自然山体交界处边坡坡度不大于25°的综合地形地貌，该渣山设计挖方工程量约为 688 万 m³，全部用于采坑底部回填。

（3）南渣山（3 号渣山）：综合面积约为 40 万 m²，该渣山坡脚高程为 4041m，坡顶最大高程为 4152m，相对高差为 111m；本次治理对南渣山主要采取削顶处理，渣山内标高高于 4136.5m 的采用削顶减载处理，同时对局部坡面进行整平处理。最终区内形成坡顶标高为 4136.5m 左右局部起伏的平台，该渣山设计削顶工程量约为 280 万 m³，全部用于采坑底部回填。

2）采坑回填

利用坑底西高东低的既有地形，对采坑进行部分回填，按照设计方案分为西采坑回填区和东采坑回填区两部分，坑底回填土方量来自采坑边帮局部位置刷坡、采坑周边渣山削顶减载、坑壁松动岩块和松散渣土清理的土石方。采坑坑底回填设计方案如下：

（1）西采坑坑底完成面标高为 4040.5～4037.0m，最西侧坑底完成面标高为 4040.5m，接近分水岭位置完成面标高为 4036.5m。

（2）东采坑坑底完成面标高为 4025～4036m，最东侧完成面标高为 4025m，接近分水岭位置完成面标高为 4036m，最东侧完成面标高为 4025m。

（3）西端坑底回填至 4040.5m 标高，东端坑底回填至 4025m 标高。

（4）分水岭位置于北坡坡脚设置排水通道，排水通道进水口标高为 4036m。中部分水岭现状标高为 4041m，将其开挖整平至 4036m 标高。将西采坑局部位置的积水导排至东采坑，并通过东采坑向外排出。

（5）治理施工完成后，整体为一谷地，呈西高东低形态。西采坑回填区标高自最西端至分水岭，自西向东坑底形成标高 4040.5m→4040m→4039m→4038m→4037m→4036.5m 的梯田状地形，东采坑回填区自分水岭向东呈台阶状逐渐降低，形成 4036m→4029m→4027m→4025m 的梯田状地形。

采坑整治完成后，南北渣山边坡与采坑边坡一体形成"U"形断面，坑底由两侧坡角向沟心线坡降 3°～5°，将积水排至沟心线最低处，避免积水及冻融对整治后边坡产生破坏，结合中线西高东低趋势，雨季积水量较大时，在采坑东端与下多索曲自然连通。

3）采坑南侧帮坡削坡整平

根据现场调查情况，采坑南侧帮坡的 0+000～1+850 里程为低矮土质边坡，1+850～3+350 为岩质边坡，3+350 从西至终点为土质边坡，以下分区描述。

（1）0+000～1+850 区域：本区域坑底自东向西设计回填标高为 4025～4037m，按设计标高回填后南边帮高差总体小于 20m，坡脚现状最低高程为 3993m，回填后高程为 4025m，对应坡顶高程为 4025m，无高差，无需治理；坡脚现状最高高程为 4008m，回填后坡脚高程为 4037m，对应坡顶高程为 4056m，高差为 19m，故综合本区高差较小多为混合质边坡的情况，坡面按不陡于 25°～30°削坡平整（岩质坚硬区仅清理浮石），为后期复绿提供条件。

（2）1+850～3+350 区域：本区综合面积约为 46.0 万 m²，坡脚高程约为 4015m，坡顶高程约为 4120m，现状最大相对高差约为 105m，按设计标高 4037～4040m 标高回填后，高差约为 80m；区内多为岩质边坡，仅局部混合质或土质边坡。

本次治理以 2+600 剖面为界分为两个区域：其中 2+600 剖面西部区域以削顶减载为主，降低渣山高度，确保渣山稳定，同时对边坡进行整平；2+600 剖面以东区域以削坡整平为主，对渣山坡面和采坑边坡坡面进行削坡整平，仅对不稳定边帮和危险浮石、浮土等进行清理，稳定地段保持原有景观。

最终区内形成边坡坡率缓于 1∶2.5，平台标高依次为 4080m、4090m、4100m 的规整边坡形态，本渣山设计挖方工程量约为 162 万 m³，全部用于采坑底部回填。

（3）3+350 以西区域：本区综合面积约为 3.2 万 m²，坡脚高程为 4040～4063m，坡顶高程为 4080～4072m，现状相对高差为 2～40m，区内均为土质边坡。

本次治理对本区以削坡整平为主，对边坡坡面进行缓于 1∶2.5 坡率削坡，并留宽度 5m 的 4060m、4070m 两级平台。

2+600 剖面西部区域以削顶减载和地貌景观修整为主，降低渣山高度，确保渣山稳定，同时对边坡进行整平。

最终区内形成边坡坡率缓于 1∶2.5，平台标高为 4060m 的规整边坡形态，该渣山设计挖方工程量约为 2 万 m³，全部用于采坑底部回填。

4）采坑北侧帮坡

根据现场踏勘情况，采坑北侧帮坡由东向西 0+000～1+250 为岩质边坡，1+250～1+650 为土质边坡，1+650～1+750 为岩质边坡，1+750～2+200 为土质边坡，2+200～3+350 为岩质边坡，3+350 以西至终点为土质边坡，以下分区描述。

（1）岩质边坡区域（0+000～1+250、1+650～1+750、2+250～3+350）：自上而下分层坡面修整，主要对松动岩块及松散渣土清扫，可依据现状地形局部凹腔回填；局部后缘坡面坡率不大于25°的保持现状，便于后期复绿。

（2）土质及混合质坡区域（1+250～1+650、1+750～2+200、3+350以西至终点）：1+250～1+650土质边坡区坡体后缘多为已有复绿区，综合考虑施工便道有保留需求的同时又能与后缘已复绿区自然衔接（便于后期覆土复绿施工），本区对边坡坡面进行缓于1∶2.5坡率削坡，并留宽度5m的4057m、4067m两级平台。1+750～2+200混合质边坡区坡体后缘多为已有复绿区，综合考虑与后缘已复绿区的自然衔接（避免破坏已有复绿区），本区采用与后缘山体一致的1∶1.75坡率削坡及复绿。3+350至西终点区为土质边坡，本区对边坡坡面进行缓于1∶2.5坡率削坡，并与后缘已复绿区自然衔接（便于后期覆土复绿施工）。

本采坑北侧帮坡区坡面地层岩性变化复杂，最终形成岩坡坡面维持原状（仅清理危岩、表层浮土），土坡坡面缓于1∶2.5坡率并留5m平台，混合质坡缓于1∶1.75坡率并留5m平台的规整边坡形态，本渣山设计方量50万m³，其中岩质坡修整方量2.6万m³，方量全部用于采坑底回填。

5）截排水系统布置方案

采坑边帮区域周边设置截排水系统，可根据现场情况调整布设，布设原则为坡顶设通长截水沟，坡面同一标高区的平台应设置通长平台排水沟，跌水沟仅与土质及混合质边坡区坡面布设，坡面纵向跌水沟布设间距为30～50m，可根据现场施工区域坡度情况适当调整。截排水沟沟底要无明显凹凸不平和阻水现象，内侧及沟底应平顺，沟底没有杂物。沟底采用铺碎石方式，沟底铺设10cm厚3～8cm的碎石，分两层铺设。

在坑底1+250～1+400段，分水岭位置设置排水沟，雨季降水量大，可将西侧坑底积水顺利导排至东侧坑底，并引排至下多索曲。截排水系统工程量：坡顶排水沟长度为1432.2m，梯形断面，净空尺寸为（0.5m+0.8m）×0.5m；平台排水沟长度为2308.23m，梯形断面，净空尺寸为（0.3m+0.5m）×0.3m；坡脚排水沟长度为1522.5m，梯形断面，净空尺寸为（0.7m+1.06m）×0.6m；坡面跌水沟长度为56426m，梯形断面，净空尺寸为（0.3m+0.5m）×0.3m。坡顶排水沟、平台排水沟、坡脚排水沟、跌水沟采用人工挖土沟修筑。分水岭位置排水沟长度为362.92m，净空尺寸为（0.7m+1.06m）×0.6m。

6.6.4 聚乎更区七号井

1. 修复前基本情况

七号井综合治理范围为99°04′31″E～99°07′56″E，38°08′18″N～38°09′33″N，东西长3.4～4.4km，南北宽1.3～2.5km，总面积为991.53万m²。

经多年的露天开采，聚乎更区七号井形成了一个西北至东南走向的采坑，采坑长3.93km，宽0.41km，坑口标高4150.87～4167.09m，采坑最低为3995.65m，开采深度为19～32m，坑口面积为149.40万m²，采坑容积为1398.10万m³；西侧采坑有三个积水坑，深10.15～11.04m，积水量共计73.80万m²，主要揭露地层为中侏罗统木里组和江仓组底部碎屑岩，岩性以粉砂岩、泥岩为主夹细砂岩，采坑周边形成南北两处渣山，北渣山占地面积约为 104.63 万 m²，渣山高度为 20m，方量约为 1235.10 万 m³；南渣山占地面积约为 55.84 万 m²，渣山高度为 30m，方量约为 870.50 万 m³，渣山总方量预计 2105.60 万 m³。

根据《青海省天峻县聚乎更煤矿区七号井资源储量核实报告》（青海煤炭地质一〇五勘探队，2020 年 8 月）显示，聚乎更区七号井范围内截至累计查明煤炭资源量 17876 万 t，2009 年提交勘探报告后至 2014 年 8 月动用煤炭资源量 199.8 万 t，其中实际采出 164.9 万 t，已剥离、但未采出的暴露煤炭资源量为 34.9 万 t。2014 年 8 月后区内资源量未动用，煤类以 1/2 中黏煤（1/2ZN）和气煤（QM）为主，为炼（配）焦煤，属优质稀缺煤种。

2. 存在的主要生态问题

1）不稳定边坡

露头采煤形成的南北边坡角度大，坡度较陡，基岩裸露，边坡稳定性差，加之物理风化作用以及冻融影响，易沿坡体形成危岩危坡。局部地段已产生滑坡、崩塌等地质灾害，这部分地段边坡稳定性差，需要整治（图 6.17）。

(a)南侧边坡　　　　　　　　　　　　　　　(b)北侧边坡

图 6.17　七号井采坑边坡现状

渣山由大量相对疏松的渣石堆积而成，其顶部多在靠近边坡边缘处因疏松渣石和含水性不断增加导致局部渣山发生缓慢变形或位移诱发地裂缝（图 6.18）。

为确保边坡的安全稳定和保证生态恢复成效，采坑、渣山的治理要为覆土复绿创造适应的地貌条件，在此基础上进行一体化生态修复，恢复原有生态景观。

2）采坑积水问题

七号井东采坑与西采坑均为长条形，东采坑几乎没有积水现象，目前在西采坑共形成三个积水坑（图 6.19），总体东高西低，从西到东坑口标高依次为 4150.87m、4164.38m、4167.09m，水面高程分别为 4142.00m、4143.00m、4148.00m，采坑深度分别为 10.15m、11.04m、10.94m，采坑积水量分别为 40.82 万 m³、11.88 万 m³、21.10 万 m³。采坑坑积水补给来源主要为大气降水和草甸湿地水，积水受季节性影响明显，一般夏季富水，冬季少水或无水。

(a)渣山东南坡滑塌　　　　　　　　　(b)渣山形成裂缝

图 6.18　渣山边坡不稳定

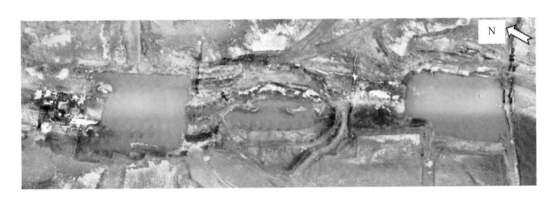

图 6.19　七号井西采坑积水现状

据 2020 年 9 月青海省生态环境监测中心发布的《木里矿区环境质量现状监测报告》，矿坑水监测项目包括《地表水环境质量标准》（GB 3838—2002）中 22 项（除大肠杆菌和总氮）和铁、锰共计 24 项。除聚乎更区三号采坑、五号采坑水中锰高于《地表水环境质量标准》（GB 3838—2002）集中式生活饮用水地表水源地补充项目限制 1.1、1.7 和 0.3 倍以外，其他采坑水质基本监测项目均达到 Ⅱ 类或以上标准。

3）渣石占地与草甸损毁

七号井南北渣山土壤类型均为渣土混合，砾石含量高，水土流失较为严重，部分区域植被覆盖度较低，牧草长势较差，整体上看，现有渣山生态修复效果较差，植被覆盖度大多低于 30% 以下。

根据成都理工大学 2020 年 8 月对七号坑南北渣山植被覆盖度的调查评价，复绿综合评价均为"差"，其中南渣山植被覆盖度 0~10% 所占面积比例为 32%，10%~30% 所占面积比例为 40%，30%~60% 所占面积比例为 26%，60%~100% 所占面积比例为 2%；植被长势一般，有变黄趋势。北渣山植被覆盖度 0~10% 所占面积比例为 10%，10%~30% 所占面积比例为 80%，30%~60% 所占面积比例为 10%，60%~100% 所占面积比例为 0%，且植被长势一般，有变黄趋势。总体来说，七号井渣山以往虽经局部复绿，但受高寒高海拔气候条件限制，部分植被发生退化或向自然植被演替，生态恢复效果较差，需要补植。

根据 2020 年 9 月青海省生态环境监测中心发布的《木里矿区环境质量现状监测报告》，区内土壤砷、汞、铜、铅、锌、铬、镉、镍的测值均低于《土壤环境质量农用地土壤污染风险管控标准（试行）》（GB 15618—2018）中的风险筛选值，土壤生态环境风险低，矿区内有大量渣土常年堆积于土壤表面，可基本认为渣土堆中重金属呈低风险状态。

煤与渣土长时间暴露地表或露天存放，经风吹、日晒、雨淋和天气温度变化等影响，渣土会发生一定的物理和化学变化，其中可能含有有毒有害元素，经过降雨淋溶后会迁移到土壤与水体中，根据 2020 年 9 月青海省生态环境监测中心发布的《木里矿区环境质量现状监测报告》，地表水水质在 Ⅱ～Ⅲ，水质良好，采坑水整体达到 Ⅱ 类水标准，地下水水质在 Ⅲ～Ⅳ，水质较好；土壤环境中各种重金属含量也低于相关国家标准，考虑到该区渣土已经堆放多年，从最近的报告中没有发现土壤与水体严重污染，所以基本可认为该区渣土的堆放并未对环境造成明细污染。

同时，在七号井西南部生活区建有混凝土的房屋，主要为工作人员工作、生活厂区，占用了草地，与周边环境不协调，需要系统规划和部分拆除复绿（图 6.20）。

图 6.20　七号井西端采坑、渣山情况

4）冻融侵蚀

据《木里煤田聚乎更三井田（七号井）勘探报告》钻孔测温成果显示，七号井多年冻土层（亦称永冻层）顶界面在 5m 左右，其上部则为季节性冻土层，而永冻层底界面在 90m 左右，即多年冻土层深度为 5～90m，其厚度约为 85m。冻土地表由于季节变化受气温的影响，每年 4 月开始融化，至 9 月回冻，最大融化深度小于 5m，冻土融化造成边坡不稳定及地面建筑物塌陷。

渣山大面积堆放的黑色矸石吸热，往往会导致地温上升，加剧表层季节性冻土融化和多年冻土层浅部消融，引起热融滑塌。在重力作用下，排渣场边坡覆土种草后会因坡面表层季节性冻土融化后的相对面向下蠕滑。根据 2020 年 8 月现场调查，共发现两处热融滑塌（带）：在排渣场南边坡发育 1 处 Rh1（图 6.21）和排渣场北边坡发育 1 处 Rh2（图 6.22）规模较大的热融滑塌地质灾害，两处热融滑塌均沿排渣场边坡中下部呈线状延展和鱼鳞状展布，Rh1 长约 1325m，宽约 162m，坡度角为 39°，滑距离为 0.5～4.9m；Rh2 长约 1860m，宽约 351m，坡度角为 17°，滑动距离为 1.6～18.8m。随着热融滑塌向北不断推移，将产生土壤沙化和水土流失等生态环境问题。

图 6.21　排渣场南边坡 Rh1 热融滑塌带　　　　图 6.22　排渣场北边坡 Rh2 热融滑塌带
（拍摄于 2020 年 8 月）　　　　　　　　　　　　（拍摄于 2020 年 8 月）

3. 工程治理方案

综合聚乎更区七号井东西两坑开采现状，结合工程地质和水文地质条件的分析，采用前述的第五种治理修复模式，即东采坑为"山坡浅坑区依形就势和边坡缓坡+煤炭资源保护+冻土层修复+土壤重构+植被恢复"、西采坑为"山坡浅坑区依形就势和边坡缓坡+煤炭资源保护+冻土层修复+土壤重构+植被恢复+引水归流积水采坑整治形成高原湖泊"的修复治理方案。

1）关于已剥露煤层的保护

七号采坑现有部分煤层剥露地表，尚未回采。据新近的资源储量核实结果（青海煤炭地质一〇五勘探队，2020 年 8 月），残煤资源量为 34.9 万 t，煤类以 1/2 中黏煤（1/2ZN）和气煤（QM）为主，为冶金炼焦用煤，属特优稀缺煤种，煤层出露地表，如不及时处置则会遭受风化，不仅造成宝贵资源浪费，而且还会造成环境污染。2020 年 10 月 6 日，海西州自然资源局出具"关于委托将木里矿区聚乎更区七号、九号井剥露残存煤清理至义海物流储煤场的函"，要求对已剥露残煤进行清运，残煤清运量按实际挖运量计算。本着保护资源、保护环境的原则，对聚乎更七号井已剥露残煤进行剥离转运至义海物流储煤场，由政府依法依规处置。对于出露煤层，挖至地表以下 0.5～0.8m。清运完后，在煤层开挖面上分两层进行细渣土或泥土覆盖压实保护，下部厚 50cm，上部厚 5m。每层回填压实后浇水冻结，形成人造冻土。

煤层出露面积约为 5.57 万 m²，下部压实填土层 0.5～0.8m，回填方量为 4.46 万 m³；上部渣土回填层平均占地 11.77 万 m²，平均回填厚度为 5.0m，回填方量为 58.84 万 m³，土方来源于采坑北侧渣山及渣土路。

2）边坡与渣山整治

聚乎更区七号井按现状地形以分水岭为界分为西采坑和东采坑（图 6.23）。

图 6.23　七号井治理范围及渣山分布范围图

七号井采坑边坡整体不高，坡高为 5～20m，坡度为 15°～80°，土质边坡和岩质边坡均有分布。其中，西采坑南北两侧边坡和东采坑北边坡局部稳定性较差，坡面局部陡立，多处已发生小范围崩塌，为实现坡面和渣山稳定，为覆土复绿奠定基础，采用削高、填低的方法降低边坡坡度，使边坡达到稳定状态。

西采坑随坡就势，削陡放缓，将其平整，与周边地形衔接，采坑自然积水保留形成高原湖泊景观，并当积水达到西边坡 4142m 高程后与周边措支流自然连通，最终汇入莫那措日湖。边坡修整后，环绕三个积水坑、以水岸为坡脚分别形成的 1～3 级的缓坡，平台宽 5m，坡度小于 25°（局部坡段为 1：5 的大缓坡）。西采坑边坡修整面积为 22.74 万 m²，刷坡方量为 91.27 万 m³。其中刷坡方量全部用于采坑边坡地形整治，治理过程对泥页岩和有机质含量高的渣土进行单独存放，便于覆土复绿使用，进行绿化恢复。

东采坑的南部边坡全坡段、中部边坡全坡段以及北部边坡部分坡段为岩质边坡，灰白色中等风化、块状构造的砂岩出露坡面。主要采用削顶填脚的方式进行整治，整治后大部分坡段的坡度小于25°，局部高陡岩质边坡仅清理不稳定岩块及散落的渣土，保留岩石自然景观。西采坑边坡修整面积为16.18万 m^2，刷坡方量为29.12万 m^3，全部用来地形整治。

中部分水岭处分布三级岩质边坡，边坡现状整体稳定，坡面裸露，但地貌景观与周边不协调，仅清理坡面局部松散石块和表层渣土，与周边地形整体协调，清表面积为182703.44 m^2，方量为2.0万 m^3，统一计入西采坑方量。

3）采坑部分回填

聚乎更区七号井现状地形分为东、西坑，东西分界位置标高最高4160m，总体上西采坑坑底高于东采坑坑底，治理设计方案如下。

（1）利用坑底中间高两端低的既有地形，采用渣山刷坡的土石进行局部采坑回填，西采坑回填至4149~4160m标高，东采坑回填至4160~4088mm标高。治理后，采坑坑底由西端至分水岭至东端形成纵向标高，依次为4149m、4160m、4088m的中间高两端低的坑底地形。

（2）西采坑回填：坑底回填结合边坡修整，与周边地形衔接，积水保留形成高原湖泊景观，并当积水达到西边坡4142m高程后与周边措支流自然连通，最终汇入莫那措日湖。

（3）东采坑回填：东采坑现有多处煤墙，按残煤清运、资源保护方案治理回填。东采坑其余没有煤层出露部位，按照现有地形，削陡放缓，随坡就势，进行平整，整平后坑底坡率不大于1:5。东采坑治理完成后，自分水岭向东逐渐降低（4146m→4133m→4120m→4098m→4092m→4089m）。东采坑坑底局部小水坑回填及场地平整面积为47.50万 m^2，回填方量为18.75万 m^3，全部来自于北侧渣山削坡。

4）渣山整治

七号井北渣山平面投影面积为121.91万 m^2，高10~30m，约10m分一个台阶，马道宽5~8m，渣山顶部为坡度较缓的大平台，渣山总体积为1213万 m^3。据前面分析及现场调查，北渣山顶部存在多处裂缝和冻融侵蚀现象。为消除地质灾害，对北渣山顶部进行削坡整治。削顶面积为4.93万 m^2，渣山顶标高为4137m，挖方量为18.75万 m^3，全部用于东采坑回填和地形整治。

5）截排水系统

根据现场地形，西采坑可直接往西南方向排水至河道，不设截水沟，仅在坡脚及平台设排水沟；东侧采坑坡顶边设置截水沟，截水沟与排水沟相连，将场内流水引排至周边河流或湿地，形成畅通的截排水系统。坡面纵向跌水沟布设间距30~50m，可根据现场施工区域坡度情况适当调整。截排水沟沟底要无明显凹凸不平和阻水现象，内侧及沟底应平顺，沟底没有杂物。沟底采用铺碎石方式，沟底铺设10cm厚3~8cm的碎石，分两层铺设。

截排水系统工程量：坡顶排水沟长度为4506.94m，梯形断面，净空尺寸为（0.5m+0.8m）×0.5m；平台排水沟及坡面跌水沟长度为43000m，梯形断面，净空尺寸为（0.3m+0.5m）×0.3m；坡脚排水沟长度为2998.8m，梯形断面，净空尺寸为（0.7m+1.06m）×0.6m。坡顶排水沟、平台排水沟、坡脚排水沟、跌水沟采用人工挖土沟修筑。

6.6.5　聚乎更区八号井

1. 修复前基本情况

聚乎更区八号井采坑、渣山治理范围总面积为 511.99 万 m^2，具体区域范围及拐点坐标为 99°04′57″E ~ 99°07′07″E，38°06′34″N ~ 38°07′50″N。采坑整治区为原规划四井田东采区，露天开采后形成了一个西北-东南—正东方向的窄长形矿坑，矿坑宽约 0.56km，长 2.06km，坑底至地表相对高差为 25 ~ 87m，坑底最低标高为 +4018m，西北-东南方向坑底平面呈西北高、东南低之势，相差近 10m，由西向东矿坑坑底呈中部高、东西两端低之势，西段高差为 15m，东段高差为 23m。八号井目前因开采形成多处积水点，坑底至地表相对高差为 25 ~ 87m，坑底最低标高为 +4018m，采坑呈西北高、东南低，相对高程近 60m，八号井采坑大面积积水，采坑积水水深 28m，体积为 509.39 万 m^3。

由西向东矿坑坑底呈中部、高东西两端低之势，采坑积水水深为 28m，体积为 509.39 万 m^3。

2. 工程治理方案

为了实现水源涵养、冻土保护、生态恢复、资源储备、分区管控，实现生态保护与节约优先、自然恢复与资源保护的有机结合，打造高原高寒地区矿山生态环境修复样板工程。综合八号井开采现状，八号井区山前地表地形相对平缓，向北则为山地，基于矿山现状工程地质和水文地质条件，本次拟采取前述的第四种治理修复模式，即"高危渣山降高减载和边坡缓坡 + 冻土层修复 + 土壤重构 + 植被恢复 + 引水归流积水采坑整治形成高原湖泊"修复治理模式（图 6.24）。

（1）采坑与渣山边坡整治：八号井地表平均坡度约为 18°，为保持自然坡表的美观及平顺性，随坡就势削高填底，对不稳定渣山及部分陡坎进行削坡整平，已复绿渣山尽量减少扰动。

（2）渣土回填：本次渣土回填区域主要位于采坑北侧部分凹坑及附近水坑，回填后保持斜坡坡度平顺。

（3）恢复治理后区内地表水主要顺排水沟汇入采坑水塘内，如水量巨大，水坑与东南侧上多索曲联通，坑内水自然排入上多索曲中。

（4）对治理区裸露边坡及全部建筑物进行拆除后覆土复绿。

八号采坑呈西北-东南—正东走向，近似长方形采坑，在采坑底部，形成三个连续的水坑，坑内积水深度最深约 28m，自西向东串珠状分布，自西向东分别为 1、2、3 号水坑。

1 号水坑北侧至西北侧边坡均为岩质边坡，经计算分析，边坡处于稳定状态，局部坡面有松动岩块及渣土，本次治理期间对采坑西侧边坡只进行清理整平工作，清理不稳定岩块，清扫开挖期间遗留的渣土。

2 号水坑东北侧边坡为岩质边坡，经计算分析，边坡处于稳定状态，本次治理期间对

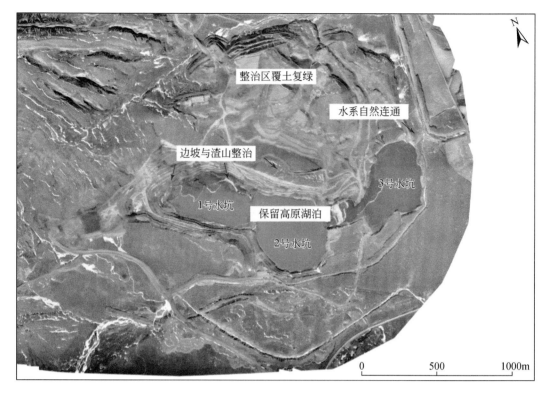

图 6.24　聚乎更区八号井治理修复模式图

采坑西侧边坡只进行清理整平工作，清理不稳定岩块，清扫开挖期间遗留的渣土。2 号水坑西南侧为混合质边坡，现状坡度较陡，本次治理期间采用不大于 25°坡率控制削高填低、随坡就势，对陡坎位置清挖平整，回填至坡脚凹坑处。

3 号水坑北侧为渣山，根据现场调查，渣山堆填期间分级放坡，现状总体坡率约 1∶3，局部位置较陡，渣山边坡处于稳定状态，且渣面已实施复绿，本次整治期间对于稳定且已完成复绿的渣山边坡，不做处理，避免扰动；对于局部较陡峭渣山边坡进行平整压实处理，就近实现土方平衡。

采坑北侧生活区，建构筑物压占草地，本次治理期间，将建构筑物拆除，生活区板房北侧背面有开挖形成的凹坑，本次治理期间以堆填为主，上部分层回填，往复碾压，上部反复静压，边坡拍打压实。该区域填方来源于北侧生活区周边渣山削坡，按就地土方平衡原则实施。

6.6.6　聚乎更区九号井

1. 修复前基本情况

聚乎更区九号井治理区总面积为 726.65 万 m²。地理坐标为 99°03′13″E ~ 99°07′04″E，

38°06′05″N～38°09′11″N。九号井在井田整体上可分为北翼采坑区、北东凹槽、中部剥表区、南侧挖坑区和南翼采坑群。依据最新的航拍资料，北翼采坑区由三个渣山和多个采坑组成，规模大小、深浅不一，较大采坑自西向东分别由北采坑1、北采坑2、北采坑3、表层浅凹坑群、北区其余平整区域、北东凹槽构成；南翼采坑群主要由南挖坑区、南渣山群和南采坑群组成。采坑总容积为4609485m³，井田范围渣山共有13处，大小规模不等，总体积为17093071m³（图6.25）。

图6.25　九号井采坑、渣山情况

2. 存在的主要生态问题

通过遥感影像数据（2020年7月25日）的解译和分析，结合野外现场调查，可知九号井露天开采相对规模较小，主要是对地形地貌的破坏，主要生态地质问题为渣山形成的不稳定边坡、大面积浅坑及局部积水、冻土破坏、渣石占地与草甸破坏等。

1）不稳定边坡问题

露天开挖产生的大量渣石，在采坑周边层叠堆放，形成高达十多米甚至更高的渣堆，由于压实处理不到位、排水不及时和冻融作用等原因，在重力作用下部分坡体垮塌，形成不稳定斜坡。加之物理风化作用及表面局部有松散堆积体，造成局部稳定性较差。

2）采坑积水问题

从采坑与地表水系的空间关系可以看出，聚乎更区九号井南坡采坑所处位置高，处于上多索曲源头与莫那措日湖南侧水系源头的分水岭部位，采坑虽然较浅，但大面积裸露，局部开挖较深地段积水，但水量有限。

3）冻土破坏问题

九号井采坑深度约基本不超过20m，常年冻土层平均厚度为120m，露天开采使得冻土层揭露或局部揭穿，这样增加了冻土层的融化速度与融化深度，直接破坏冻土层的隔水性能，使得局部地表水与地下水连通。渣山覆盖使得多年冻土层底界上移，破坏了原有冻土结构形态，打破了冻结层下含水层的水力平衡。多年冻土破坏主要表现为冻土季节性融化层增厚（多年冻土上限下移）、厚度减薄、平面分布面积萎缩。

九号井经露天开采破坏了地貌的稳定性，据现场调查发现，采坑、渣山存在多处不稳定边坡，一些地段的渣山、采坑连为一体，加重了不稳定性。灾害表现形式是块石沿坡面滚落，堆积于坡脚。为确保边坡的安全稳定和保证生态恢复成效，首先需进行采坑、渣山地质灾害治理，为覆土复绿创造适应的地貌条件。

综上所述，露天开采剥离了大量地表植被层，造成煤层和基岩裸露，与周边自然生态环境极不协调，挖掘形成的渣山、采坑边坡易发生地质灾害。同时，采坑整体地处高寒高海拔地区，生态自我修复能力弱，如任其发展，进一步恶化的趋势将十分明显，而且随着冻融循环以及雨水的冲刷、淋滤和渗透作用，将不时发生崩塌地质灾害，也极易产生水土流失等生态环境问题。

3. 工程治理方案

为了实现水源涵养、冻土保护、生态恢复、资源储备、分区管控，实现生态保护与节约优先、自然恢复与资源保护的有机结合，打造高原高寒地区矿山生态环境修复样板工程。综合聚乎更区九号井地质条件与生态环境破坏情况，按"山坡浅坑区依形就势和边坡缓坡+煤炭资源保护+冻土层修复+土壤重构+植被恢复"治理。

1）暴露煤炭资源保护与回收

九号采坑现有部分煤层剥露地表，尚未回采。据新近的资源储量核实结果，已剥露尚未采出的煤炭资源储量约 14.6 万 t。煤类以焦煤（JM）、1/3 焦煤（1/3JM）和气煤（QM）为主，为冶金炼焦用煤，属特优稀缺煤种。本着保护资源、保护环境的原则，将九号井以往剥离未采出的残煤进行清运，清理至银海物流储煤场，自九号井至银海物流储煤场运距 12km（图 6.26）。

对于出露煤层，挖至地表以下 0.5~0.8m。清运完后，在煤层开挖面上分两层进行细渣土或泥土覆盖压实保护，下部厚 50cm，上部厚 5m。每层回填压实后浇水冻结，形成人造冻土。

2）边坡、渣山治理

九号坑治理属于开采破坏程度相对较小的山坡浅坑区进行土壤层构建，破坏部分仅是地表草甸，采坑深度通常在 20m 以浅。首先，构建最底部的冻土层；其次，构建土壤基底层，通过碾压、冻结形成基底层压实度大于等于 0.85，相对能保水、保温、防渗的土壤基底层；再次，构建渣土改良层，分层回填含有机质的细渣土，厚度不小于 10cm；最后，构建最上部的人造土壤层，形成类似原始表土层的人造土壤层，厚度在 3~5cm。首先，采用遥感、无人机正射飞行、现场勘测等多手段的综合测量，对渣山边坡进行测量，按边坡稳定坡角应小于 26° 开展渣山缓坡整形，实现和周边依形就势，并多次反复碾压，使渣山表面压实度在 0.85 以上，构成一个类似像鸡蛋壳的稳定结构，以保证在蓄水状态下上部边坡的稳定，作为人造土壤基底层；其次，在上部覆盖渣土，构建渣土改良层；最后，在最上部构建人造土壤层。

3）截排水系统布置

根据现场地形，确保降水能及时排除，设置排水系统，设置坡顶截水沟、坡脚排水

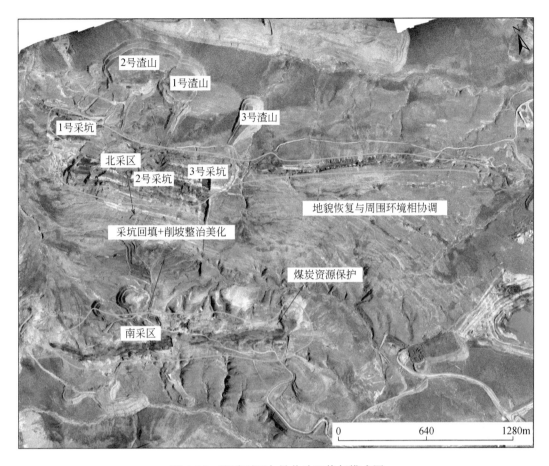

图 6.26　聚乎更区九号井治理修复模式图

沟、平台排水沟和纵向跌水沟，其中坡面纵向跌水沟布设间距为 30～50m，可根据现场施工区域坡度情况适当调整。坡顶排水沟、平台排水沟、坡脚排水沟、跌水沟采用人工挖土沟修筑。

截排水沟沟底要无明显凹凸不平和阻水现象，内侧及沟底应平顺，沟底没有杂物。沟底采用铺碎石方式，沟底铺设 10cm 厚 3～8cm 的碎石，分两层铺设。

6.6.7　哆嗦贡玛区治理方案

1. 修复前基本情况

哆嗦贡玛区地理坐标为 98°56′53″E～99°01′25″E，38°09′53″N～38°10′52″N，共有采坑回填治理区五个，总面积共计 52.26 万 m²。

哆嗦贡玛区目前形成采坑五处，开挖产生大量的废石、冻土和渣石等，在采坑附近层叠堆放。自西向东：一号采坑位于矿区东南部，采坑开采面积约为 39576.5m²，长约

248m，宽约165m，坑底标高为4175～4188m，平均开采深度为10m；二号采坑位于矿区东南部，采坑开采面积约为136186.27m²，长约466m，宽约388m，坑底标高为4167～4182m，平均开采深度为10m；三号采坑位于二号采坑西部，采坑开采面积约为86656.92m²，长约328m，宽约268m，坑底标高为4176m，地表标高为4197m，平均开采深度为30m；四号采坑开采面积约为84064.78m²，长约307m，宽约271m；五号采坑位于矿区西部，采坑开采面积约为176106.53m²，长约547m，宽约317m，坑底标高为4124m。

2. 存在的主要生态问题

通过遥感影像数据（2020年7月25日）的解译和分析，结合野外现场调查，哆嗦贡玛区因多年露天开采造成了一定的破坏和影响。哆嗦贡玛区不存在高陡边坡，已形成的露天采坑范围相对较小，破坏扰动面积不大，不存在不稳定边坡；同时，由于采坑范围较小，对冻土层揭露程度较低，对冻土层的破坏较小。主要生态地质问题为原始地貌破坏及渣石占地与草甸破坏两种类型。

1）原始地貌破坏

哆嗦贡玛区实际开采情况为采坑边坡较不规则，矿区台阶高度为5～30m，基岩出露。开挖产生大量的废石和渣石等，在采坑附近层叠堆放，压盖了大片草原，形成5～15m高的渣山。目前，针对堆渣场和矿坑的生态修复效果较差，改变了场区的地形地貌景观。

2）渣石占地与草甸破坏

渣山沿采坑边缘分布，渣石凌乱堆放，占用了草地，与周边环境不协调，造成地表植被破坏，需要清理与土地整平；同时，道路扬尘等污染了周围草地，致使草地功能退化。具体表现为距离矿坑越近，植被覆盖度、生长高度和生物量都呈现下降趋势。

3. 工程治理方案

为了实现生态恢复与资源保护的有机结合，综合哆嗦贡玛区开采现状，结合工程地质和水文地质条件，采用了"山坡浅坑区依形就势和边坡缓坡+煤炭资源保护+冻土层修复+土壤重构+植被恢复"的修复治理模式（图6.27）。

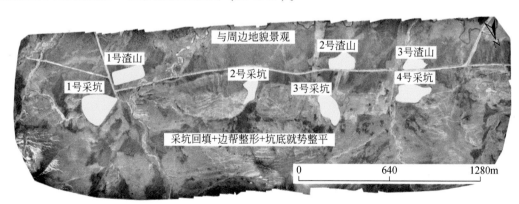

图6.27 哆嗦贡玛区治理修复模式图

（1）采坑回填和边帮整形：以"就近取土""冻土保护、不破坏冻土"原则，将采坑周边渣土回填至采坑底部的局部深坑，使采坑地形恢复至自然形态，尽量减少新的扰动。

（2）坑底就势整平：按现状地形，就势整平，恢复自然地形。

（3）采坑整治完成后，对哆嗦贡玛区工程治理区覆土并播撒高原高寒植物种子，实现与周围环境相协调和生态自然恢复的目标。

哆嗦贡玛区分布有五个采坑，分布于沟谷两侧，按现状地形，就势整平，恢复沟谷地形。为避免局部深坑积水，造成排水不畅，按照就近原则，将采坑周边渣山回填至局部深坑，每 5m 压实一次，原有河谷不做回填处理，沟谷中的汇水通过原有的山沟中流出。哆嗦贡玛区渣土主要来自三个渣山和采坑周边的渣山，对其挖方取土整平，渣土方量共计 101.04 万 m^3。

第7章 生态治理修复关键技术应用效果

选取木里矿区聚乎更区、哆嗦贡玛区、江仓区等典型采矿活动区，针对不同活动区存在的不同生态环境问题，运用前述的矿区生态修复与资源保护关键技术和"一井一策"生态治理修复方案，在国内首次开展大规模工程实践与示范，取得了令人满意的治理修复效果。工程实例证明矿区生态修复与资源保护关键技术和治理方案的有效性、实用性、可靠性和科学性，同时也指示了前述归纳的矿区生态修复模式在高原高寒矿区的可借鉴、可复制和可推广性。

按照"一井一策"生态治理修复方案，木里矿区典型工程示范区生态治理修复划分为三个阶段：第一阶段（2020年8月~2020年12月）为采坑渣山整形与地貌重塑工程阶段，运用前述相关关键技术，通过削顶减荷、削坡降坡、坡型整理、浮石清理、采坑回填、压实平整、河道疏浚、涵管埋设、道路拆除等工程措施，达到以下四个目的。一是为重构土壤铺设提供了压实沉稳的基底面，最大程度地减少了因基底失稳而引起的重构土壤的失稳滑移和重构土壤的水肥营养物质不下渗淋滤；二是整形坡面小于26°，为覆土提供稳定的基底面，为种草复绿提供了良好的立地条件，最大程度减少了坡面的水土流失；三是实现区内水系连通，修复地表水生态系统，恢复河流湿地水源涵养与输送能力；四是最大程度地实现了与周边自然景观的协调。第二阶段（2021年4月~2021年7月）为土壤重构与种草复绿阶段，运用土壤重构关键技术、植被重建技术等生物措施，结合复绿面排水系统修筑，总结并运用"七步法"种草复绿技术流程，紧盯短暂的种草黄金窗口期，短时间内实现区内破坏范围全面复绿，为生态系统自然正向演替和生态系统功能的全面恢复提升创造条件。第三阶段（2022年4月~2022年7月）是"三补"阶段，针对第二阶段因局部地段排水不畅、撒播不均等因素造成出苗不达标的地段和因种种原因未能开展种草复绿工作的地段，开展补植补种，并对全部的复绿面开展补肥工作（简称"三补"工作）。从第二阶段种草复绿工程竣工起，通过网围栏安装、巡查管护，辅以视频监控、卫星遥感、无人机遥感的辅助手段，实现3~5年的围栏封育管控。待根系密生抓土能力达到一定程度后，再进行有序放牧活动。同期，开展土壤指标和植被指标的监测评估与研究工作，为今后表生生态系统的自然演替和人工干预提供科学依据。

三个阶段工作紧密联系，环环相扣。第一阶段工作是第二阶段工作的前提，是整个工程的基础，第二阶段工作是整个治理修复工程的关键和外在表征，第三阶段工作又是第二阶段工作的补充和完善。贯穿其中的围栏封育和巡护管护是对工程实践成果的保护，监测评估研究为维护修复成效的长期有效性和实现生态系统自然正向演替提供科学决策依据。

木里矿区生态治理修复工程实践，自2020年8月至2022年8月，整整两个年度，完成了上述的三个阶段的工作。第一阶段的采坑渣山整形与地貌重塑工作，于2020年8月31日至2020年12月14日，共100天时间，完成土石方量3390万 m³，整形面积24004亩，达到设计的目标要求；第二阶段土壤重构与种草复绿工作，于2021年4月上旬至

2021 年 7 月 20 日，成功抢抓了 6 月黄金种草窗口期，完成土壤重构和种草复绿图斑 328 个，面积共 20826 亩，苗情长势良好，修复成效显著。更可喜的是，所有种草图斑经受住了第一个严冬的考验，全部安全越冬，且返青长势良好；2022 年度 4 月中旬至 7 月 20 日重点开展了第三阶"三补"工作。其中老"三补"主要是针对上年度因拆迁工作滞后未开展的复绿区域开展补种和个别地段因积水等原因出苗不达标地段开展的补植，共完成补种 816 亩，补植面积 187 亩，涉及 81 个图斑。新"三补"工作是遵循"不留尾巴，不留遗憾"的原则，通过查漏补缺，增加补种复绿图斑 59 个，补植面积 2178 亩。

7.1　采坑渣山边坡治理效果

7.1.1　聚乎更区三号井

1. 坑底地貌重塑与"引水代填"工程效果

通过"引水代填"工程，快速达到设计要求的水面高程（东采坑水面 3970m，西采坑 3954m），实现了坑底引水代填、注水成湖、湖草相依的高原明珠生态景观，实现封堵坑底暴露煤层，保护煤炭资源的目的，节省了大量资金投入，可谓事半功倍、一举多得。

目前，从多索休玛曲通过引水工程，累计注水约 720 万 m^3，东采坑水域面积为 25.29 万 m^2，西采坑水域面积为 68 万 m^2，均到达设计要求。今后采坑通过接纳雨水、泉水和引水工程阀门动态调控，可确保注水量和蒸发量间的动态平衡，保证水面高程和水面面积维持在设计要求的范围内。

对东采坑坑底 3970m 以上和西采坑坑底 3954m 以上部分进行整形治理。其中东采坑坑底 3970m 以上部分位于采坑北侧，通过削高填低的方式，进行了平整，为下一步覆土与种草复绿打下基础；西采坑坑底 3954m 以上通过削高填低的方式，全部降到 3954m 以下，一方面实现了西采坑坑底全部为水域的预期，另一方面用最小的土石方量和最小投入实现景观协调，换取最大生态效益（图 7.1）。

2. 采坑基岩边坡治理工程效果

通过刷坡、坡面浮石清理、失稳边坡压脚治理等工程措施，实现了采坑周边基岩边坡平台规则平整、坡面稳定安全、景观协调美观的目标，为第二阶段覆土与种草复绿工程打下良好基础（图 7.2）。

7.1.2　聚乎更区四号井

1. 渣山和采坑边坡实现基本稳定

为保证渣山稳定，对南侧渣山中部进行削顶减载，从东西两侧向中部削坡减载，中部

图 7.1 三号井坑底"引水代填"效果景观照

(a)东采坑整形前

(b)东采坑整形后

(c)西采坑整形前

(d)西采坑整形后

图 7.2 聚乎更区三号井采坑整形前、后对比图

形成由南向北倾斜的大缓坡，降高 17m 左右，从北侧天木公路望去不在遮挡远处高山。南渣山削顶减载范围为 71.13 万 m²，开挖方量为 898.09 万 m³。通过降高减载后南渣山滑坡体除前端局部仍有小型重力滑塌外，治理区大范围基本稳定，2021 年以来据遥感和现场观测治理区域未见明显活动迹象（图 7.3）。

(a)削顶减载整形治理前(镜像E)　　　　　　　　(b)削顶减载整形治理后(镜像E)

图 7.3　聚乎更区四号井南侧渣山治理前后对比图

主采坑边坡除西北端存在断层带引起的基岩滑坡外，采坑北边坡以稳定的砂岩为主，呈顺向边坡，总体安全稳定。南边坡大部分地段为砂泥岩边坡，采矿活动停止后受南渣山滑坡等重力等作用，破碎岩层基本都已垮塌，总体已基本稳定，治理中仅对局部存在不稳定岩块及散落的渣土进行清理，具备复绿条件的缓坡和平台基本都进行了复绿。

2. 整平刷坡效果

采坑东端刷坡共产生 75.74 万 m³ 方量，基本用于东采坑两个小型采坑回填，其中西侧小采坑回填至 3936m 高程后，按 1：3 坡率分级放坡回填至 3955m；东侧小采坑回填至 3955m 高程后，在东侧采坑东部和北部边坡按 1：2.5 坡率回填至 3990m 高程，在 3975m 设置 5m 宽平台，在 3990m 高程处设置 15m 宽的大平台，3990m 高程以上按 1：3 坡率回填至 4005m 标高，在 4005m 标高设置 30m 宽的大平台，平台按 1：15 的坡率前倾，再按约 1：3 的坡率按现状地形回填整平至坡顶位置，与现地形自然衔接。

3. 东采坑回填效果

采用坡顶削坡、坡脚回填压脚的方式修整地形，降低坡度，使地形平缓，提高东渣山的稳定性。东采坑东西两个小型采坑均已回填，回填后形成"两平台两斜坡"的地形，两平台标高分别为 3936m 和 3955m，两大平台从东、南、北三个方向按不小于 5‰ 向中间部位汇集，雨雪水向西排至主采坑，保证排水通畅。施工前后效果对比如图 7.4 所示。

7.1.3　聚乎更区五号井

按照五号井治理方案，通过工程实践，一是消除了高陡渣山不稳定斜坡垮塌问题；二是清理了采坑基岩边帮危岩和浮石，实现了渣山边帮安全稳定的要求；三是对坑底进行了压实

(a)东采坑东侧采坑回填整形前景观(镜像西)

(b)东采坑东侧采坑回填整形后效果(镜像东)

(c)东采坑西侧采坑回填整形前景观(镜像北东)

(d)东采坑西侧采坑回填整形后效果(镜像北东)

图7.4 聚乎更区四号井东采区整形前、后对比图

回填平整,由西向东渐次降低,最终与多索休玛曲相接构成高效排水系统的阶状梯田。

1. 采坑回填治理效果

利用坑底西高东低的既有地形,对采坑进行部分回填,回填后,西采坑回填区自西向东由西端至分水岭,坑底形成逐渐降低的梯田地形,东采坑回填区自分水岭向东呈台阶状逐渐降低的梯田地形,整体整治效果达到要求。西采坑西段形成标高4040m→4039m→4038m→4037m 的三阶梯田状地形,过分水岭后东采坑形成标高4035m→4029m→4027m→4025m 三阶梯田状地形。采坑底部通过回填压实,满足覆土、复绿条件(图7.5)。

(a)五号井采坑回填整形前景观(镜向东)

(b)五号井采坑回填整形后效果(镜向东)

(c)五号井采坑回填整形前景观(镜向西)　　　　(d)五号井采坑回填整形后效果(镜向西)

图 7.5　聚乎更区五号井采坑回填效果图

2. 渣山消顶治理效果

北西渣山（1 号渣山）整治工程：按 5m 分层取土的原则进行，形成了北高南低、东高西低的自然缓坡，并与南侧老山地貌相协调的地貌形态，场地平整后外观质感达标，并满足覆土复绿条件。

北东渣山西（2 号渣山西）渣山整治工程：按控制标高 4108～4110m 实施削顶挖方后，地形呈西高东低、北高南低的一个缓坡，与西侧及北侧原始草甸平缓相接，与其东部 2 号渣山东平缓相接，场地平整后外观感质量达标，并满足覆土复绿条件。

北东渣山东（2 号渣山东）整治工程：按控制标高 4106m 实施削顶后，形成与原有地貌自然衔接的缓坡，局部有略有起伏的平台并满足覆土复绿条件。

南侧渣山（3 号渣山）整治工程：西边渣山削顶取土后，形成西高东低的自然坡降地形，顶面局部略有小起伏，对残存的基岩梁修整成了浑圆状。东边渣山削顶、削坡取土后，形成坡面小于 26°的 3～4 级台阶，达到了覆土复绿的条件；其下部岩质边坡进行了清坡处理，基本与周围地貌相协调。南渣山整治工程：按控制挖方取土标高 4136m 施工后，渣山顶部为局部略有起伏平台，外观感质量达标，并满足覆土复绿条件（图 7.6）。

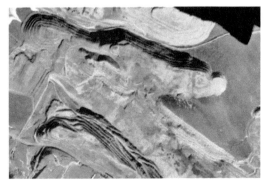

(a)五号井1号渣山整形前卫星遥感图　　　　(b)五号井1号渣山整形后无人机正射影像图

图 7.6　聚乎更区五号井渣山消顶效果图

3. 边坡整形治理效果

采坑北边坡西段通过清理渣土、刷坡等治理措施，形成了坡面角不大于 26°，最高处边坡坡高 30m 的斜坡。采坑北边坡中段由高陡岩质边坡和岩土质混合边坡构成，对完整岩质边坡通过实施基岩坡面清理浮石、浮渣等措施达到边坡基岩面干净整洁。对岩土质混合边坡区结合岩性变化整治工程自上而下通过多级削坡、刷坡等措施，形成缓坡面，局部地方形成宽 5m 左右的台阶。东段基岩边坡相对陡直完整，基本保持现状。整治后北坡总体整齐平整、起伏有序，台阶除部分基岩面未连接外，基础台阶整体呈自然衔接，边坡基本稳定。

采坑南边坡西段采坑入口处为土质边坡，通过刷坡等措施形成缓坡面，局部地段保留平台，平台宽度为 4m 左右。土质边坡和渣山顶部平台场地平整后衔接自然圆滑，岩质边坡基岩面不稳定石块均已清理干净，对台阶边坡进行了逐台阶、逐级坡面清坡工作，将清理浮石回填至采坑、浮渣反压在马道平台或坡角地带的凹腔处，并进行了压实处理。对岩土质混合边坡区，上部渣山削坡形成多接台阶，坡长从十余米到百余米，最长达 400m，坡高为 5~11m；对岩质边坡区进行了逐台阶、逐级坡面清坡工作，将清理浮石回填至采坑、浮渣反压在马道平台或坡角地带的凹腔处，并进行了压实处理（图 7.7）。

图 7.7 聚乎更区五号井北东区边坡生态治理修复效果对比图

4. 分水岭造型工程效果

分水岭造型为波浪式，波峰为"扣瓦状"，表面呈浑圆状，波谷为"仰瓦状"，谷面平滑，在其北侧基岩处开挖排水通道，顶宽 6.2m 左右，底宽 1.2m 左右，呈"U"形，东侧出水口标高为 4036m。分水岭东侧为一坡比 1:2.5 的坡面造型，坡顶线最高和坡脚线标高分别为 4042m 和 4036m。排水通道可将西采坑积水顺利排至东采坑，经东采坑地表径流后通过东南角排水通道自然流入下多索曲支流。经过治理，西采坑回填区标高自最西端至分水岭呈台阶状逐渐降低，东采坑回填区自分水岭向东呈台阶状逐渐降低，形成梯田状地形（图 7.8）。

(a)坑底分水岭治理前   (b)坑底分水岭治理后

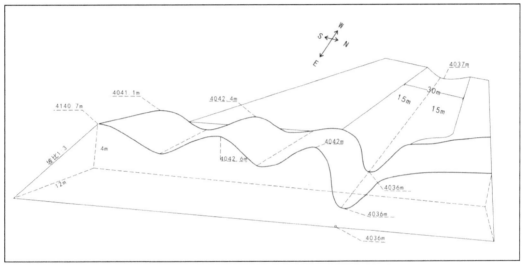

(c)坑底分水岭过水通道造型示意图

图7.8　聚乎更区五号井采坑底部分水岭造型与施工效果图

7.1.4　聚乎更区七号井

按照前述的"一井一策"治理方案，通过现场第一阶段治理工程施工工程实施，聚乎更区七号井采坑渣山实现了煤炭资源保护，采坑边坡平整，放缓，渣山削坡、减载均已符合要求，渣山基岩边帮危岩、浮石及松散堆积物全部清理完毕，实现渣山边坡安全稳定的目标，坑底回填平整，西坑刷坡整形不陡于 26°。达到了工程预期目标，为覆土和种草复绿打下了基础。

1. 西采坑治理效果

西采坑边坡修整面积为 22.74 万 m^2，采用随坡就势、削陡放缓等措施，实现与周边地形自然衔接，采坑中的自然积水保留形成高原湖泊景观，并当积水达到西边坡高程 4142m

后与周边支流自然连通，最终汇入莫那措日湖。边坡修整后，环绕三个积水坑、以水岸为坡脚分别形成的 1~3 级的缓坡，坡度小于 26°（图 7.9）。

(a)治理前的西采坑南侧基岩边坡(局部)

(b)治理后的西采坑南侧基岩边坡(局部)

(c)治理前的西采坑坑底凌乱起伏现状

(d)治理后的西采坑规则平整的坑底效果

图 7.9　聚乎更区七号井西采区治理效果组照

2. 东采坑治理效果

七号井东采坑利用坑底中间高两端低的既有地形，采用渣山刷坡的土石进行局部采坑回填。治理后，自中部分水岭向东逐渐降低形成坡地。实现了边坡稳定安全、平整规则，坑底平整，坡降合理，整体景观自然协调，人工冻土层封堵暴露煤层，煤层资源综合利用同时，也受到保护。复绿坡面坡角符合小于 26°要求，为第二阶段种草复绿工作打下良好基础（图 7.10）。

(a)东采坑边坡与坑底平整前(局部)

(b)东采坑坑底平整后(局部)

(c)整治前坑底煤层暴露地表	(d)利用人工冻土层封堵煤层后效果

图 7.10 聚乎更区七号井东采坑治理效果组照

7.1.5 聚乎更区八号井

聚乎更区八号井呈西北–东南—正东走向，近似长方形采坑，采坑长 2.06km，宽 0.56km，采坑总面积为 101.32 万 m²，采坑深度为 25～120m，在采坑底部，形成三个连续的水坑，坑内积水深度最深约为 28m，自西向东串珠状分布。渣山面积为 93.74 万 m²，渣山体积为 2661.90 万 m³。通过地貌重塑与采坑渣山整形实现了采坑边坡平整，渣山削坡减载，实现了采坑、渣山边坡安全稳定，与周边景观协调一致。目前，通过引水归流八号井采坑内湖水清澈，出水口水质达到Ⅲ类标准（图 7.11）。

(a)整治前边坡松散凌乱	(b)整治后边坡规则平整

图 7.11 聚乎更区八号井治理效果图

7.1.6 聚乎更区九号井

按照"一井一策"治理方案，通过第一阶段的治理工程施工，实现了煤炭资源保护，采坑边坡平整、放缓，渣山削坡，基岩边坡危岩、浮石及松散堆积物清理，实现了采坑、渣山边坡安全稳定的目标，坑底回填平整，边坡坡度不陡于 26°。达到了工程预期目标，为覆土和种草复绿打下了基础。

聚乎更区九号井采矿活动主要沿煤层露头分布，形成多处浅采坑，一般不超过 10m，大小渣山共 13 座，主要分布在采坑群周围缓坡上按台阶分层堆放，边坡坡度一般小于 25°，堆放高度为 2~30m，渣山面积为 108.61 万 m²，采坑面积为 116.66 万 m²。通过对采坑分台阶削坡整形和渣土回填和等工程措施，南北两坡基本实现了依形就势，洪水等地表径流雨季能顺畅排到原河沟中（图 7.12）。

(a)九号井北区(局部)治理前现状

(b)九号井北区(局部)治理后效果

(c)九号井北采坑积水治理前现状

(d)九号井北采坑积水治理后效果

(e)九号井南区(局部)治理前现状

(f)九号井南区(局部)治理后效果

图 7.12　聚乎更区九号井治理效果组照

7.1.7　哆嗦贡玛区

哆嗦贡玛区东西走向长 7.8km，南北走向宽 2.1km，共由五个小型采坑、三座渣山构成。采坑总面积为 52.26 万 m^2，渣山面积为 13.78 万 m^2。采坑、渣山施工治理阶段，通过综合开采现状，结合工程地质和水文地质条件，采用"山坡浅坑区依形就势和边坡缓坡+冻土层修复+土壤重构+植被恢复"，治理模式。实现了采坑边坡平整、放缓，渣山削坡，基岩边坡危岩、浮石及松散堆积物清理，实现采坑、渣山边坡安全稳定的目标，采坑、渣山就地平整与周边景观相协调一致。达到了工程预期目标，为覆土和种草复绿打下了基础（图 7.13）。

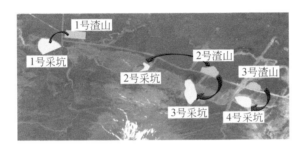

图 7.13　哆嗦贡玛区矿坑分布图

1. 1 号采坑东侧及西侧

1 号采坑有东侧和西侧两个采坑，就势整平，将渣山 1 和渣山 2 开挖回填至东西两个采坑，恢复原始自然山谷地貌，融入周边自然景观（图 7.14）。

图 7.14　哆嗦贡玛区 1 号采坑治理前后对比与治理效果照

2. 2 号采坑及 2 号渣山

2 号采坑分为平台 1、平台 2、平台 3，就山势整平，2 号渣山的渣土回填至 2 号采坑，恢复山谷地形，保证边坡稳定，尽最大努力达到景观协调（图 7.15）。

图 7.15　哆嗦贡玛区 2 号采坑治理前后对比与治理效果照

3. 3 号采坑

3 号采坑就势平整，山形刷坡，共完成 7.06 万 m^3，实现边坡坡型自然稳定，与周边地形相协调，并为种草复绿打下基础（图 7.16）。

图 7.16　哆嗦贡玛区 3 号采坑治理前后对比与治理效果照

4. 4 号采坑及 4 号渣山

4 号采坑分为东西两个采坑，就山势整平，3 号渣山的渣土回填至 4 号采坑西侧，恢复山谷地形（图 7.17）。

图 7.17　哆嗦贡玛区 4 号采坑治理前后对比与治理效果照

5. 5 号采坑

5 号采坑有 4 级台阶，槽探两个，按照山势就势平整，通过刷坡方式，动用土石方量 13.79 万 m³，实现坡型自然、规则稳定，与周边地形自然协调，并为第二阶段种草复绿打下良好基础（图 7.18）。

图 7.18　哆嗦贡玛区 5 号采坑治理前后对比与治理效果照

7.2　覆土复绿治理效果

通过现场样方测量，各井出苗数、覆盖度和株高，均达到设计要求，实际复绿指标（平均出苗数 >10000 株/m²，平均覆盖度为 85%，平均株高为 15cm）远优于生产考核指标（出苗数平地为 1200 株/m²，坡地为 1000 株/m²；覆盖度为 40%），种草复绿效果总体佳，满足种草复绿生产考核指标，达到预期的种草复绿成效目标和生态修复的目的。经过人工修复后，人工景观与周边自然景观十分协调、难以区分（图 7.19），综合评价优。

(a)8号采坑　　　　　　　　　　　(b)5号采坑

(c)7号采坑　　　　　　　　　　　(d)4号采坑西侧

图 7.19　覆土与种草复绿成效图

7.2.1　"七步法"覆土与种草技术流程

在工程实践过程中，为保障种草复绿的工程治理与复绿质量与成效，按照"精细设计、精益管理、精准施工、精心管护"的总体要求，在"一井一策"技术方案的基础上，通过现场反复试验，总结归纳了简单实用可操作性强的"七步法"种草作业技术流程，统一了施工流程、作业规范、技术参数、验收标准，方便了现场施工班组的操作（图 7.20）。

第一步：形成土壤基质层。通过筛选的渣土覆盖或就地翻耕捡石后形成厚度为 25cm 的种草基质层（覆土层），基质层中>5cm 的块石不超过 10%。

第二步：修建排水沟。渣山坡面 30～50m 内修筑排水沟，与采坑边坡平台区修筑的拦水坝共同形成排水系统。

第三步：改良渣土、机械翻耕未磨平。在渣土中拌入羊板粪、有机肥。将羊板粪（每亩用量为 33m³，厚度为 5cm）、颗粒有机肥（平台区每亩用量为 750kg，坡地区每亩用量为 1000kg），摊铺在种草基质层上，采用机械或人工方法，均匀拌入种草基质层，深度大于 15cm。

第四步：撒播有机肥。将颗粒有机肥（平台区每亩用量为 750kg，坡地区每亩用量为 1000kg）采用机械或人工方法，均匀施撒在种草基质层表面。

第五步：机械或人工播种。将四种牧草种子（平台每亩用量为 12kg，坡地区每亩用量为

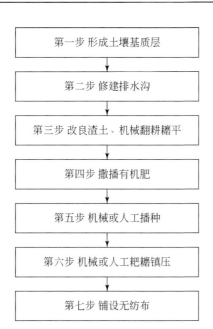

图 7.20　种草"七步法"作业流程图

16kg）和 15kg/亩牧草专用肥混合，通过飞播、机械撒播或人工撒播等方式，撒播在种草基质层表面。

第六步：机械或人工耙糖镇压。对播种的地块，采用机械或者人工方法把糖镇压。

第七步：铺设无纺布。耙糖镇压完成后，铺设无纺布，无纺布边缘重叠处用石块压紧压实。

在上述的"七步法"中，可看出作业过程中的关键施工技术参数。一是形成 25cm 无机矿物基质层（>5cm 块石小于 10%，基质面要求平整）；二是 33m³/亩羊板粪深拌 >15cm；三是平地 1500kg/亩、坡地 2000kg/亩颗粒有机肥，一半与羊板粪一起深拌 >15cm，一半施撒表层；四是 15kg/亩牧草肥与草籽一起施撒表层，种子浅入土 0~2cm 以内，并以表面可见 40%~50% 浮籽为目测验收标准。

遵循"山水林田湖草是一个生命共同体"理念，聚焦高原高海拔矿区生态环境问题，形成一套完整的高寒高海拔矿区生态修复技术方法体系，通过科学试验，获取了土壤重构改良关键技术参数和植被重建人工高寒草种选择与播量等参数，因地制宜地确立了科学合理的"一井一策"治理模式，在此基础上，进一步总结出了一套严谨规范的"七步法"土壤改良与种草复绿作业流程，取得令人满意的生态修复成效，值得在我国西部高原高寒地区进一步推广。

7.2.2　聚乎更区三号井种草复绿效果

共完成 63 个图斑，完成复绿面积为 3919 亩。63 个图斑出苗株数最高值为 35396 株，最低值为 4731 株，平均值为 13840 株；株高最高为 35cm，最低为 5cm，平均株高为

15cm；植被覆盖度最高值为100%，最低值74%，平均值为86%。满足种草复绿生产考核指标，种草复绿总体效果佳（图7.21）。

图7.21　聚乎更区三号井西坑及其周边种草复绿成效图

7.2.3　聚乎更区四号井

共完成49个图斑，复绿面积为4452亩。种草复绿区每平方米出苗株数最高值为31245株，最低值为3608株，平均值为17897株；株高最高为36cm，最低为3cm，平均株高为16cm；植被覆盖度最高值为100%，最低值为72%，平均值为87%。满足种草复绿生产考核指标，种草复绿总体效果佳（图7.22）。

7.2.4　聚乎更区五号井

共完成54个图斑，复绿面积4881亩。54个图斑出苗株数最高值为33333株，最低值为5000株，平均值为16173株；平均覆盖度为85%；株高最高为32cm，最低为5cm，平均株高为14.7cm。满足种草复绿生产考核指标，种草复绿总体效果佳（图7.23）。

7.2.5　聚乎更区七号井

共完成48个图斑，复绿面积为3264.42亩。州级现场图斑抽样查验结果，48个图斑出苗株数最高值为26580株，最低值为4057株，平均值为9255株，株高最高为38cm，

图 7.22　聚乎更区四号井种草复绿（生态修复）成效图

图 7.23　聚乎更区五号井种草复绿（生态修复）成效图

最低为5cm，平均株高为16cm；植被覆盖度最高值为99%，最低值为76%，平均值为95%。满足种草复绿生产考核指标，种草复绿总体效果佳（图7.24）。

(a)七号井(东区)种草复绿成效图

(b)七号井(西区)种草复绿成效图

(c)七号井出苗情况近照

图7.24　聚乎更区七号井种草复绿成效组照

7.2.6　聚乎更区八号井

共完成53个图斑，复绿面积为1383亩。州级现场图斑抽样查验结果53个图斑出苗株数最高值为 40834 株，最低值为 7881 株，平均值为 17313 株；株高最高为 40cm，最低为 3cm，平均株高为 25cm；植被覆盖度最高值为 100%，最低值为 69%，平均值为 90%。满足种草复绿生产考核指标，种草复绿总体效果佳（图 7.25）。

图 7.25　聚乎更区八号井种草复绿（生态修复）成效照

7.2.7　聚乎更区九号井

共完成了 31 个（1 号图斑为牧道、15 号图斑为临时施工道路，均有未复绿面积；新增复绿图斑 6 个）的种草复绿任务，种草复绿面积为 1544 亩。州级现场图斑抽样查验结果，31 个图斑出苗株数最高值为 26264 株，最低值为 5703 株，平均值为 13794 株；株高最高为 42cm，最低为 6cm，平均株高为 22cm；植被覆盖度最高值为 95%，最低值为 65%，平均值为 82%。满足种草复绿生产考核指标，种草复绿总体效果佳（图 7.26）。

7.2.8　哆嗦贡玛区

共完成了 19 个种草图斑，复绿面积为 1383 亩。州级现场图斑抽样查验结果，19 个图斑出苗株数最高值为 19800 株，最低值为 3044 株，平均值为 11939 株；株高最高为 24cm，最低为 4cm，平均株高为 11.10cm；植被覆盖度最高值为 92%，最低值为 41%，平均值为 78%。满足种草复绿生产考核指标，种草复绿总体效果佳（图 7.27）。

图 7.26　聚乎更区九号井种草复绿（生态修复）成效照

图 7.27　哆嗦贡玛区种草复绿（生态修复）成效照

7.3 水系整治效果

木里矿区地处海拔 4200m 祁连山山间盆地，河流、湖泊、沼泽湿地发育，是西北地区重要的生态涵养区。主干水系大通河发源于海西州木里祁连山脉东段托来南山和大通山之间的沙果林那穆吉木岭，经过木里镇西北汇入大通河。次级水系多为季节性流水，河水流量随着气候的变化变幅较大。夏季季节性冻土融化，在地表形成泉流，泉眼大多分布在山的阳坡，多以下降泉的形式溢出，泉水大多补给季节性河流以及地表的湖，泉流量一般为 0.1～2.2L/s。地表湖泊发育，小湖泊较多，面积超过 1km² 的湖泊只有莫那措日湖，湖泊大多为降水、冻土层上水汇集所成。以往露天开采过程在地表形成大量采坑和渣山，地形、地貌条件被改变，天然河道被人为截断、改道，大通河源头区、上下多索曲上游段、江仓曲等多条支流径流条件被破坏，导致地下潜水（冻结层上水）下降，湿地及植被退化，生态系统原有的水系连通被割断，水源流通能力和水源涵养功能下降。

采坑积水对边坡和渣山的稳定性造成不良影响，并且不利于后期采坑、渣山的覆土复绿。因此，采坑、渣山治理阶段通过保留高原湖泊、河湖水系连通、各治理区贯通排水沟等措施，建立新的水系连通，使各水体之间的物质、能量、生物得以传输，达到恢复河川径流和调节涵养水源、繁衍水生生物、改善区域生态环境的作用。

本项目采取一系列的工程措施使研究区的水系自然连通，包括四种空间维度的水系连通，分别是宏观尺度的河流与河流、河流与湖泊之间的连通，中观尺度的河流、湖泊与湿地的连通，细观尺度湿地内部的连通以及微观尺度的空隙与植物根系之间的水系传输。通过对采坑、渣山排水系统建立，道路改道或者在道路下方埋设导水管等因地制宜的治理，使湿地与河水重新、湖泊连通，逐步恢复湿地与植被生态系统（图 7.28）。

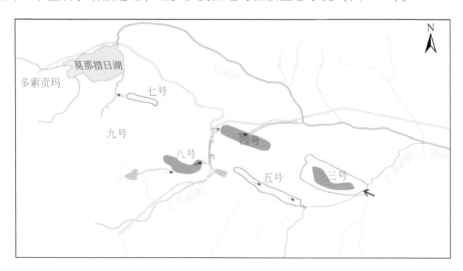

图 7.28 木里矿区水系连通示意图

7.3.1 湖泊与河流的连通

聚乎更区采坑总积水面积为 130.08 万 m^2，总积水量为 1476.51 万 m^3。其中三号井采坑积水面积为 10.95 万 m^2，积水深度约为 3m，积水量约为 40 万 m^3；四号井采坑积水面积为 45.76 万 m^2，积水深度为 42.63m，积水量为 803.32 万 m^3；五号井采坑积水面积为 5.73 万 m^2，积水深度为 10m 左右，积水量为 50.00 万 m^3；七号井采坑积水面积为 15.76 万 m^2，积水深度为 11.04m，积水量为 73.80 万 m^3；八号井采坑积水面积为 51.88 万 m^2，积水深度为 28.04m，积水量为 509.39 万 m^3。

本研究区从宏观尺度的水系自然连通采取依山就势保留高原湖泊，通过引水归流，实现上哆嗦源头河地表水汇入八号坑形成湖泊，形成靓丽的高原湖泊景观，被誉为亮点高程，出湖泊后汇入上多索曲。四号井由于采坑规模大，截断了上多索曲的河道，使上多索曲改道，但沿原河道河水渗漏形成了大面积积水，危及渣山稳定，通过对采坑和渣山周围积水引入四号坑，达到逐渐抬高水面，扩大湖面效应，未来水面达到原河道高程后湖水将出四号井流入上多索曲实现连通。三号井通过引水代替形成人造湖泊，最终形成宏观尺度自西向东的水系自然连通，恢复木里矿区原有的水源输送能力和水源涵养功能。

7.3.2 河流与湿地的连通

中观尺度的水系连通是木里矿区普遍存在的，在实际治理中，通过人工措施，对前期煤矿开采时截流、改道的河流与周边湿地重新连通，恢复采坑周边湿地的水源涵养功能。因道路的修建，道路两侧湿地萎缩植被出现退化，临近河湖一侧的道路植被生长正常，与河湖相隔离的一侧湿地出现萎缩，植被出现退化，七号采坑北部通往哆嗦贡玛公路南北侧草甸明显退化。土壤腐殖层厚度仅为 5～10cm，道路修建之后压实破坏了上部的腐殖层，从微观上来看，阻隔了土壤内部水系的连通性，进而影响了湿地土壤水系的内在连通性，出现了湿地萎缩、植被退化的现象。治理中因地制宜地对道路实施改道，或者在道路下方埋设导水管使湿地与河水重新、湖泊连通，逐步恢复湿地与植被生态系统（图 7.29）。

7.3.3 河流与河流的连通

河流与河流的最终连通是通过原地貌恢复、人工种草复绿及桥涵建设来实现的，使受破坏区域与周边整个地形和地势协调一致，恢复其原有的坡度和坡向，确保湿地水文过程的自然性和完整性，提升水系连通能力。

以哆嗦贡玛为例，哆嗦贡玛区作为大通河河流的源头之一，多索曲为其上游主干流，流量随季节的变化而变化，主要由大气降水及冰雪融化补给，水量随季节变化，7 月、8 月、9 月雨季水量最大，洪水期水量达 10 万 t/天以上，为 HCO_3-Ca·Mg 型水，矿化度<0.5g/L。区内有贡玛河等多条季节性河流，主要分布于丘陵间，最终汇入莫那措日湖。冬春季节 10 月地表水冻结至翌年 4 月解冻而干涸。莫那措日湖主要水源由雪山融水

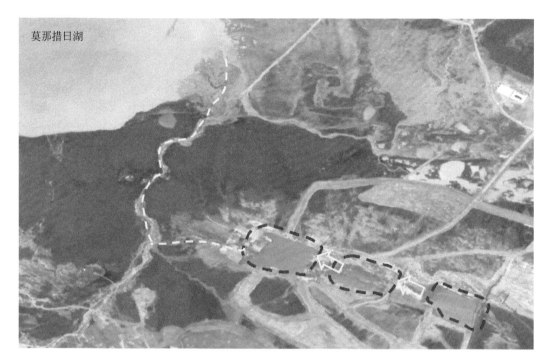

图 7.29　聚乎更区七号井水系连通示意图

形成河流注入该湖，河流受季节性影响较大，受降水融水控制，夏秋季降水、雪山融水丰富，水量充足，冬春季节降水减少、地表水冻结。河流流向基本按照由东向西，由南向北汇入莫那措日湖，从莫那措日湖按照由南向北流出。但矿渣堆积形成的临时性路段严重阻淤了湿地水系的贯通性，对汇入莫那措日湖的水系连通性造成严重影响，对湿地景观的原整型造成破碎化和碎片化影响，且矿渣堆积的路段多为煤矸石、巨砾、碎石、粗砂，经肥力测定，养分含量极低，土壤团粒结构和孔隙度差，植物生长所需的土壤母质严重缺乏。受土源、运输等因素制约，实施客土成本高、难度大，严重影响人工种草修复效果。

因路段 1、路段 2 阻淤了湿地水系的贯通性，对汇入莫那措日湖的水系连通性造成影响，对湿地景观的原整型造成破碎化和碎片化影响，需要对路段 1、路段 2 进行地貌恢复（将路段 1、路段 2 拆除），与周边整个地形和地势协调一致，通过恢复其原有的坡度和坡向，确保湿地水文过程的自然性和完整性；为减少水土流失和雨水冲刷影响，保证植被恢复效果，将恢复后地面坡度平整到 15° 以下，对凹凸不平的地面进行平整，便于耕作。使得周围水系连通，原始草甸和复绿区域植被自然生长（图 7.30）。

7.3.4　种草复绿图斑之排水系统与湖泊、河流的连通

根据天峻县气象站 1994 年 1 月 ~2016 年 12 月气象资料，木里矿区的降水量呈增加趋势，而木里矿区的水源主要来自大气降水和地下水，短时的降水容易导致来之不易的覆土复绿成果付之东流。此外，以往木里矿区露天开采过程中，形成大规模渣山和采坑，地形

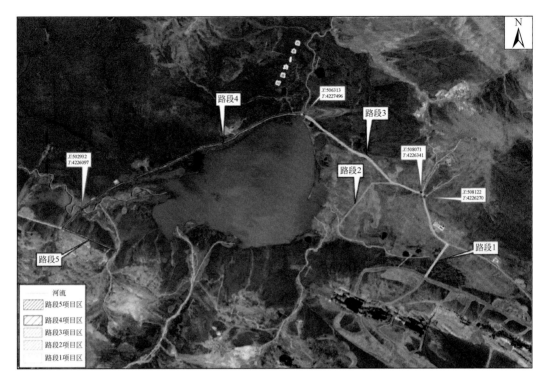

图 7.30 哆嗦贡玛水系连通示意图

地貌条件被改变，天然河道被人为截断、改道，地表径流受到阻滞，进一步导致地下潜水下降，湿地及植被退化，生态系统原有的水系连通被割断，水源流通能力和水源涵养功能下降。因此，地面排水系统的主要任务是预防汇集到坑内的大气降水。随着采坑、渣山排水面积的增大，汇水面积随之增大。除部分自然挥发、渗透和平盘截留外，而绝大部分汇水要经矿山边坡的分水岭进入矿坑底部，通过修建排水渠道暴雨天气及时将矿山边坡等大气降水通过排水渠道有序排入河流、湖泊，保障了修复工程完好。（图 7.31）。

图 7.31   截排水沟的修建

通过研究建立新的水系连通，使各水体之间的物质、能量、生物得以传输。通过采取一系列的工程措施，重构不同级别主支沟、毛细沟和局部涵管网络架构，使研究区的水系自然连通，包括四种空间维度的水系连通，分别是宏观尺度的河流与河流、河流与湖泊之间的连通，中观尺度的河流、湖泊与湿地的连通，细观尺度湿地内部的连通，以及微观尺度的空隙与植物根系之间的水系传输，修复地表水系、湿地、浅部土壤水的传输涵养功能，恢复水系生物生存通道。

7.4   原渣土与重构土壤对比分析

将木里矿区聚乎更区各井田重构土与原渣土及土壤背景值进行对比，其结果如图 7.32 ~ 图 7.38 所示，结合测得的数据及图 7.32 ~ 图 7.38 分析可得出以下内容。

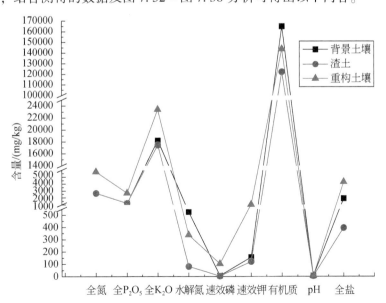

图 7.32   三号井重构土与渣土、背景土各养分指标对比

三号井的全氮含量为 1.36 ~ 2.96g/kg，平均值为 2.43g/kg；全 P_2O_5 含量为 1.03 ~ 1.43g/kg，平均值为 1.23g/kg；全 K_2O 含量为 19.8 ~ 26.2g/kg，平均值为 22.9g/kg；水解氮含量为 48.6 ~ 409mg/kg，平均值为 150mg/kg；速效磷含量为 2.00 ~ 8.27mg/kg，平均值为 5.08mg/kg；速效钾含量为 103 ~ 350mg/kg，平均值为 215mg/kg；有机质含量为 36.2 ~ 148g/kg，平均值为 105g/kg；pH 为 7.35 ~ 7.83，平均值为 7.50；全盐含量为 0.40g/kg，平均值为 0.40g/kg。

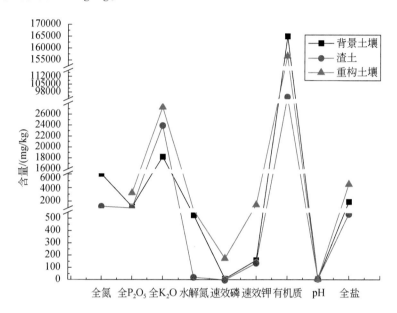

图 7.33　四号井重构土与渣土、背景土各养分指标对比情况

四号井的全氮含量为 0.89 ~ 1.87g/kg，平均值为 1.33g/kg；全 P_2O_5 含量为 0.94 ~ 1.48g/kg，平均值为 1.07g/kg；全 K_2O 含量为 22.8 ~ 30.0g/kg，平均值为 27.0g/kg；水解氮含量为 9.61 ~ 64.9mg/kg，平均值为 28.3mg/kg；速效磷含量为 0.03 ~ 3.36mg/kg，平均值为 1.06mg/kg；速效钾含量为 131 ~ 243mg/kg，平均值为 200mg/kg；有机质含量为 57.2 ~ 177g/kg，平均值为 99.9g/kg；pH 为 5.46 ~ 9.68，平均值为 8.84；全盐含量为 0.20 ~ 0.71g/kg，平均值为 0.54g/kg。

五号井的全氮含量为 0.76 ~ 2.70g/kg，平均值为 1.96g/kg；全 P_2O_5 含量为 0.82 ~ 2.13g/kg，平均值为 1.17g/kg；全 K_2O 含量为 10.1 ~ 35.1g/kg，平均值为 23.8g/kg；水解氮含量为 29.6 ~ 100mg/kg，平均值为 46.7mg/kg；速效磷含量为 1.37 ~ 10.1mg/kg，平均值为 5.69mg/kg；速效钾含量为 77.0 ~ 400mg/kg，平均值为 263mg/kg；有机质含量为 13.7 ~ 425g/kg，平均值为 151g/kg；pH 为 7.02 ~ 8.29，平均值为 7.52；全盐含量为0.3 ~ 0.6g/kg，平均值为 0.4g/kg。

七号井的全氮含量为 0.23 ~ 1.76g/kg，平均值为 0.85g/kg；全 P_2O_5 含量为 0.53 ~ 1.54g/kg，平均值为 0.98g/kg；全 K_2O 含量为 13.5 ~ 31.6g/kg，平均值为 25.0g/kg；水解氮含量为 6.90 ~ 43.3mg/kg，平均值为 16.7mg/kg；速效磷含量为 0.93 ~ 3.11mg/kg，

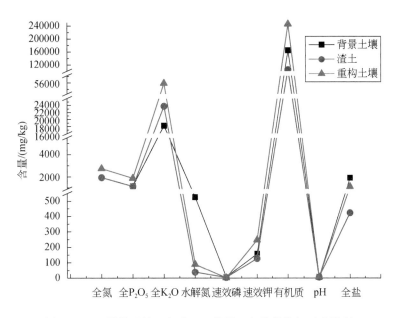

图 7.34　五号井重构土与渣土、背景土各养分指标对比情况

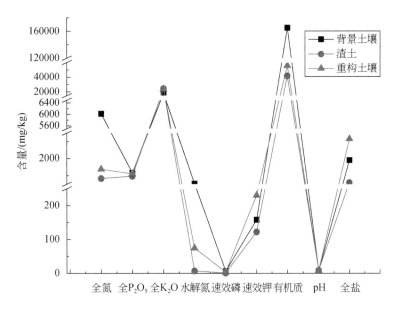

图 7.35　七号井重构土与渣土、背景土各养分指标对比情况

平均值为 1.58mg/kg；速效钾含量为 100 ~ 285mg/kg，平均值为 210mg/kg；有机质含量为 11.0 ~ 126g/kg，平均值为 51.3g/kg；pH 为 8.21 ~ 8.95，平均值为 8.75；全盐含量为 0.1 ~ 1.2g/kg，平均值为 0.6g/kg。

八号井的全氮含量为 1.03 ~ 2.12g/kg，平均值为 1.42g/kg；全 P_2O_5 含量为 0.81 ~ 1.31g/kg，平均值为 1.04g/kg；全 K_2O 含量为 7.3 ~ 34.5g/kg，平均值为 21.8g/kg；水解

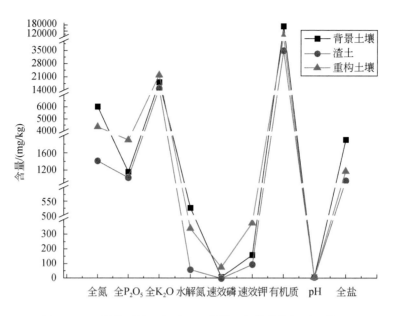

图7.36　八号井重构土与渣土、背景土各养分指标对比情况

氮含量为 9.52 ~ 160mg/kg，平均值为 60.7mg/kg；速效磷含量为 0.50 ~ 2.05mg/kg，平均值为 1.07mg/kg；速效钾含量为 57 ~ 118mg/kg，平均值为 96.7mg/kg；有机质含量为 23.1 ~ 673g/kg，平均值为 248g/kg；pH 为 7.93 ~ 8.51，平均值为 8.26；全盐含量为 0.4 ~ 2.1g/kg，平均值为 1.0g/kg。

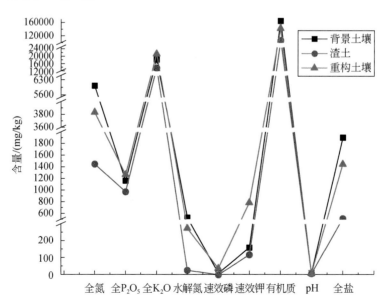

图7.37　九号井重构土与渣土、背景土各养分指标对比情况

九号井的全氮含量为 0.02 ~ 3.21g/kg，平均值为 1.46g/kg；全 P_2O_5 含量为 0.94 ~ 2.41g/kg，平均值为 1.38g/kg；全 K_2O 含量为 21.0 ~ 29.9g/kg，平均值为 26.5g/kg；水解氮含量为 11.2 ~ 45.1mg/kg，平均值为 28.6mg/kg；速效磷含量为 0.01 ~ 2.43mg/kg，平均值为 1.06mg/kg；速效钾含量为 86.0 ~ 197mg/kg，平均值为 160mg/kg；有机质含量为 38.7 ~ 196g/kg，平均值为 108g/kg；pH 为 7.36 ~ 8.77，平均值为 8.00；全盐含量为 0.1 ~ 1.2g/kg，平均值为 0.5g/kg。

将重构土壤与原渣土、背景土各养分指标进行对比，其结果如表 7.1 及图 7.38 所示。土壤中全氮量通常用于衡量土壤氮素的基础肥力，而土壤水解氮量与作物生长关系密切。矿区重构后土壤全氮量的平均值为 5.18g/kg，范围为 1.08 ~ 12.4g/kg；水解氮平均值为 327mg/kg，范围为 30.9 ~ 870mg/kg。重构后全氮、水解氮数值明显好于渣山土壤，接近背景土壤，同时优于一级土壤的要求。土壤全磷一般不能作为当季作物供磷水平指标，但全磷是土壤有效磷的基础，具有补给作物磷素营养的能力，因而土壤全磷常被视为土壤潜在肥力的一项指标，土壤有效磷是指被当季作物吸收利用的磷素。经分析，矿区重构后土壤的全磷平均为 1.98g/kg，范围为 0.45 ~ 4.53g/kg；速效磷平均为 85.9mg/kg，范围为 2.3 ~ 298mg/kg。重构后的土壤的全磷含量，速效磷含量明显由于渣山土壤，更明显优于背景土壤，土壤得到极大的改良。钾是作物生长发育过程中所需的营养元素之一，速效钾是可以被当季作物吸收利用的钾元素。经分析，矿区重构后全钾含量的平均值为 22.19g/kg，范围为 17.7 ~ 25.9g/kg；速效钾含量的平均值为 1069mg/kg，范围为 102 ~ 4089mg/kg。重构后，全钾、速效钾含量均明显得到改良，特别是速效钾含量已远优于渣山土壤和背景土壤，属于高质量土壤。土壤有机质既是作物矿质营养和有机营养的源泉，又是土壤中异养型微生物的能源物质，也是形成土壤结构的重要因素。从土壤有机质含量的多少，在一定程度上可以说明土壤的肥沃程度。经分析，矿区重构后土壤有机质平均值为 146g/kg，范围为 32.3 ~ 335g/kg，其有机质含量高于渣山土壤，略优于背景土壤，属于高质量土壤。土壤的全盐量可以被用来了解土壤的盐渍程度和季节性盐分动态。经分析，重构后土壤的全盐量平均值为 3.55g/kg，范围为 0.86 ~ 18.8g/kg，重构后的土壤，已相当有利于作物的生长。

表 7.1　聚乎更区重构土与渣土、背景土各养分指标对比

指标	背景土壤		重构后土壤		渣山土壤	
	平均值	含量范围	平均值	含量范围	平均值	含量范围
全氮/(g/kg)	6.02	2.84 ~ 9.98	5.18	1.08 ~ 12.4	1.63	0.02 ~ 4.07
全 P_2O_5/(g/kg)	1.16	0.71 ~ 2.53	1.98	0.63 ~ 4.53	1.09	0.41 ~ 2.13
全 K_2O/(g/kg)	18.22	12.9 ~ 21.0	22.19	17.7 ~ 120.4	21.51	9.21 ~ 35.1
水解氮/(mg/kg)	526	22.4 ~ 1061	327	30.9 ~ 870	37.7	6.90 ~ 160
速效磷/(mg/kg)	6.54	3.68 ~ 14.1	85.9	2.30 ~ 298	2.90	0.01 ~ 10.1
速效钾/(mg/kg)	158	55.7 ~ 279	1069	61.5 ~ 2409	128	57.0 ~ 250
有机质/(g/kg)	165	71.6 ~ 224	146	12.7 ~ 335	92.8	11.0 ~ 257
全盐/(g/kg)	1.9	0.2 ~ 4.1	3.55	0.9 ~ 6.0	0.6	0.1 ~ 2.1
pH	7.61	6.83 ~ 8.02	8.04	6.94 ~ 8.76	8.2	7.02 ~ 9.74

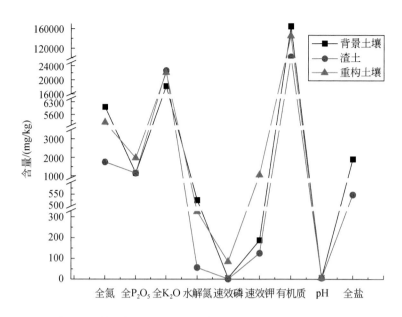

图 7.38 聚乎更区重构土与渣土、背景土各养分指标对比情况（所有矿井平均值）

综上，根据分析结果，在木里矿区聚乎更区，重构后土壤的养分已明显优于渣山土壤，甚至高于背景土壤，土壤质量已得到明显的改良。

7.5 稀缺煤炭资源保护效果

在矿区生态环境治理的过程中，如何统筹资源保护工作，有效地保护好煤炭资源，是一项十分紧迫而重要的任务。资源的节约和保护是木里矿区生态环境治理修复模式的重要内容，矿区的焦煤资源是生态治理修复过程中的主要保护目标，治理中采取的煤炭资源保护技术主要为采用特殊的人工重构冻土层封堵被揭露的煤层，从而起到保护煤层，防止煤层自燃的目的。针对人工开挖揭露的煤层、煤层露头、煤层露头自燃三种情况开展煤炭资源的保护，对暴露煤层自地表向下开挖 0.5~0.8m，对自燃煤层则将燃烧煤层和烧变围岩全部剥离。然后在煤层开挖面上用细渣土或泥土覆盖压实，加入水冻结，反复多次形成人造冻土层，人工重构冻土层形成后再覆土整平实现与周围地形相协调。

木里矿区生态治理的一项主要任务是修复被破坏的冻土层，而煤炭资源保护是在暴露的煤层之上建造一层特殊的冻土层，其压实度、黏土配比等技术参数远远高于其他冻土层的构建，实现资源封盖与保护。是否能有效保护煤炭资源，关键在于人工重构冻土层重构是否成功。经过两年的回冻，2022 年 7 月选择四号井东采区坑底渣石回填区、五号井东采区坑底渣石回填区和七号井东采区煤层露头封堵区等有代表性的回填地段对人工重构冻土层回冻情况进行揭露和观测，观测结果与讨论如下。

7.5.1　观测方法

观测地点：选择四号井东采区坑底渣石回填区、五号井东采区坑底渣石回填区和七号井东采区煤层露头封堵区等有代表性的回填地段同步揭露和观测；

揭露时间：2022 年 7 月（热融季），不仅可以观测回填的人工渣土冻结情况，又可以观测热融季活动层情况；

工程手段：探坑，采用人工快速揭露方式形成，四号井探坑深度为 210cm，七号井探坑深度为 230cm；

观测方法：着坑探工程的实施，实时在坑壁开展土层温度测量（图 7.39）；

图 7.39　四号井探坑（左）、七号井探坑（右上）及测温仪（右下）

测温仪器：SOIL TESTER 土壤测温仪（型号 DT-001）和高精度玻璃棒红水温度计（图 7.39）；

物质组成：由不同块度的深灰色–灰黑色粉砂质泥岩、泥质粉砂岩为主夹灰白色–浅灰色砂岩构成的渣石（土），表层为厚 20～30cm 灰黑色–黑色的重构土壤层；

含水情况：探坑均含水，相对而言四号井含水率大于七号井；

压实情况：压实度为 0.8～0.85，符合要求。

7.5.2　观测结果与讨论

1. 四号井和七号井人工重构冻土层观测与讨论

四号井东采区坑底渣石回填区和七号井东采区煤层露头封堵区观测结果如表 7.2

所示。

表 7.2 探坑揭露采坑回填渣土冻结–热融情况表

四号井坑底回填区 (高程：3998m，2022 年 7 月 8 日，晴间阵雨，15℃)		七号井坑底回填区 (高程：4105m，2022 年 7 月 5 日，晴，20℃)		备注
深度/cm	温度/℃	深度/cm	温度/℃	
0	19	0	26	裸露地表气温
	17		13	植被覆盖地表气温
2	15	2	19	裸露表土温度
	14		11	植被覆盖表土温度
20	10	10	9	重构土壤底部温度
25	10	20	6	
35	10	45	4	
55	8	60	3	
80	7	80	3	
100	6	100	2	
130	4	130	1	
170	3	180	0	
210	0	230	−1	

从表 7.2 可以看出，随着探坑深度不断加大，渣土温度逐渐降低，其中四号井探坑在 210cm 深度处降至零度，七号井在 180cm 深度处降至零度，充分说明通过两个年度的回冻，采坑渣土回填区冻土已经开始形成，冻土保护与修复成效显著，一度开挖暴露的煤层也受到了封堵和保护。测温结果进一步讨论分析如下。

（1）裸露地表气温明显高于有植被覆盖的地表气温。裸露地段因无植被遮阴，黑色重构土壤直接接受太阳辐射，而造成裸露土壤表层气温温度高于植被覆盖地表气温。

（2）随着探坑深度不断加大，回填渣土温度逐渐降低至零度。不仅说明回填区冻土已经开始形成，同时也说明在回暖季节，因热融作用形成了活动层。

海拔、微地形条件、微气候条件、地表水文条件、渣土含水率、物质成分及压实度等因素差异，使得不同地段形成活动层的厚度和下限也有差异。

（3）地表气温（0cm）至表层土壤温度（2cm）段，温度下降率最大，是土壤表面（0cm）直接接受太阳辐射，而表层土壤不直接接受太阳辐射的结果。

2. 五号井人工重构冻土层观测结果与讨论

经过两个冬季后，2022 年 7 月 2 日，在聚乎更区五号井坑底东端回填处采用机械开挖的方式，开挖至深度 2.3m 处见冻土，开挖时见冰花，坑底与挖机抓斗接触面为白痕，开挖至 2.6m 处因冻土坚硬无法下挖，开挖断面冻土为灰白色、深棕色泥质土，开挖后 15min

断面有融水流出，确定为多年冻土层，说明煤炭资源保护工程质量可靠（图 7.40）。

(a)机械开挖　　　　　　　　　　　　　(b)现场描述

(c)冻土照片

图 7.40　五号井人工重构冻土层观测

　　综上所述，区内人工重构冻土层已开始形成，抑或是完全形成，煤层露头受到封堵回冻，已达到了保护煤炭资源的目的。不足之处在于受方法手段限制，对于多年冻土形成的深度、回冻速率、否达到区内多年冻土的深度下限等问题，尚不清楚。有待今后有条件情况下，采样钻探手段进一步揭露。

7.6　矿区生态修复治理工程质量评价

三个阶段综合整治与系统的修复治理工作，最大程度地解决了区内因露天开采而出现的各种生态问题，圆满完成设计任务，达到设计目标，实现了预期的生态修复成效。三个阶段工作均顺利通过了州级和省级验收，良好的生态修复成效也得到了各级领导的肯定和业内专家、学者教授的好评与赞赏！

7.6.1　第一阶段渣山、采坑治理阶段工作

2020年12月28日至30日，海西州木里矿区以及祁连山南麓海西片区生态环境综合整治工作现场指挥部组织专家对木里矿区生态修复治理第一阶段工作进行了州级验收。认为提出的"一井一策"设计理念先进、设计思路合理，技术路线科学可行、方法得当、经济合理、可操作性强；研发的矿区生态修复关键工程技术实用可靠，工程治理措施得当，治理效果显著，实现了地貌重塑、景观协调、边坡规整稳定、坑底平整及资源保护等阶段性目标。2021年3月24日至26日，木里矿区以及祁连山南麓青海片区生态环境综合整治领导小组办公室组织相关单位领导和专家对第一阶段地貌重塑与采坑渣山整形工程进行了阶段性考核验收，一致认为渣山治理阶段完成了预定任务，为第二阶段种草复绿工作提供了良好的立地条件和基础。

7.6.2　第二阶段覆土复绿工作

2021年8月27日至2021年8月29日，海西现场指挥部按照青海省林业和草原局《关于开展2021年木里矿区种草复绿验收工作的函》（青林办函〔2021〕314号）文件要求，对各坑所有种草图斑复绿成效、封育围栏情况进行了现场实地验收，认为种草复绿成效显著，达到生态修复治理的预期目标。

2021年9月13日至9月15日，省林业和草原局牵头，会同省自然资源厅、省发改委、省生态环境厅、省水利厅、海西现场指挥部以及青海大学、中科院西高所等单位专家组成验收组，对项目第二阶段建设情况进行了全面的检查验收。验收组经过逐图斑查看和样方测定，各坑出苗数为11247（九号井）～27507株（七号井），平均值为15735株，株高为11.1（哆嗦贡玛区）～25cm（八号井），平均株高为16cm，植被覆盖度为73%（四号井）～100%（八号井），平均植被覆盖度为84%，完成率为86.74%（三号井）～104.68%（七号井），平均完成率98%。各坑苗情长势全部达到设计的生产考核指标，种草复绿成效十分显著，且提前完成了2021年、2022年两年的考核指标（图7.41）。

7.6.3　第三阶段巩固提升工作

2022年8月5日，海西州木里矿区以及祁连山南麓海西片区生态环境综合整治工作现

图 7.41　验收过程中出苗情况样方抽检测量

场指挥部组织省内有关专家和海西州有关部门、施工及监理单位，按照"关于开展木里矿区生态整治项目 2022 年种草复绿收尾工程及 2022 年生态修复补植补肥补种工程州级验收的通知"文件要求，对木里矿区生态整治项目 2022 年度种草复绿收尾工程进行了现场验收，现场核验了种草复绿图斑的"三补"工作种草复绿指标，经样方测定，聚乎更区平均出苗数为 9313 株/m²，平均株高为 8.6cm；江仓区共计七个图斑，抽检六个图斑，经样方测定，平均出苗数为 8956 株/m²，平均株高为 7.6cm，达到了设计要求。

据 2022 年 9 月 29 日人民日报头版长篇通讯"木里新生"报道："截至目前，木里矿区种草复绿面积累计达 23.3km²，应复绿区植被覆盖度超过 90%，形成了 11 处大小水域，总面积达 4.5km²。黑颈鹤、藏野驴、棕头鸥……暌违多年的珍稀野生动物，重回视野。""木里矿区环境空气质量、地表水、地下水、矿坑水水质总体优良，水源涵养等生态系统功能得到逐步恢复，生态环境状况呈现持续向好态势。"第三方评估单位中国地质大学（武汉）给出评定。

第8章 总结与展望

8.1 总 结

青海省木里煤田地处黄河重要支流大通河的源头，是黄河上游重要的水源涵养地，同时又是我国西北地区主要的优质炼焦用煤产地，在黄河流域生态环境保护和高质量发展中具有重要意义。非法和超量采煤引发了一系列的生态环境问题，对自然生态系统造成扰动和破坏，急需开展人工治理修复恢复生态环境。

木里矿区生态治理修复是我国在高原、高寒、高海拔地区开展的首例大规模的矿山生态治理修复工程。国内外鲜有成功经验和成熟模式可借鉴，是世界上高原高寒地区资源保护和生态环境修复的超难科学问题。针对青海高原高寒木里矿区露天开采对环境的破坏问题，以煤炭生态地质勘查理论为指导，首创性地提出了生态地质层的理论、概念与内涵，创新提出了采用地质手段进行生态环境治理的新思路，研发出适合高原高寒地区生态地质层治理修复的系列关键技术、地形地貌重塑技术、地表水源传输与涵养修复关键技术、"空天地时"一体化的煤炭生态地质勘查与监测技术，总结形成了高原高寒地区矿山生态修复的"一井一策"治理模式与技术方法，通过理论创新和技术攻关多个方面保障了世界首例急难险高原高寒生态环境治理修复工程，创造了高原高寒地区煤矿区生态治理修复的奇迹，为我国西部祁连山生态环境屏障的保护，黄河上游生态环境的治理与保护起到了重要的科技支撑与示范作用，总结如下。

（1）通过技术攻关研究和工程实施，历时两年时间，全面完成了生态治理修复任务，达到了工程治理目标。

累计完成木里矿区 11 个采坑、19 座渣山，回填渣土约 5970 万 m^3，相当于 4 个多西湖，种草复绿面积累计达 23.3 km^2，应复绿区植被覆盖度超过 90%。其中以聚乎更区和哆嗦贡玛区破坏强度较大，涉及 7 个采坑、11 座渣山，累计回填渣土 3569 万 m^3，种草复绿面积累计达 13 km^2。治理面积达到 64 km^2，相当于北京二环内的面积。通过系统治理，整体上达到了木里矿区 400 km^2 范围生态环境的恢复和提升，为下一步打造木里草原湿地公园奠定的良好的基础。

（2）取得了高原高寒地区生态治理修复理念和思路的进步。

治理中充分遵循"山水林田湖草是一个生命共同体"理念，采用系统思维统筹山水林田湖草治理，基于矿区生态环境现状与煤炭资源开发的调查分析，根据矿区生态地质、水文地质、工程地质、环境地质特征，按照"水源涵养、冻土保护、生态恢复、资源储备"的生态治理思路和"一井一策、分区管控、技术可靠、经济合理、创新支撑"的工程治理思路，融合"边勘查施工、边分析评估、边调整优化"的地质"三边"工作思路，实现了工程治理的技术可靠和经济合理，保障了用最少的投入实现人工景观与自然景观有机融合的效果。

（3）建立了遥感、地质、物探、钻探结合的"空天地时"一体化的高原高寒地区矿山环境治理修复勘查与监测技术体系，为精准高效识别出矿区存在的生态环境问题和科学开展治理修复奠定了坚实基础。

基于对矿区地质环境现状和存在主要问题的分析认识，通过采用综合地质调查、遥感、物探、钻探、分析测试等手段，确定木里矿区目前仍存在地貌景观、植被、冻土、水系及湿地破坏、土地占损毁、土地沙化与水土流失、渣山及矿坑边坡失稳、煤炭资源破坏等九个方面的生态环境问题，为因地制宜、切实可行提出生态环境综合整治设计方案提供了科学、充分的依据。采用卫星遥感、低空无人机遥感、地表地质调查相结合的技术手段，通过在治理阶段对高危边坡和活动滑坡体活动、土壤、植被出苗长势等多频次监测，通过定点布设现场监测站结合卫星、无人机等技术，全面保障了高海拔特殊环境下特大矿山环境治理修复工程的实施。

（4）揭示了矿山开发对生态地质环境的破坏机理，取得了高原高寒地区生态修复理论研究的创新和技术攻关的突破。

充分遵循"山水林田湖草是一个生命共同体"理念，按照"人工修复为自然恢复创造条件"的原则，采用"一井一策"治理思路，以煤炭生态地质勘查理论为指导，将地质学与生态学理论相结合，提出了生态地质层理论与内涵，揭示了矿山开发对生态环境破坏机理。建立了煤炭生态地质勘查理论与技术体系，研发了适合高原高寒地区生态地质层治理修复的五大关键技术，即地形地貌重塑、水系连通、冻土层修复、土壤重构及植被复绿和优质煤炭资源保护技术，创新性地提出了采用地质手段进行生态环境修复与治理的新路径。通过理论创新与技术攻关有效保障了极端环境下"急难险"工程的安全高效完成。

（5）研发出采坑和渣山依形就势地形地貌重塑技术，提出了渣山和采坑回填的渣土稳定壳概念，模拟出相关构建参数。

形成了高危边坡、渣山降高缓坡，实现稳定；斜坡采坑整治成一定步长的梯田；对积水采坑引水归流形成高原湖泊；"引水代填"的"高原湖泊"再造的系列地形地貌重塑技术。

（6）通过 1000 多次土壤基质检验测试、测土配方、出苗实验等工作，取得了人造土壤层的关键配方和工艺工序流程，解决了"复绿无土"的难题，保障了覆土复绿治理效果。

通过上千次的实验、测土、化验和物理模拟配比出一定粒度的渣土、羊板粪、有机质作为土壤重构的替代物，实现了物质成分相似、化学结构相近的土壤重构，"点石成土"，人造出了土壤。结合木里矿区实际，将矿坑、渣山土壤重构、植被复绿的关键技术流程概括为"高陡边坡削坡+采坑回填+构建土壤层+构建排水系统+有机肥+播种+无纺布覆盖+苗情管理"。同时，为了确保覆土复绿效果可复制、易执行，确保质量达到要求，通过实践总结实行了统一技术规范，统一操作流程，统一验收标准的种草复绿"七步法"作业流程。实现了植被出株数和覆盖度远超考核指标，取得了喜人的复绿效果。

（7）建立了五种适合高原高寒地区生态地质层修复模式和"一井一策"的治理修复的技术方法。

根据木里矿区生态环境现状和背景条件分析，针对不同的矿山环境问题采用不同的治理技术，综合运用治理修复关键技术，系统对采坑渣山治理、植被恢复、水环境和资源等进行统筹分析，创新性地建立了五种生态地质层治理修复模式。

模式一：高危渣山降高减载和边坡缓坡+冻土层修复+土壤重构+植被恢复+引水代填+积水采坑整治形成高原湖泊；

模式二：高危渣山降高减载和边坡缓坡+采坑内梯田台阶再造+冻土层修复+土壤重构+植被恢复；

模式三：山坡浅坑区依形就势和边坡缓坡+冻土层修复+煤炭资源保护+土壤重构+植被恢复+引水归流积水采坑整治形成高原湖泊；

模式四：高危渣山降高减载和边坡缓坡+冻土层修复+土壤重构+植被恢复+引水归流积水采坑整治形成高原湖泊；

模式五：山坡浅坑区依形就势和边坡缓坡+煤炭资源保护+冻土层修复+土壤重构+植被恢复；

通过与各井渣山边坡稳定程度、水系传输与采坑积水情况、资源赋存状态等相结合，采用"一井一策"的治理修复对策，最终形成涵盖青海高原高寒矿区矿山治理修复的"一井一策"的治理修复方法。

（8）形成了高原高寒地区矿山生态治理修复的"木里模式"，并取得了良好的推广应用效果和社会及生态效益，为青藏高原冻土带保护提供了可复制的模式。

本研究技术科研成果形成的"木里模式"已广泛应用于青海木里矿区，包括聚乎更、哆嗦贡玛、江仓、雪霍立、雷尼克、瓦乌斯等地区以及宁夏、山西、湖南等地生态环境治理项目中。项目治理有效保护了高原高寒生态脆弱区木里矿区的稀缺煤炭资源，达35.4亿t，治理面积61.51km²。项目经验推广应用前景广阔，社会及生态效益显著。

8.2 展　　望

地球生态系统是多因素长期交织形成的一个整体，矿山开采破坏改变了原始生态系统，造成了生态地质层破坏。矿山生态环境修复治理的关键是通过生态地质勘查，查明生态地质层的破坏程度，通过人工干预构建与修复破坏的生态地质层，加速自然生态修复进程。青海木里高原高寒地区生态环境治理修复中通过模拟原始地质剖面，提出"将近复古"的治理修复方法，对于矿山开采破坏的地层修复，以原始地层剖面岩层结构为参照，模拟破坏前地质条件，再造出相类似的地层结构，形成与周边生态条件一致的地质体，达到与周围环境的相互融合，取得了成功，成功探索出了一体化地质手段开展矿山生态环境治理修复的方法。

矿山开采在对资源进行开发利用的同时，改变了地壳浅层的地层结构，这会对地下隐伏地质体产生影响和破坏，造成地表和一定深度范围内地质结构的变化，进一步对地下矿产资源赋存条件和地质特征产生影响，形成一系列生态环境的变化与破坏问题。因此，需要改变传统的矿产资源勘查开采方式，对生态地质层在采前、采中加强勘查与保护，减轻损伤，采后治理时考虑功能修复，矿山开发阶段要同步开展矿山环境的治理，通过不断对勘查和开采破坏的生态地质层不断进行系统修复，以实现地质系统和生态系统的有机统一，营造生态环境优美的矿山环境。

参 考 文 献

安福元，高志香，李希来，等．2019.青海省木里江仓煤矿区高寒湿地腐殖质层的形成过程.水土保持通报，39（2）：1-9.

白中科．2016.矿区土地复垦与生态重建再认识.唐山：2016全国土地复垦与生态修复学术研讨会论文摘要.

白中科，赵景逵．2001.工矿区土地复垦、生态重建与可持续发展.科技导报，（9）：49-52.

白中科，周伟，王金满，等．2017.再论矿区生态系统恢复重建.中国土地科学，32（11）：1-9.

毕银丽，彭苏萍，杜善周，等．2021.西部干旱半干旱露天煤矿生态重构技术难点及发展方向.煤炭学报，46（5）：1355-1364.

陈海莲，颜亮东．2020.青海省河南县冻土变化对气候的响应及对策.青海草业，29（2）：50-55.

邓小芳．2015.中国典型矿区生态修复研究综述.林业经济，37（7）：14-19.

杜津桥．2020.国土空间规划视角下采煤塌陷地生态修复对策研究.南宁：广西大学.

段新伟，左伟芹，杨韶昆，等．2020.高寒缺氧矿区草原生态恢复探究——以青海省木里煤田为例.矿业研究与开发，40（2）：156-160.

符进．2011.国道214线多年冻土区高速公路特殊路基设计方法研究.西安：长安大学.

高国雄，高保山，周心澄，等．2001.国外工矿区土地复垦动态研究.水土保持研究，（1）：98-103.

郭建一．2009.矿山土地复垦技术与评价研究.沈阳：东北大学.

何芳，刘瑞平，徐友宁，等．2018.基于遥感的木里煤矿区矿山地质环境监测及评价.地质通报，37（12）：2251-2259.

贺亮．2010.露天采矿的生态影响综合评价与生态环境保护及修复对策研究.西安：西北大学.

胡振琪．1997.煤矿山复垦土壤剖面重构的基本原理与方法.煤炭学报，（6）：59-64.

胡振琪．2005.煤矿区重构土壤特性的时空变化规律及其改良对策.北京：中国矿业大学（北京）.

胡振琪．2019.再论土地复垦学.中国土地科学，33（5）：1-8.

黄焱，王彪，郭磊，等．2018.青海大通煤矿地质环境治理示范工程地表形变及地质灾害监测研究.中国锰业，36（4）：174-177.

黄雨晗，况欣宇，曹银贵，等．2019.草原露天矿区复垦地与未损毁地土壤物理性质对比.生态与农村环境学报，35（7）：940-946.

孔令伟，薛春晓，苏凤，等．2017.不同建植技术对露天煤矿排土场生态修复效果的影响及评价.水土保持研究，24（1）：187-193.

李聪聪，王佟，王辉，等．2021.木里煤田聚乎更矿区生态环境修复监测技术与方法.煤炭学报，46（5）：1451-1462.

李凤明，白国良，韩科明，等．2021a.木里矿区生态环境受损特征及治理方法研究.煤炭工程，53（10）：116-121.

李凤明，丁鑫品，白国良，等．2021b.高原高寒露井联合矿区生态地质环境综合治理模式.煤炭学报，46（12）：4033-4044.

李国锋，李宁，刘乃飞，等．2018.多年冻土区露天矿边坡开挖的关键参数研究.水利水电技术，49（9）：8-17.

李金平, 盛煜, 曹伟, 等 . 2014. 露天煤矿矿坑回填对冻土恢复的影响分析 . 水文地质工程地质, 41
　　(4): 125-130.

李学渊 . 2015. 基于 RS/GIS 的矿山地质环境动态监测与评价信息系统 . 北京: 中国矿业大学 (北京) .

李永红, 李希来, 唐俊伟, 等 . 2021. 青海木里高寒矿区生态修复 "七步法" 种草技术研究 . 中国煤炭地
　　质, 33 (7): 57-60.

梁振新 . 2015. 青海省木里煤田沉积环境与聚煤规律研究 . 西安: 西安科技大学 .

梁振新, 刘世明, 王伟超, 等 . 2021. 祁连山木里矿区冻土资源分布特征及其环境效应 . 中国煤炭地质,
　　33 (12): 70-75.

刘春雷 . 2011. 干旱区草原露天煤矿排土场土壤重构技术研究 . 北京: 中国地质大学 (北京) .

刘德玉 . 2013. 青海省木里煤田江仓矿区地质生态环境风险评价 . 北京: 中国地质科学院 .

刘国华, 舒洪岚 . 2003. 矿区废弃地生态恢复研究进展 . 江西林业科技, (2): 21-25.

罗素梅 . 2018. 有关露天扬尘污染治理方法分析 . 资源节约与环保, (7): 71.

马康 . 2007. 废弃矿山生态修复和生态文明建设浅论以北京门头沟区为例 . 科技资讯, (35): 146.

马世斌, 李生辉, 安萍, 等 . 2015. 青海省聚乎更煤矿区矿山地质环境遥感监测及质量评价 . 国土资源遥
　　感, 27 (2): 139-145.

彭苏萍, 毕银丽, 2020. 黄河流域煤矿区生态环境修复关键技术与战略思考 . 煤炭学报, 45 (4):
　　1211-1221.

曲兆宇 . 2012. 辽宁彰武雷家煤矿土地复垦方案研究 . 阜新: 辽宁工程技术大学 .

商晓旭 . 2019. 木里盆地早中侏罗世煤的沉积特征及古坏境意义 . 北京: 中国矿业大学 (北京) .

孙波, 张桃林, 赵其国, 等 . 1995. 我国东南丘陵山区土壤肥力的综合评价 . 土壤学报, (4): 362-369.

孙红波, 孙军飞, 张发德, 等 . 2009. 青海木里煤田构造格局与煤盆地构造演化 . 中国煤炭地质, 21
　　(12): 34-37.

孙庆业, 刘付程 . 1998. 铜陵铜矿尾矿理化性质的变化对植被重建的影响 . 农村生态环境, (1): 22-
　　24, 61.

王道临, 董瑞荣, 吕龙飞, 等 . 2013. 水对露天矿边坡稳定性的影响及治理措施 . 露天采矿技术, (6):
　　34-38.

王建国, 杨林章, 单艳红, 等 . 2001. 模糊数学在土壤质量评价中的应用研究 . 土壤学报, (2):
　　176-183.

王凯 . 2019. 木里煤田江仓四号井露天采坑回填及地表生态恢复研究 . 煤炭工程, 51 (8): 23-26.

王亮 . 2006. 生态边坡客土稳定性研究 . 青岛: 中国海洋大学 .

王锐, 李希来, 张静, 等 . 2019. 不同覆土处理对青海木里煤田排土场渣山表层土壤基质特征的影响 . 草
　　地学报, 27 (5): 1266-1276.

王世云 . 2014. 黄土高原露天煤矿复垦农用地跟踪监测研究 . 北京: 中国地质大学 (北京) .

王双明, 杜麟, 宋世杰, 等 . 2021. 黄河流域陕北煤矿区采动地裂缝对土壤可蚀性的影响 . 煤炭学报, 46
　　(9): 3027-3038.

王双明, 魏江波, 宋世杰, 等 . 2022. 黄河流域陕北煤炭开采区厚砂岩对覆岩采动裂隙发育的影响及采煤
　　保水建议 . 煤田地质与勘探, 12: 1-11.

王佟, 孙杰, 江涛, 等 . 2020. 煤炭生态地质勘查基本构架与科学问题 . 煤炭学报, 45 (1): 276-284.

王佟, 杜斌, 李聪聪, 等 . 2021. 高原高寒煤矿区生态环境治理修复模式与关键技术 . 煤炭学报, 46
　　(1): 230-244.

王佟, 蔡杏兰, 李飞, 等 . 2022a. 高原高寒矿区生态地质层修复中的土壤层构建与成分变化差异 . 煤炭
　　学报, 47 (6): 2407-2419.

王佟等.2022b.青海高原高寒木里矿区生态环境修复治理图解.北京：中国经济出版社.

王伟超,文怀军,王宏宇,等.2020.青海地区煤盆地生态地质勘查分区分析研究.中国煤炭地质,32
　　(2)：8-12.

王伟超,梁振新,张文龙,等.2022.青海省祁连山聚乎更矿区冻土特征及其生态地质功能作用研究.中
　　国煤炭地质,34(7)：56-60+66.

王晓东,徐拴海,张卫东,等.2018a.高海拔多年冻土区露采矿山边坡水冰环境特征分析.煤田地质与勘
　　探,46(2)：97-104.

王晓东,徐拴海,许刚刚,等.2018b.露天煤矿冻结岩土边坡介质特征与稳定性分析.煤田地质与勘探,
　　46(3)：104-112.

王雪峰,赵军伟.2007.矿山环境问题的对策探讨.矿产保护与利用,(3)：46-50.

王振兴.2020.高原冻土退化条件下区域地下水循环演化机制研究.北京：中国地质科学院.

魏宝国.2022.雪霍立露天矿山生态治理修复研究.内蒙古煤炭经济,(2)：12-14.

伍超群,张绪冰,王耀,等.2020.基于Landsat影像的木里煤田矿区植被覆盖提取及时空变化分析.测
　　绘与空间地理信息,43(2)：67-72.

武创举.2020.黄河流域生态场景三维监测模型技术研究.价值工程,39(2)：252-253.

武强,刘宏磊,陈奇,等.2017.矿山环境治理修复模式理论与实践.煤炭学报,42(5)：1085-1092.

熊涛,刘帅,李津,等.2022.高原高寒地区自然生态集排水系统构建技术.中国煤炭地质,34(6)：
　　46-50.

徐拴海.2017.多年冻岩露天煤矿边坡稳定性演化规律研究.西安：西安理工大学.

徐拴海,李宁,袁克阔,等.2016a.融化作用下含冰裂隙冻岩强度特性及寒区边坡失稳研究现状.冰川
　　冻土,38(4)：1106-1120.

徐拴海,李宁,王晓东,等.2016b.露天煤矿冻岩边坡饱和砂岩冻融损伤试验与劣化模型研究.岩石力
　　学与工程学报,35(12)：2561-2571.

杨创,王佟,李聪聪,等.2022.青海高原高寒地区生态环境治理修复中的水系连通技术.中国煤炭地
　　质,34(4)：46-51.

杨翠霞.2014.露天开采矿区废弃地近自然地形重塑研究.北京：北京林业大学.

杨俊鹏,周妍,孙爽,等.2010.我国矿山土地复垦监测机制初探.中国矿业,19(S1)：118-119,146.

杨显华,孙小飞,黄洁,等.2018.青海木里煤矿区荒漠化的驱动因素及防治对策.中国地质灾害与防治
　　学报,29(1)：78-84.

杨幼清,胡夏嵩,李希来,等.2020.高寒矿区软弱基底排土场边坡稳定性数值模拟.地质与勘探,56
　　(1)：198-208.

杨振宁,李永红,梁振新,等.2018.青海省侏罗系陆相成煤环境典型矿床研究——以聚乎更矿区为例.
　　能源与环保,40(11)：139-143.

原野,赵中秋,白中科,等.2017.露天煤矿复垦生物多样性恢复技术体系与方法：以平朔矿排土场为
　　例.中国矿业,26(8)：93-98.

张成梁,Larry Li B.2011.美国煤矿废弃地的生态修复.生态学,31(1)：276-285.

张绍良,刘润,侯湖平,等.2018.生态恢复监测研究进展——基于最近三届世界生态恢复大会报告的统
　　计分析.生态学杂志,37(6)：1605-1611.

赵欣,王佟,李聪聪,等.2023.高原高寒矿区生态地质层修复中地形重塑层的构建与修复技术.煤田地
　　质与勘探,51(7)：112-121.

赵永军.2007.生产建设项目水土流失防治技术综述.中国水土保持,(4)：47-50.

周金余,李平,张贺,等.2021.黄河流域煤矿生态修复技术研究现状及展望.中国矿业,30(7)：

8-14.

周强. 2006. 陆域天然气水合物遥感探测研究. 北京：中国地质大学（北京）.

周王子，董斌，刘俊杰，等. 2016. 基于权重分析的土壤综合肥力评价方法. 灌溉排水学报，35（6）：81-86.

朱家宏. 2021. 岩土工程中边坡加固工程施工技术探析. 广西城镇建设，（11）：128-130.

朱永官，李刚，张甘霖，等. 2015. 土壤安全：从地球关键带到生态系统服务. 地理学报，70（12）：1859-1869.

Anastas P T，Williamson T C. 1996. ACS Symposium Series 625th. Washington D C：American Chemical Society.

Jackson S T，Hobbs R J. 2009. Ecological restoration in the light of ecological history. Science（325）：567，568.

后　记
——木里生态环境治理修复工程科技攻关记

高天流云，青草黄花。祁连山南麓青海境内，黄河重要支流大通河源头，曾经因非法开采留下的一个个"天坑"，成了缓坡湖岸，一弯弯碧水波光粼粼，四周曾经黑黢黢的渣山，如今满目青绿，芳草茵茵。

经过 700 多个日日夜夜的生态修复治理，木里矿区生态系统结构逐渐稳定，水源涵养能力明显提升，总体生态环境趋于好转。

十八大以来，习近平总书记对青海生态环境多次发表重要讲话，多次作出重要指示批示，强调青海最大的价值在生态、最大的责任在生态、最大的潜力也在生态，高屋建瓴地指出了青海生态保护在国家发展全局中的战略地位、发展定位。

2020 年 8 月 4 日青海省木里矿区聚乎更区五号井非法开采严重破坏生态环境事件被新闻媒体曝光，这一事件迅速引发国内外媒体广泛关注。青海省委省政府迅速行动，展开木里矿区以及祁连山南麓青海片区生态环境综合整治三年行动，中国煤炭地质总局（以下简称总局）等中央企业迅速行动参加了木里矿区生态环境治理修复。

木里，祁连山南麓青海境内一个神秘而又多彩的地方，是生灵草木繁衍生息的大美之地。随着 20 世纪 60 年代大煤田的发现，煤炭开发打破了大自然原始的静谧。21 世纪初，这里成为我国西北地区最大的炼焦煤资源产地。尽管国家屡次禁止过度开采资源，但一些煤矿在利益的驱使下，打着修复治理的名义，实则行非法采煤，多年盗采滥挖，形成骇人"天坑"和渣山，致使高寒草原湿地生态遭到严重破坏，水源涵养功能逐渐减弱，木里以千疮百孔之态敲响了生态的警钟。

2020 年 8 月 12 日上午，笔者正在济南参加山东大学章丘校区煤矿采空区勘查与校园建设工程稳定性研讨会，突然接到总局电话通知。对于一个终生躬耕地质行业的"老地质"来说，笔者预感到事态非同小可。遂紧急返回北京，准备赶赴青海木里矿区考察。

次日清晨，笔者就和郭晋宁等地质、水文、采矿、环境等相关专业的技术人员奔赴西宁，总局遥感专业技术人员王辉一行也从西安赶到西宁会合，大家马不停蹄地赶赴木里矿区开展生态环境现场调研。同期，中煤科工集团、中国核工业地质局、中国地质大学（北京）等单位先后组织专家赴木里矿区开展调研。此时的木里高原已是草木枯黄，空气稀薄、含氧量严重不足，笔者带领总局考察组克服强烈的高原反应，开始了披星戴月的战斗，仅用两天两夜时间就形成了总体治理思路。8 月 15 日下午，青海省自然资源厅组织相关专家听取了笔者和其他考察组的方案汇报。晚上，青海省自然资源厅办公楼灯火通明，这一夜注定是个不眠之夜，会议再次召开，从日沉西山一直开到次日凌晨，青海省自然资源厅两次听取了笔者对治理方案的讲解和说明。经过几乎一夜的交流和讨论，大家群策群力，于16日凌晨形成了"一井一策、水源涵养、冻土保护、生态恢复、以水代填、资源储备"的木里矿区生态治理修复总体思路，并得到了中央督导组和青海省委、省政府的认同。8月31日，青海省委省政府在现场召开木里矿区生态环境整治暨祁连山南麓生态修复启动大会，标志着木里矿区生态整治三年行动全面展开。

工程如期开工，但是能否按预期要求完成治理任务，几乎所有人都持怀疑态度。在海拔4200m的高寒高原矿区开展生态环境治理工程，世界上没有先例，更没有经验可借鉴，能否在三年内治理修复好木里矿区自然生态环境是摆在全体参加木里矿区生态环境治理者面前的重大难题，是技术考验，更是政治考验。这是一场超难的工程科技攻坚战，不打无准备之战，科学研究与工程同步进行，紧紧扭住项目的每一个关键节点，笔者坚信科学的地质手段和地质方法一定蕴藏着解决难题的钥匙。随着治理工程的顺利推进，随着一个个难题被攻克，笔者也被大家誉为主心骨。

木里矿区主要由聚乎更区、江仓区、弧山区和哆嗦贡玛区四部分构成，总面积约400km²，累计查明煤炭资源储量35.4亿t。木里矿区主要以露天开采为主，仅在江仓一号井开展露—井联采。11个采坑总体积68242.94万m³，19座渣山总体积48946.62万m³。煤炭露天开采导致"地形地貌景观破坏、植被-土壤层破坏、土地损毁和压占、冻土层扰动与破坏、水系和湿地破坏、地下含水层破坏、土地沙化与水土流失、边坡失稳、煤炭资源破坏"九大生态环境问题，个个都是"急、难、险"问题。聚乎更矿区是木里矿区的主体，三、四、五、七、八、九号井和哆嗦贡玛区，共有七个露天采坑，采坑总面积11.7km²，总体积55621.3万m³，最深达150m，积水深达42m。12座渣山，最高达120多米，渣山总面积13.51km²、总体积35068.1万m³，如果把一座座渣山削平，将3.5亿m³的渣土全部回填矿坑，土石方量将是大得惊人，而且效果也未必科学，仅此工程就需要一年多的时间，三年的治理任务根本不能按时完成。所以无论是时间、人力、资金成本，都不允许采用这种常规方法。"采用水系连通的方式，通过引水归流、引水代填，将阻断的水系连通，形成高原湖泊，重塑生态系统。"这是一个打破传统矿山治理靠土石方填充矿坑的新思路，这个方案将利用木里地区水系发达的特点，将本已形成的矿坑改造成高原湖泊，湖周边进一步整治形成湿地。笔者及其团队提出对不稳定渣山通过降高和缓坡实现稳定和依形就势，仅对渣山上不稳定部分建造一个"鸡蛋壳"一样的稳定壳，将这部分渣土回填到矿坑底部，填平矿坑中凹凸起伏地形，实现与附近水系自然联通；对深大采坑通过引水代填，形成湖泊，不仅扩大了水面，有利于湿地快速恢复，还可大大减少渣土搬运的工程量。按以上两个方略，整个工程仅需搬运渣土的百分之十几就可以达到依形就势地形地貌重塑。投入资金也由全部采坑回填方案约130亿元降低至30多亿元。

9月初，总局正式行文成立青海省天峻县木里地区生态环境综合治理指挥部和党工委，任命笔者担任副指挥长，全面负责技术工作。青海省自然资源厅也委托笔者担任技术总负责，牵头中国煤炭地质总局、中煤科工集团、中国核工业地质局、中国地质大学（北京）、青海省生态环境规划和环保技术中心、青海省地质环境监测总站、青海省国土整治与生态修复中心等单位组成联合体共同编制《青海省木里矿区采坑、渣山一体化生态环境综合整治总体规划和方案大纲》。中煤科工王宏、中国地质大学（北京）周伟、中国核工业地质局王驹等团队全力配合。笔者临危受命，倍感肩上责任重大，压力巨大！木里治理修复现场技术指挥和管理、综合整治总体规划和方案大纲、木里聚乎更矿区七个矿井的采坑、渣山一体化治理工程设计……各项工作齐头并进，一时间，笔者成了不停旋转的陀螺，要么在西宁会议室和设计人员通宵达旦讨论技术路线、比对工程方案，要么编制总体规划和方案大纲，为七个采坑、渣山的一体化治理工程设计绞尽脑汁。九月份以来，总体规划、设计方案比对、设计审查会议更是一个接着一个。

面对这样一项"急、难、险"的巨大工程，来自各方的疑问每天都不计其数地向笔者抛来。每一次专家审查会，笔者都会反复回答专家们的质疑，最初几次会议的气氛充满着紧张，随着笔者及团队科学的推理、扎实的研究、多手段的勘查、模拟实验和满满自信的汇报与讲解，专家们也逐渐减少了质疑，随之而来的是更多的信任、鼓劲、期望和建议。每位专家和笔者都成了好朋友。

设计组连续40多天夜以继日地奋战，每天工作时长超过15h，为了节省时间，午饭和晚饭都在办公室叫外卖吃盒饭，团队中几名年轻同志索性住在了办公室。那是一段与时间赛跑，靠毅力支撑的日子，每一名成员的心里，都留下了一段刻骨铭心的回忆。木里矿区现场的治理工作与西宁设计工作同步，也是昼夜不停，热火朝天，笔者分身有术，隔三差五地驱车前往木里现场，一次次踏勘地质剖面，部署技术方案实施、排兵布阵指挥治理修复作业。那一段时间笔者是拼了，从西宁到木里矿区，对笔者和技术团队而言没有昼夜之分，深更半夜返回西宁是常事。到12月中旬渣山、采坑治理工程完成后，梁振新曾统计过在这短短一百多天里笔者往返木里多达30多次。有一次夜里返回西宁的途中突遇暴雪，汽车行驶在山岩峭壁边的狭窄山路上，伸手不见五指，雪大得雨刷器都刷不过来，灯光照到迎面而来的大雪，感觉前面有一堵白墙，犹如电影银幕挡在车前，连道路边缘都看不清，车子随时有跌落悬崖的危险。笔者和随行的蒋喆不得已只能打开车窗，顾不得刺骨的寒风，眼都不敢眨地紧盯着路外缘一侧的悬崖边让车子慢慢挪动。也许有人会问原地停着等雪停不就可以吗？殊不知，在严冬的高原停下来就有可能冻伤甚至冻死啊！更有一次至今心有余悸，那天大概是晚上10点左右，笔者和王辉、李聪聪、方惠明结束了一整天在木里各井工地上的奔波，一起返回山下驻地，他们几个一上车很快都睡着了，当车行驶到江仓曲附近的下坡弯道时突然加快，笔者下意识喊了一声，车子几乎转了180°冲出路边在山坡上停了下来。事后想不光是笔者一行疲倦不堪，司机也是从早上6点出发一刻也没有休息啊，可能太累打盹了！山路险，弯道多，也就在同一地点，笔者曾多次见到车子翻在路边。

挑战一个接着一个，海拔4200m的高原地区的含氧量仅为内地60%左右。在此处作业，高原反应考验着每个人的意志，无论是急性突发还是慢性反应，都有可能给每个人带来危险，且慢性的危害更隐蔽。开工以来，不时有新到现场的同志出现呕吐、呼吸困难等症状被送下山急救。2022年的夏天，第二项目部的一位奋战了两年多的"老高原"感到极度不适，突发肺气肿，如果不是随车驾驶员果断处理，立即开往山下，与天峻县医院救护车接力相救，后果不堪设想。笔者属于慢性高原反应的一类人，仅仅是头晕而已，工作一忙也就忘了。记得2020年11月的一天，笔者在晚饭后接到来青海检查工作的中央依法治国第八督导组组长付建华的电话，邀笔者到西宁胜利宾馆汇报木里生态环境治理修复情况，次日再一起到木里现场实地考察。付建华部长叫来医生为要去现场考察的人员测量血压，笔者的血压居然高到 180 以上，很是危险，医生当即送了降压药嘱咐按时服用。笔者平时血压在 125 左右，对血压检查很少重视过，这次多亏建华部长安排医生量血压才发现了高血压反应。11 月 18 日上午，和往常一样笔者正在电话调度现场施工情况，突然眼前一黑，好在发现及时，指挥长王海宁派青海煤炭地质局总工程师文怀军专门将笔者送到医院检查，医生告知是由于长期劳累加上慢性高原反应，造成了心脏瓣膜关闭不全，出现血液返流，已经不可逆。医生还叮嘱以后不要到高海拔地区，但为了青海木里矿区"国之大者"生态治理修复工程和超难技术攻关，笔者和每一个参战者一样毅然坚持留下来，继续工作，自此虽然身体留下了后遗症，但在木里这场生态环境治理修复保卫战中没有遗憾。

木里矿区各矿坑的破坏程度不尽相同，很难用一种模式治理修复，因此提出了"一井一策"的治理修复思路。五号井和四号井破坏严重，分别被央视新闻和英国《卫报》报道过，采矿形成的巨大"天坑"犹如在草原湿地上劈出了一道道巨大伤口，令人扼腕叹息，是所有矿井中治理难度最大的。五号井坑底平均积水 10m 以上，坑底和坑外缘均西高东低，总体为向东倾斜的斜坡。为保证修复后不形成重力滑坡、不发生类似垮坝一样的灾害，设计原则一是坑内以东端多索曲岸标高和西端坑缘标高为控制点，修成向东下沉的梯田台阶，以分解后缘对前缘的重力作用，并实现水系连通；二是采坑内部构建人造冻土层，要求自坑底部开始分层铺设渣土并满足压实度 0.8 以上；三是坑边坡缓坡稳定；四是为保证坑内冻土层分层构建成功，要求井上坑下立体施工。按照这一设计原则，需要在高陡的边坡上选择合适的位置，开出一条条通往坑底的施工便道，将渣土运往坑底回填压实。当一辆辆拉着渣土的重载卡车排着长龙往返于渣山和坑底时，边坡随时都有被压垮的可能。边坡能否安全稳定不仅是安全施工的关键，更是保障井上坑下施工人员生命安全的关键。一方面通过对岩石结构、裂隙破碎程度和地质力学条件的研究和模拟出道路承载压力、坡度等关键参数，另一方面利用遥感、航拍及地面值守观察等技术手段开展全天候监测。同时，坑底采取压脚、分块回填形成庭院墙式网格支撑等工程措施，保障边坡在重压之下安全稳定。削坡、填坑，夜以继日，五号井回填工程量 1410 万 m³；7 级梯田成为一道亮丽风景。2022 年 7 月开挖观测，冻土层已经形成。

而四号井治理主要是对南渣山降高，治理滑坡体，是另一种治理模式。南渣山堆放于上多索曲河道之上，向采坑一侧倾斜，坑边帮基岩以泥岩为主已软化，而其他三面都被积水圈围，渣山中部已经形成大规模滑坡体，圈椅形状已经形成，前端渣山甚至连同基底边帮一起不断向坑内滑塌，滑坡体表层发育密集的横张裂隙，滑体两侧纵向剪-张裂隙已经贯通。该滑坡体的前端和侧端已不具备治理条件，后端顶部能否具备大型设备施工是该渣山能否有效治理的重要保证。对四号井南渣山大型滑坡体如何治理，自始至终存在着两种不同的观点，一种认为坑缘长期受上多索曲废弃河道渗水影响和上部渣山重压已经湿化，三面长时间被水浸泡，一遇外界应力很可能滑坡活化，形成灾难。另一种认为如果四号井南渣山得不到有效治理，木里将永远保存着天坑，就像一幅美丽的画上撒了一团墨汁，留下一个极不美观的污点。笔者是主张治理的，但怎么治理是一个极大的挑战。经笔者反复观察，突发灵感奇想，思考是否可以在冰冻大地时节施工，施工区域的渣山如果没有冰冻，就有可能引发位移与滑坡，矿坑中未冻结的水体也容易引起矿坑里的渣山滑坡。只有渣山周围的积水封冻后，诱发滑坡的潜在因素才可能消除。笔者不但将地质勘查技术悉数用上，来了个"空天地时"，还分析对比了多年的气象资料。除了采取高分卫星遥感、雷达 InSAR、无人机倾斜摄影、GNSS 方法外，笔者还专门布设了地面电法、地面钻探取样、测井等多源数据勘查，勘查渣土持水情况、渣土空隙大小、渣山底部废弃河道是否富水等，更看能否取到渣土底部冬季是否冰冻的实物样品，最后是地面人工观测与滑坡体裂缝变化监测。通过这一系列措施和科学研究助力，笔者大胆得出进入冬季渣土内部将不断形成冰冻，渣山将整体成块，而且渣山三面的水体完全结冰后实际上等于将渣山圈起来了。那就是说只要一场寒潮到来，在冰封大地的时候就是南渣山施工的最佳时节。这也引出了极寒时节四号南渣山决战 67 天的动人故事。

2020 年 10 月中旬的木里已经完全进入冬季，不断加剧的昼夜温差，以及严寒正慢慢逼近，10 月 5 日起风了。木里冬季的风有多大，有人形象地说大风能将 160 斤重的人吹倒。大风伴随着降温，四号坑周围的水全都冻结实了，渣土也封冻了，正在施工的钻孔取样也观察到渣山内部结冰了，四号采坑已经具备施工条件，白天气温骤降至零下 10 多摄氏度，夜晚则达到零下 25℃ 以下。笔者下达了一道道技术要求，四号坑治理工程全线开工，下一个时间节点是 12 月 25 日。过了 12 月下旬，大雪、狂风、极寒，木里将无法施工。"渣山上的冻土像石头一样坚硬，挖掘机上去就像在石头上砍了个白印子，完全挖不动"，施工队长杨庆祝说。他清楚地记得，从 11 月 20 日开始，几台大型挖掘机不是断齿就是折臂，原本一铲一铲挖掘的渣土，现在一次只能刨下来碗大的一小块，眼看着工程进度一天比一天慢，他急得嘴上起了一圈燎泡。此时，其他坑的渣土治理工程已经基本完成，四号采坑能在 12 月 25 日前完成渣土治理吗？笔者和本书作者之一、木里矿区渣山、采坑一体化治理办公室工程组组长张启元亲自到现场部署指挥，笔者在现场要求项目部成立"决战突击队"，四号井项目部指挥长刘金森、副指挥长田力、谢色新、毕洪波都被任命为"突击队队长"，刘永彬和其它井的技术骨干也赶来支援，青海省仅有的八台最先进的大型鹰嘴钩机也协调至现场，突击队实行 24h 不间断施工。寒冷，刺人心骨，笔者在现场巡视时看到突击队员李飞他们尽管棉衣外面套着皮衣，但仍然冻得流鼻涕，说话都结巴，心里阵阵发酸。感动、心疼，笔者的眼泪在眼眶里打转，自言自语安慰自己"慈不掌兵"啊！事后，刘金森说那一段时间他每天只能睡三四个小时，一次他正用电话部署工作任务时，血直接从嘴里喷出来，悄悄到山下医院做了简单治疗后又返回现场。经过 15 支突击队不分昼夜地连续作业，终于在 12 月 14 日完成了四号采坑的大型滑坡体的降高缓坡治理，为下一阶段的种草复绿创造了条件，在这冰天雪地时节突击队员奋战木里，诠释着地质人"三光荣、四特别"精神。

第二阶段覆土与种草复绿工作知易行难。木里矿区自然条件恶劣，生态环境脆弱，土壤基质极差，基本没有土壤资源。能否在高原高寒的木里矿区的大面积岩土渣山上种草成功，是一个巨大难题，大家心里都打着问号。有专家曾建议采用客土方案，笔者粗略地算了笔账，且不说山下是否有合适的土源，即便 100 多千米范围内有土可用，不用多算，就按聚乎更区 2 万亩复绿面积，0.3m 覆土厚度，还有江仓的 1 万多亩，需要多少土啊！而且很可能造成新的破坏。有人计算过这一方案仅运费就 27 亿多元，这一巨大的土方量需要多少时间运输上山，人力、物力、财力，对一个经济相对困难的西部地区来说无疑是千钧重负；也有专家提出建设大型渣土粉碎厂，购买大型矿山粉碎设备开展渣土粉碎，笔者也做过测算，可能需要几十台粉碎设备和巨大的配电站，还可能形成巨大的污染，而且渣土粉碎后能否种草出苗，都是一个个未知数。笔者自 2020 年 8 月进驻木里以来，一直在思考着、盘算着，坚信大自然是最好的老师，大自然一定能给出最好的答案，需要的是如何科学认识，发现规律。一方面，笔者在西宁办公室和本书作者李聪聪、梁振新等开展了简易实验，选用不同粒度规格、不同岩性的渣土、红黏土、煤层顶板粉细粉土等配以不同比例的有机肥实验，得出小颗粒渣土、粗粒渣土出苗较好，红黏土和煤层顶板粉细粉土容易板结，出苗很差，一些品牌的有机肥基本不出苗的结果。这次实验尽管是一次很简单和不完备的实验，结果也很简单，就是渣土能出苗，也就是说用地质方法渣土一定能够构建出人造土壤层。实验结果坚定了笔者用渣土人造土壤的信心，2021 年的农历正月十二，笔者召集全体技术人员在西宁集结，部署木里矿区开展矿区渣土特征调查工作，海西州指挥阿英德等驻现场工作人员积极支持。王辉等 10 多人立即奔赴现场，开展土壤基质系统调查，开展渣土成分、粒度调查，翻耕、捡石等试验，不同井渣土样品分析等一系列的测土工作，并取得了很重要的数据。覆土复绿这件事在《青海省木里矿区采坑、渣山一体化生态环境综合整治总体规划和方案大纲》和各井一体化治理设计中都很明确，在采坑、渣山一体化治理的后期，笔者已着手覆土复绿作业设计编制。然而，渣土上种草这件事风险太大了，一波三折，这件事又回头讨论，而且要将覆土和复绿分开编制设计，一时间争论不休，讨论会议开了好几次。2021 年 3 月 11 日，海西代建中心在西宁召集了复绿准备工作会议，相关部门和专家，以及施工企业开会讨论了一下午，也未形成统一明确的意见。眼看着 5 月下旬种草的播种时间就到了，天不等人啊！不仅肥料等物资没有准备，就连采用什么方案覆土也一直定不下来。笔者想既然肩负着项目技术负责人的重任，就应该在关键时刻敢于担当，在西宁办公室的简易实验和正月里现场调查结论给笔者增加了底气，渣土翻耕捡石和粗筛后是很好的土源，笔者胸有成竹地走到会议室门口请求延长会议时间，向与会者直陈了笔者团队的思路和技术方案，旁求博考，说服了每一个与会者，争论戛然而止，转而是对笔者意见的支持和补充，客土和粉碎土两个方案都被否定了。好事多磨，笔者又开始组织协调各方面力量，开展覆土和复绿两个作业设计的编制。

解决了土源和覆土方案问题，如何重构土壤层和成功种出草是摆在大家面前的又一道不得不逾越的难题。"生命顽强又脆弱，平均海拔 4000 多米的高寒草甸，生态毁坏顷刻间，修复却要难上天。"曾有专家形象地说"当地人听了直摇头，想在木里矿区种树种草，比养个孩子还难哩！"如果不能尽快成功复绿，仅靠大自然植物种子随风迁移，这种自然演替必将是漫长的，木里生态环境的恢复可能要几十年甚至更长时间。第一阶段渣山、采坑治理的效果再好，如果没有草地固水也很难保存持久，雨水冲刷和水土流失形成沟沟壑壑加快破坏治理成果。而且草甸湿地由于道路、采坑、场地隔阻，水系无法自然连通，久而久之，高原湿地终将会不断沙化、退缩。"世上无难事，只怕有心人"，每次到木里笔者都很留意对未破坏草甸土壤剖面、岩层地质结构、风化带发育情况仔细观察，通过多次渣土调查，基本摸清了各矿区揭露岩层的结构构造和形成渣土的成分与成土潜力，通过对渣山、坡地、不同图斑区的样本收集化验，确定了其中的氮、磷、钾含量，确定了不同井的渣土 pH 值。木里地区未破坏的原始土壤剖面结构基本为风化不彻底的基岩碎块间夹少量进一步风化的含有机质细碎土组成，厚度不等，平地和河道附近一般 30 厘米至 50 厘米，坡地甚至只有几厘米厚也照样生长植物。笔者还对以往渣山上的植被生长情况进行了观测，得出了渣山上植被长势不好的原因主要有三个：一是渣山坡度大，渣土松软，渣山表层不断受重力作用向下滑动，雨水等往往加重这种自由滑动，植物根系未附着牢固就因滑动而剪断；二是渣土未压实堆放，颗粒之间空隙大，几乎没有固水能力，肥料和养分随着雨水一部分在表层流失，一部分下渗；三是颗粒之间空隙大，造成植物根系悬着，不能与渣土紧密接触，加之没有合理密植，根系无法连结织网和形成团粒，高温天气烘烤和高寒冰冻都无法存活。这就是说，如果能重构建造出一个和风化带相似的不成熟土壤层，种草复绿就一定能够成功。思路就是出路，说干就干，在确定了用渣土构建土壤层方案后，笔者一方面将技术组的所有人员全部调到一线开展土壤翻挖、动态检测土壤养分，针对不同区段渣土的物质组成和岩石类型不同，分块段采集不同成分渣土样品，采集不同品牌的有机肥、采集羊板粪样品，一批批的各类样品在现场简单制样处理后迅速送往西宁进一步分析 pH 值、全氮、全磷、全钾、有机质、速效氮、速效磷、速效钾等指标，评估不同品牌有机肥水溶性盐总量、土壤饱水状态下盐离子浓度或电导率等烧苗风险，为大面积土壤重构和播种做好准备工作；另一方面立即部署在不同海拔高度建立现场实验室，这在矿山生态修复领域是一次重要的创举。在四号井和八号井室内分别开展了配方、样品完全一样的种植实验，包括不同成分、不同粒度、不同厚度、不同配比的渣土、羊板粪、有机肥的单样、混合样试种实验。初步设计了 72 种对比实验方案 1523 个试验样品的模拟种植。如此大的实验需要专人记录、观测，还需要控制实验室的温度等，生火烧炉子把室温提高到 20 摄氏度以上。现场人手紧张，没有人能抽出来专门做实验了，第二项目部从中化局和广东局调来八名年轻女技术人员组成女子实验组，后来她们自己取了个响亮的名字"雪莲突击队"，她们的任务是开展不同配比的试种实验，全天 24h 观察不同配比情况下草苗的生长情况，定点定量给草苗浇水，定点观测温度、湿度变化，出苗后仔细测量草苗毫米级的生长速度等。与四号井、八号井室内实验同步，五号井、四号井还在避风和向阳面的坑底还开展了野外大田试验。

高原现场的实验取得了重要突破，实现了利用渣土等材料，重构出一个与原始地表风化带相类似的地质剖面，首次建立了三元结构的土壤生态地质层剖面模型，在高原现场通过 70 多种试验方案和上千次试验，获得人工重构土壤的配方和关键参数，模拟出的渣土+羊板粪+商品有机肥+牧草专用肥按一定比例配方、一定工序流程，构建出的土壤层与原始草甸土壤成分最相近。

2021 年 4 月 13 日，第二阶段覆土种草任务全面开工，渣土重构人造土壤层需要大量的羊板粪、有机肥，以及牧草专用肥，几十万立方米羊板粪、几万吨有机肥都需要在种草前运输到位，那一段时间木里仍在雪季，老天爷好像故意考验着每一位参战者，不是雨夹雪，就是大风裹着鹅毛大雪，有时候雨夹雪很快又形成冰棱子，上百辆大型运输车一辆辆挨着通过天木公路天木山垭口，这里路又窄又险，李永军、梁俊安、刘帅、李津、熊涛以雪为令，护路撒盐，用铁锹铲冰，引导车辆安全通过成为大家的一项额外任务。每一批物资都有严格的质量要求，羊板粪、有机肥、种子都需要在现场专门监测，才敢放心使用。材料有了，种草窗口期短暂，时不我待，2021 年 5 月 20 日，播种的窗口期马上就要到来，仅木里聚乎更矿区就要 200 多名技术人员，1500 余名技术工人轮流换班，600 余台（套）机械设备全部到指定位置，抢时间完成人造土壤的一道道重构工序，哪怕是一小块图斑也要完成人工造土。

经过治理修复后，木里矿区既有成片的平地，也有渣土山丘，斜坡陡缓不尽一致，还有矿坑边坡台阶，台阶窄处也就一两米宽。差不多 3 万多亩的播种任务，如何让有限的机械设备发挥最大效率，让本来就很疲倦的参战人员节省体力，那就需要实干，苦干，加巧干，高质量完成覆土播种工作。笔者要求五号井工程负责人王明宏和被青海省委书记在现场检查时亲切地称之"铁人"的李永红，将作业设计中的工作流程梳理凝练为标准工艺工序，以便各项目部人员迅速掌握，井与井之间更好协作，新来人员也能经简单培训后很快熟练掌握，这就是大家熟知的"七步法"作业流程。这一阶段，笔者几乎每天都到现场巡视，同时也被大家只争朝夕、忘我工作的精神所感动。但这些机械设备开到高原后好像也"水土不服"，要么趴窝无法出工，要么效率低下。工欲善其事，必先利其器，改良机械设备，发明制造适合高原高寒和渣土环境下的翻耕、施肥、播种、耙耱工具成为每个项目部的一项主要工作。很快便革新、发明并制造出了灵活轻便适用的捡石、镇耱、播种等一系列覆土和种草设备工具。仅耱这一样工具就发明出适用坡地、平地、冻土、多石头地段和浅耕、深耕等作业环境的链条耱、圆盘耱、篱笆耱、钉刺耱等，大大提高了播种效率。还有土壤板结、土壤酸碱度改造、控制覆土和种子播种深度、种子密植量等一系列难题被接连攻克。

2021 年 5 月 28 日风和日丽，这一天是木里种草首播日。一大早，笔者与项目人员集结于八号井，没有举行任何仪式，但笔者心中还是默默许了个愿，亲手撒下了第一把草种，盖上了第一条无纺布。草种虽小，但这是近两年多的汗水与期望，也承载着大家对于绿水青山的美好祝福。平地、坡地只要机器能施展的地方全部机械化，后期还开展了飞播试验。但采坑边坡上的狭窄台阶只能人工播种，尤其是最后铺设无纺布保护膜阶段，更是要纯人工进行。看似简单的一蹲一起、弯腰行走，在高原地区竟是异常艰难。每日从天蒙蒙亮开始工作，直到天黑得无法看见才结束，一天工作十余个小时，当地人干的时间一长也都会出现强烈的高原反应，但这是打攻坚战，窗口期一眨眼就过去，技术人员全体出动，鲁旦主带邻海西州住坑人员、张洪明和省林草局住坑人员都纷纷投入其中。木里的夏天犹如孩子的脸，说变就变。一会儿艳阳高照，强烈的紫外线灼伤着皮肤一层层脱皮；一会儿雷鸣电闪，冰雹铺天盖地一股脑倾泻而下，茫茫原野，无处躲避，打得人脸生疼；一会儿大雪飞扬，雪水汗水湿透了衣衫，大风一吹透心凉。在极端天气的考验下，大家拼着命加油干，没有人喊苦喊累，也没有人逃避退缩。功夫不负有心人，随着 6 月 30 日最后一粒草籽入土，在"窗口期"结束前，种草复绿任务圆满完成。接下来，又开始等待见证生命的奇迹，播种 7 至 10 天后，草种陆续长出了齐刷刷的小苗，7 月下旬放眼望去，木里已是一片绿色，青海省在现场样方测量验收结果显示，出苗数达 14400 株/m^2，平均大于 13000 株/m^2、覆盖度平均大于 85%，复绿指标远优于设计考核指标 1200 株/m^2。当年株高 20 厘米，2022 年 8 月，株高达 40 厘米。我们成功了，结果大大超出预期，达到了种草复绿和生态修复的目的。

一万年太久，只争朝夕。木里矿区生态环境治理修复堪比一场局部战争，前前后后上万人参加，几千台套大型设备参与施工，移动渣土 5973 万 m^3，相当于修了一道宽 3m、高 3m，从黑龙江到海南岛的万里长城。直接种草复绿面积累计达 23.3km^2，治理修复区域达 60 多平方千米，相当于北京二环内的面积。2022 年 8 月底，经过 700 多天昼夜不停地修复和维护，现在的木里矿区已是河谷沿山地起伏汇聚成湖，一米多宽的排水渠将渣山网格化，分出不同的种植区，冬去春来，如今的木里矿区已是茫茫草原、巍巍青山。一座座渣山、一个个采坑已经整修成梯田和湿地，一片片绿色，大的像平整的足球场，小的像美丽的草坪，一派鲜活生机。黑颈鹤、藏野驴、棕头鸥……睽违多年的珍稀野生动物重回视野。

木里矿区生态环境治理修复创造了世界上高原高寒地区生态环境治理修复的奇迹，笔者和技术团队立志把论文写在高原大地上，边施工边研究，形成了"两项理论五项关键技术五个模式"。两项理论论述了煤炭生态地质勘查的基本要义，提出了用地质手段开展生态环境治理修复的核心理念，建立了煤炭地质学与生态学相结合的关系。第一个理论是攻关形成"空天地时"一体化的煤炭生态地质勘查理论与技术体系。阐述了如何对破坏的生态地质关键层进行多手段多尺度动态地质勘查和测试，也就是识别出问题，为治理修复提出结构构造的关键参数及治理阶段监测手段的建立与技术应用。第二个理论是生态地质层理论，笔者是国内第一个提出生态地质层理念的人，生态地质层理论是揭示大范围矿山开采对地壳浅层原始地层系统产生扰动和破坏对生态系统的影响破坏机理，是指对区域生态环境具有控制属性的地层或地层组合层段。矿山治理修复的核心问题是修复破坏的生态地质层，模拟原始地层并修复出一个与开采破坏前的原始地层成分、结构、功能作用相似的人造地层和相似生态地质环境，实现了由表及里的系统修复。

五项关键技术第一个是研发出采坑和渣山依形就势地形地貌重塑技术，提出了在高陡的渣山建立一个渣土稳定壳，简单讲就是在渣土上部建造 5m 厚的像"鸡蛋壳"一样坚硬的渣土稳定壳，把渣山内外部相对隔绝，内部的重金属等污染物不能继续从渣山内部渗出来，而外部的雨水等又能够在表层储存下来，滋润植物生长。还有如何削坡，如何修梯田，如何改造积水采坑，引水归流形成高原湖泊，"引水代填"到大深采坑形成高原湖泊。第二个技术是在没有土的地区，让碎石头变成土，古有点石成金，今有点石成土。用碎石头和细渣土拌上羊板粪，仿照野外未破坏的风化带剖面重构出人造土壤层、渣土改良层、土壤基底层。这些都是在高原现场通过上千次试验所证实的。第三个技术是研发出冻土层修复技术。以前大家总认为青藏高原的冻土是千年形成的，一旦破坏可能永远修不好。冻土层修复技术实质还是仿造大自然冻土层结构，把破坏了的岩石碎块碎粒收集到一起，像修古董一样先把碎石碎粒压实并加一定量的水冻到一起，再和完好的岩性一样的岩石层连接起来，这个技术作用可不小，它能解决青藏高原冻土层破坏后的修复难题。第四个技术是研发出人造煤层顶板技术。也就是再造一层不跑气、不渗水的石头层，把暴露在地表的煤层封盖住，防止煤层中的有害气体溢散到大气，同时有效杜绝了煤层长期暴露于大气而引发的煤层自燃等问题。冻土层修复难度很大，其间，煤炭学会理事长刘峰就人造冻土层与原始冻土层的搭接关系构建提出了很好想法。不仅是冻土层修复，刘峰还从工程统筹学角度对木里大规模生态环境治理修复活动工程管理体系、安全生产体系建设提出了重要思考。第五个技术是研发出水系自然连通技术。将相互阻断的水系、草甸和退化草地之间通过雨水、土壤中水渗流、植物之间根系的传输等方式实现连通。包括河流与河流、河流与湖泊之间的连通；河流、湖泊与湿地间的连通；湿地内部的连通；空隙与植物根系间的传输。

五个模式是指能够在其它相似地方复制的方法组合，"模式"词义源于"模型"，本意是指一种用实物做模的方法，引申后有模范、模仿之意。第一个模式是高危渣山降高减载和边坡缓坡+冻土层修复+土壤重构+植被恢复+引水代填+积水采坑整治形成高原湖泊；第二个模式是高危渣山降高减载和边坡缓坡+采坑内梯田台阶再造+冻土层修复+土壤重构+植被恢复；第三个模式是山坡浅坑区依形就势和边坡缓坡+冻土层修复+煤炭资源保护+土壤重构+植被恢复+引水归流积水采坑整治形成高原湖泊；第四个模式是高危渣山降高减载和边坡缓坡+冻土层修复+土壤重构+植被恢复+引水归流积水采坑整治形成高原湖泊；第五个模式是山坡浅坑区依形就势和边坡缓坡+煤炭资源保护+冻土层修复+土壤重构+植被恢复。

项目成果累计获得中国地质学会2021年十大地质科技进展、2022中国地理信息产业优秀工程金奖和2022年中国煤炭工业协会优质地质报告特别奖两项。青海省政府评价："攻克高原高寒地区生态恢复治理难题，为木里环境综合整治作出重要贡献"。7月22日，木里矿区整治"国内尚无先例，相关技术均属首创"。

2022年7月，青海省电视台播出的"重塑——来自木里矿区以及祁连山南麓青海片区的报道"，系统介绍了木里矿区生态修复过程、关键技术及主要成果。9月，中央电视台专题报道了"不负绿水青山——木里矿区非法采煤整治始末"，正式在全国范围内展示了木里项目的全过程和治理结果。木里生态环境治理修复凝聚了习近平总书记的殷殷嘱托，充分体现了青海省委省政府坚定践行"两个维护"，牢记"国之大者"的坚强行动。木里矿区以及祁连山南麓青海片区生态环境综合整治工作领导小组办公室和相关厅局统筹协调，海西州、海北州和中国煤炭地质总局等央地企业参建单位、参战人员同心协力、努力奋斗向习近平总书记和党中央递交的一份合格答卷。

时至今日，木里生态治理修复项目工程部分已基本完成，看着木里矿区绿草茵茵，生态环境逐步恢复的景象，笔者在脑海中时常浮现出两年多来在高原奋战的那段时光，那些在设计现场挑灯夜战的难忘时刻；那些与关心木里项目的各级领导、专家和战友们一起工作的场景；那些冰天雪地里高原大兵团作战的宏大施工场面；那些初见治理效果的喜悦。木里高原的草甸和美丽的莫那措日湖见证了700多个日日夜夜，几回梦里回高原，万千思绪在心头，奋战的一幕幕时常在梦中浮现，木里生态整治的场景历历在目，更使笔者欣慰的是木里项目造就了人才，让一批埋头苦干、勇毅前行的普通技术人员也能有机会展示才华，发挥聪明才智，创造出人间奇迹，成为国家和社会的栋梁之材，这将是笔者和每一个在木里奋战过的战友们难忘的人生经历。

习近平总书记说："社会主义是拼出来、干出来、拿命换来的，不仅过去如此，新时代也是如此。"木里生态治理修复工程是践行总书记社会主义是拼出来、干出来、拿命换来的具体行动，是煤炭地质人"三光荣、四特别"精神在新时代的赓续，展现了煤炭地质人奉献、创新和不怕牺牲的英雄气概。在此，我权且叫"木里精神"。党的二十大报告强调，尊重自然、顺应自然、保护自然，是全面建设社会主义现代化国家的内在要求。让我们站在人与自然和谐共生的高度谋划发展，把煤炭生态地质勘查与矿山生态环境治理修复事业推向新的高度。

王修

2022 年 11 月 21 日